BANG!

DIE GANZE GESCHICHTE DES UNIVERSUMS

BANG!

DIE GANZE GESCHICHTE DES UNIVERSUMS

BRIAN MAY PATRICK MOORE CHRIS LINTOTT

KOSMOS

Umschlaggestaltung von eStudio Calamar unter Verwendung des Originalumschlags.

Mit 131 farbigen Fotos, 15 Schwarzweißfotos und 48 farbigen Illustrationen

Die Originalausgabe ist in englischer Sprache erschienen bei Carlton Books Limited, unter dem Titel: BANG!

Created by Canopus Publishing Limited,
27 Queen Square, Bristol BS1 4ND
www.canopusbooks.co.uk
ISBN der Originalausgabe: 978-1844-42231-9

Aus dem Englischen übersetzt von Hermann-Michael Hahn

Gedruckt auf chlorfrei gebleichtem Papier

Für die deutschsprachige Ausgabe:

ISBN: 978-3-440-11527-5
Redaktion: Sven Melchert
Produktion: Ralf Paucke
Printed in China/Imprimé en Chine

Diese Doppelseite: Der offene Sternhaufen NGC 290, der im Hubble-Weltraumteleskop wie eine Juwelensammlung erscheint, liegt 200 000 Lichtjahre entfernt in der Kleinen Magellanschen Wolke.

▶ Eine Bemerkung zum Umschlag: ◀
Unsere scheibenförmige Explosion ist nur ein „Hingucker“. Sie soll nicht den Eindruck erwecken, der Urknall habe zu irgendeiner Zeit so ausgesehen, denn für niemanden wäre es möglich gewesen, außerhalb des Universums zu stehen und einen solchen Anblick zu haben, weil Raum und Zeit nur innerhalb des Universums existieren – „draußen“ gibt es einfach keinen Platz zum Stehen und Sehen! Dafür haben wir einen viel privilegierteren Standort, denn wir befinden uns innerhalb dieser „Mutter aller Explosionen“, und je weiter wir in den Raum hinausblicken, desto deutlicher wird uns, dass wir überall auf diesen Urknall und seine Folgen stoßen.

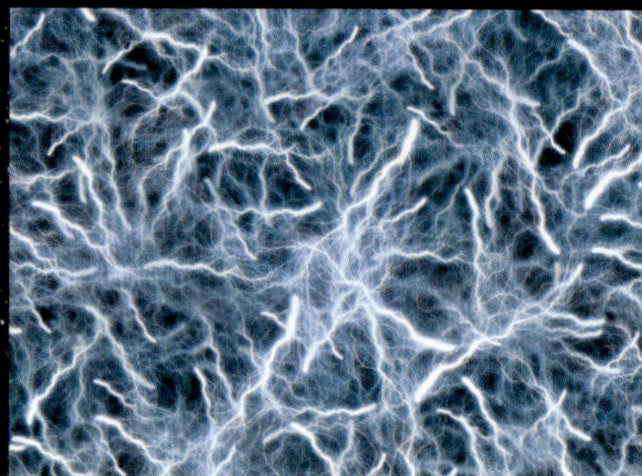

10^{-43} BIS 10^{-32} SEKUNDEN

300 000 BIS 700 MILLIONEN JAHRE

700 MILLIONEN BIS 9 MILLIARDEN JAH

Urknall

Zeit n. B. (nach dem Bang)

Sterne und Planeten
SEITE 90

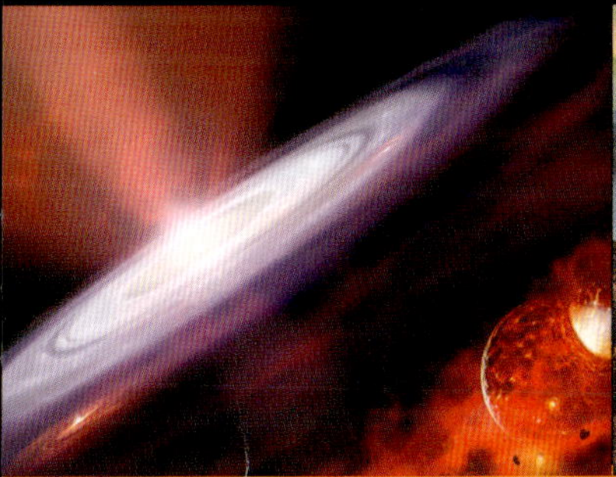

9 BIS 9,2 MILLIARDEN JAHRE

Die Geschichte des Lebens
SEITE 110

9,2 MILLIARDEN JAHRE BIS HEUTE

Ein Blick in die Zukunft
SEITE 128

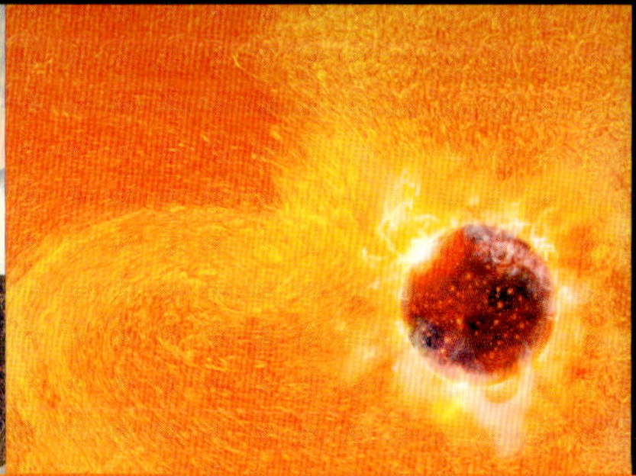

HEUTE BIS 18,7 MILLIARDEN JAHRE

Das Ende der Welt
SEITE 148

NACH 18,7 MILLIARDEN JAHREN

Gegenwart

Endlosigkeit?

Vorwort

Niemand würde über den so genannten Urknall diskutieren, hätte es nicht den Ausruf eines Astronomen gegeben, der die ganze Sache für lächerlich hielt.

Seit den späten 1940er-Jahren war der bekannte britische Astronom Fred Hoyle ein eifriger Verfechter der so genannten Steady-State-Theorie, die ursprünglich von Hermann Bondi und Thomas Gold vorgeschlagen worden war. Hoyle war aus philosophischen Beweggründen von dieser Hypothese angetan, nach der das Universum im großen Maßstab über die Zeiten hinweg unveränderlich sei. Zwar war bereits bekannt, dass die Einzelteile des Universums, die Galaxien, auseinander trieben, wie es Edwin Hubble in den 1920er-Jahren beobachtet hatte. Entsprechend argumentierten die Anhänger der Steady-State-Theorie, dass zum Ausgleich beständig und überall neue Materie entstehen müsse, um das Ausdünnen des Universums aufgrund der Expansion zu kompensieren – ein Effekt, der als kontinuierliche Schöpfung bezeichnet wurde. Auf der anderen Seite ging der ukrainische Kosmologe George Gamow davon aus, dass das Universum ebenso gut in einem einzigen Augenblick entstanden sein könne und damit alles andere als unveränderlich wäre. Während einer Radiosendung 1949 verteidigte Hoyle vehement seine Ansicht, dass die vorliegenden Beobachtungsbefunde im Widerspruch zu der Annahme stünden, die gesamte Materie sei in einem einzigen großen Knall, dem „Big Bang", entstanden. Mit diesem leidenschaftlichen Einsatz prägte er ungewollt jenen Begriff, der fortan zur Beschreibung ebendieser Theorie genutzt wurde, die er für den Rest seines Lebens zu widerlegen versuchte.

In den 1950er und 1960er Jahren tobte ein heftiger Streit zwischen den Verfechtern beider Seiten, doch fand man im Laufe der Zeit immer mehr Argumente für die anfängliche

◀ Der südliche Himmel
Diese Fischaugen-Aufnahme des Himmels über Neu-Südwales (Australien) zeigt oben den Kometen Hyakutake aus dem Jahr 1996 und unten den milchigen Fleck der Großen Magellanschen Wolke, einer kleinen Satellitengalaxie der Milchstraße, die sich in weitem Bogen über den Himmel spannt. Das Zentrum der Milchstraße liegt hinter den hellsten Sternwolken am linken Bildrand.

◀ Die Autoren
Chris Lintott und Brian May warten am 8. Juni 2004 hinter Patrick Moore auf den Venusdurchgang, den sie gemeinsam beobachten wollen.

▶ Junger Sternhaufen

Der Sternhaufen NGC 2467, der manchen Betrachter an das Gesicht eines Mandrill-Affen erinnern mag, erweist sich als große Brutstätte, in der zahlreiche neue Sterne aus großen Gas- und Staubwolken heranwachsen.

Explosion, die Hoyle so intensiv abgelehnt hatte. 1964 schließlich erhielt die Steady-State-Theorie gleichsam den Todesstoß, als Arno Penzias und Robert Wilson – zunächst unwissentlich – die so genannte kosmische Mikrowellen-Hintergrundstrahlung entdeckten, gleichsam das Echo oder Nachglühen des Urknalls, das die gesamte Schöpfung noch Milliarden Jahre später erfüllt.

Dennoch ist auch die Urknall-Theorie (genauer müsste man eigentlich sagen, die Sammlung von Urknall-Theorien) nur eine Theorie – ein virtuelles Modell, um die vielen Beobachtungsbefunde über den Kosmos passend zu erklären. Noch liegen nicht wirklich alle Details vor, und so würden wir uns wundern, wenn nicht auch dieses Buch schon in einigen Jahren gründlich überarbeitet werden müsste. Aber die Geschichte, die wir auf den restlichen Seiten dieses Buches aufgeschrieben haben, fasst das zusammen, was die Astronomen derzeit für ein gutes Modell der Welt halten.

Wir haben uns selbst das Ziel gesteckt, die Historie der Welt möglichst zusammenhängend zu erzählen, und daher die vielen Histörchen und sonstigen Abschweifungen oder Ergänzungen in leicht erkennbare „graue Zellen“ verbannt. Wer sich also nur für die Geschichte des Universums interessiert, kann diese grauen Zellen getrost aussparen und sich für später aufheben. Naturgemäß beginnt unsere Geschichte mit dem ersten Kapitel, und jedes dieser Kapitel beschreibt die Ereignisse einer Epoche, bis zur Gegenwart und darüber hinaus bis in die entfernteste noch vorhersehbare – und doch unvorstellbare – Zukunft.

Dabei benutzen wir eine gleichsam absolute Zeitschiene, die am Urknall (t = 0) beginnt und als Zeit n. B. („nach dem Bang“) deklariert wird.

Hinter den Entdeckungen, über die wir in diesem Buch berichten, stehen einige bemerkenswerte Pioniere der Astronomie und Physik, deren Biographien Sie am Ende des Buches finden. Dort gibt es auch eine Einführung in die praktische Astronomie, die Patrick geschrieben hat – schließlich hat die astronomische Forschung damit begonnen, dass Menschen staunend unter dem Sternenhimmel standen und begannen, Fragen zu stellen.

Für Hilfen und Anregungen

bedanken wir uns bei Jimmy Alvarez, Tim Benham, Sara Bricusse, David Burder, Marcus Chown, Adam Corrie, Jane Fletcher, John Fletcher, Garry Hunt, Roger Prout, Phil Webb, Woodstock typewriters … und natürlich bei Ptolemäus und Jeannie.

▼ Der Mond

So ähnlich erscheint der Vollmond in einem guten Fernglas.

Maßeinheiten

Die Temperaturangaben in diesem Buch sind in Celsius- oder Kelvingraden gemacht, und ein Lichtjahr umfasst rund 9,6 Billionen Kilometer.

VORWORT ZUR ZWEITEN AUFLAGE

Seit Erscheinen der ersten Auflage von *BANG!* im Jahr 2007 hat es schon wieder zahlreiche aufregende neue Entwicklungen in der Astronomie gegeben: So konnten Teile der Marsoberfläche mit zuvor unerreichter Auflösung fotografiert werden, wurde Pluto aus der Liste der Planeten gestrichen oder die Suche nach der dunklen Materie im Kosmos intensiviert. Darüber hinaus sind viele tausend neue, faszinierende Aufnahmen von erdgebundenen und weltraumgestützten Teleskopen hinzu gekommen. Diese zweite Auflage enthält einige der neuen Bilder ebenso wie neue Erkenntnisse, die unser Wissen um die vollständige Geschichte des Universums aktualisieren.

May, Moore, Lintott

EINLEITUNG

Der Reiz der Sterne

▲ **Der Große Wagen**
Die vielleicht bekannteste Sternengruppe, der Große Wagen, ist bei den Astronomen nur ein Teil des Sternbilds Großer Bär.

▶▶ **Erdaufgang**
Dieses signierte Foto von der Erde über dem Mondhorizont erhielt Patrick Moore von Frank Bormann, der an Weihnachten 1968 mit seinen Kollegen Jim Lovell und Bill Anders an Bord von Apollo 8 erstmals den Mond umrundete und die Erde über dem Mond aufgehen sah.

▼ **Noch ein kleiner Schritt**
Buzz Aldrin verlässt die Landefähre, um nach Neil Armstrong die Mondoberfläche zu betreten. „Ich habe die Luke nur angelehnt, um uns nicht auszusperren", sagte er. „Eine gute Idee", antwortete Armstrong.

Schauen Sie in einer dunklen, klaren Nacht einmal zum Himmel, und Sie werden Sterne sehen – Hunderte, ja sogar Tausende, falls Sie weit genug von den Zentren der Lichtverschmutzung, unseren modernen Großstädten, entfernt sind. Dort scheint der Himmel richtig zu funkeln. Heute wissen zwar viele Menschen, dass diese winzigen, flimmernden Lichtpunkte in Wirklichkeit Sonnen sind, die nicht selten viel größer, heißer und leuchtkräftiger sind als unsere Sonne, und dass unsere Erde nur als unbedeutender Planet im Kosmos erscheint, der auf das Ganze gesehen noch schlechter da steht als ein einzelnes Sandkorn in der Sahara. Aber was verbirgt sich hinter diesem Wissen? Wie ist das Universum entstanden? Wie hat es sich entwickelt, und wie wird es enden, falls es überhaupt je an ein Ende kommt?

Astronomen suchen nach Antworten auf diese Fragen, und es ist schon erstaunlich, dass so winzige Wesen, die auf einem kleinen Planeten um einen unauffälligen Stern kreisen, die Fähigkeit entwickelt haben, die unendlichen Weiten des Kosmos zu ergründen, Licht von unglaublich weit entfernten Sternen aufzusammeln und sogar Maschinen zu anderen Himmelskörpern zu entsenden. Es ist gut möglich, dass andere Zivilisationen uns weit überlegen sind und wir als kosmische Steinzeit-Wesen angesehen werden müssen, aber dennoch haben wir zumindest einen Anfang gemacht damit, die Welt, in der wir leben, zu verstehen.

In diesem Buch werden wir alles daran setzen, die Geschichte des Universums zu beschreiben – von den Anfängen, lange bevor die Erde existierte, über die Gegenwart bis zur fernsten Zukunft, in der nichts mehr an die Erde erinnern wird. Viele Details dieser Geschichte kennen wir (noch) nicht, und manches werden wir vielleicht nie in Erfahrung bringen können, aber seit unsere frühen Vorfahren zum ersten Mal zu den Sternen aufgeblickt und – wie wir heute noch – über sie gerätselt haben, sind wir doch schon ein gutes Stück voran gekommen.

Wir leben in einem goldenen Zeitalter der Astronomie. Neue Beobachtungsinstrumente wie das Hubble-Weltraumteleskop, das die Erde jenseits der störenden Lufthülle umkreist, wären vor einigen Jahrzehnten noch undenkbar gewesen. Aber auch die enorme Leistungssteigerung der Computer hat wesentlich zu den nicht minder großen Entwicklungsschritten innerhalb der astronomischen Forschung beigetragen.

Nirgendwo sonst in der astronomischen Forschung gab es in den letzten Jahrzehnten solche Aufsehen erregenden Fortschritte wie im Bereich der Kosmologie, dem Verständnis von Vergangenheit, Gegenwart und Zukunft des Universums als Ganzheit. Noch vor nicht allzu langer Zeit hielten die meisten Astronomen die Welt für ziemlich statisch und im großen Maßstab eher gleichförmig aufgebaut und sich zugleich kaum verändernd. Unser heutiges Bild könnte sich kaum mehr von dieser Vorstellung unterscheiden.

Wo sind wir?

In unserer Geschichte haben wir es mit gewaltigen Entfernungen und riesigen Zeitspannen zu tun. Die Erde, eine Kugel von rund 12 750 km Durchmesser, bewegt sich in einem Abstand von etwa 150 Millionen Kilometer um die Sonne – zusammen mit sieben weiteren Planeten und vielen kleineren Körpern, die das Sonnensystem ausmachen.

Die meisten dieser Planeten haben etliche Monde, die Erde dagegen nur einen. Er begleitet uns auf unserer Reise um die Sonne. Weil er nur rund 400 000 km entfernt ist, erscheint er uns so viel größer als die übrigen Himmelskörper (mit Ausnahme der Sonne). Und weil er uns so nahe ist, war er auch der erste (und bislang einzige) Himmelskörper außerhalb der Erde, den Menschen betreten konnten. Niemand, der den Sommer 1969 bewusst erlebt hat, wird den Moment vergessen, an dem Neil Armstrong mit den Worten „Es ist ein kleiner Sprung für einen Menschen, aber ein großer Schritt für die Menschheit" den kahlen Mondboden im Meer der Ruhe betrat.

Aber das Sonnensystem ist nur ein winziger Teil des Universums. Unsere Galaxis, die wir als Milchstraße am Himmel sehen, umfasst mindestens 100 Milliarden Sonnen, und wir wissen, dass viele von ihnen von Planeten umrundet werden. Wir wissen aber

▸▸ Trifid-Nebel (M 20)
Diese ungewohnte Ansicht des Trifid-Nebels zeigt die Infrarot-Strahlung der dichten Gas- und Staubwolken dieser Sternentstehungsregion. Die dort heranwachsenden Sterne sind im sichtbaren Licht noch nicht zu erkennen.

(noch) nicht, ob diese Planeten Leben tragen, geschweige denn denkende Wesen beherbergen.

Mit Lichtgeschwindigkeit

Die Sterne sind sehr weit. Ihre Entfernungen in Kilometern anzugeben wäre genau so unpraktisch wie die Strecke Berlin-New York in Mikrometern. Aber zum Glück gibt es eine handlichere Maßlänge. Licht bewegt sich mit einer Geschwindigkeit von 300 000 km/s und legt in einem Jahr eine Strecke von 9,6 Billionen Kilometern zurück – ein Lichtjahr (das ist eine Distanz, kein Zeitraum!). Der nächste Stern jenseits der Sonne ist rund 4,3 Lichtjahre entfernt, die weitesten bislang beobachteten Objekte dagegen bringen es auf eine Distanz von mehr als 12 Milliarden Lichtjahren.

Über solch gewaltige Abstände können die Sterne uns nur als winzige Lichtpunkte erscheinen. Doch dieser bloße Eindruck kann sehr trügerisch sein. Viele der Sterne, die man in einer klaren Nacht am Himmel sieht, sind in Wirklichkeit nicht nur viel heller als die Sonne, sondern auch viel größer. Beteigeuze zum Beispiel im Sternbild Orion, mehr als 300 Lichtjahre entfernt, ist riesig. In diesen Stern würde die gesamte Erdbahn hineinpassen. An seiner Oberfläche haben die Astronomen einige Strukturen erahnen können, aber nur die Sonne ist nahe genug, dass man sie und ihre Oberfläche im Detail studieren kann. Das meiste von dem, was wir über die Sterne im Allgemeinen wissen, haben wir aus der Untersuchung der Sonne gelernt.

Zum Glück ist die Sonne ein ganz normaler Stern, weder besonders leuchtkräftig noch besonders blass, vor allem aber nicht so veränderlich wie viele andere Sterne. Die Astronomen stufen sie als Zwergstern ein, wenngleich sie etwas massereicher als der Durchschnittsstern zu sein scheint. Riesensterne wie Beteigeuze sind viel seltener als die sonnenähnlichen Zwergsterne.

▼ Orion
Die hellsten Sterne dieser Figur des Winterhimmels wurden schon früh zu den Umrissen eines Riesen zusammengefügt; „unser" Himmelsjäger Orion geht auf die griechische Mythologie zurück. Beteigeuze, der helle, orangefarbene Stern oben links, markiert eine der Schultern, der bläulich weiße Stern unten rechts (Rigel) ein Knie. Auf halbem Weg dazwischen stellen die drei Sterne auf einer Linie den Gürtel dar, unter dem das Schwertgehänge mit dem rötlichen Orion-Nebel zu finden ist; er kann an einem dunklen Himmel als blasser Lichtschimmer um den zentralen Stern des Schwertgehänges erkannt werden.

◀ **Das Hubble-Weltraumteleskop**
In einer Höhe von rund 600 km bewegt sich das Hubble-Weltraumteleskop oberhalb der störenden Erdatmosphäre; seit seinem Start 1990 hat es wichtige Beiträge zur Erforschung des Himmels geleistet.

Aus der Farbe der Sterne können wir eine Menge lernen, denn sie verrät uns etwas über die Temperatur an der Oberfläche. Aus der Erfahrung wissen wir, dass weißglühende Objekte heißer als rotglühende sind, und das gilt auch für die Sterne. Der bläulich weiße Rigel – auch ein heller Stern im Orion – ist viel heißer als unsere gelbliche Sonne, die ihrerseits wieder heißer als die rötliche Beteigeuze ist. Unsere Sonne ist also auch in Temperatur und Größe durchschnittlich.

Die Geschichte der Zeit

Aufgrund der riesigen Entfernungen treten wir beim Blick in den Sternhimmel stets auch eine Zeitreise in die Vergangenheit an, und das ganz ohne Zeitmaschine. Nehmen wir zum Beispiel Sirius, den hellsten Fixstern am irdischen Himmel und leuchtender Glanzpunkt in kalten Winternächten. Er leuchtet 26-mal so hell wie die Sonne und ist etwa 8,6 Lichtjahre entfernt. Das heißt, sein Licht ist etwa 8,6 Jahre unterwegs, ehe es bei uns ankommt. 2007 sehen wir diesen Stern also so, wie er etwa 1998/9 ausgesehen hat.

Der Polarstern (Polaris), den die meisten Menschen – vor allem die Seefahrer – kennen, ist nach neuesten Messungen etwa 400 Lichtjahre entfernt. Das Licht, das wir heute von ihm empfangen, ist also zu Beginn des 17. Jahrhunderts auf die Reise gegangen, und ein hypothetischer Beobachter dort könnte gerade jetzt mit einem ebenso hypothetisch großen Teleskop einen Rückblick in die Zeit von Johannes Kepler werfen.

Das Licht von Rigel stammt aus der Zeit der Kreuzzüge, doch selbst er ist im kosmischen Maßstab ein enger Nachbar wie die Kreuzritter zeitlich „nahe" Vorfahren sind.

Dieser Zeitfaktor ist ein ganz entscheidender Aspekt für unser Verständnis von der Welt, in der wir leben: Wir können einen Großteil der Geschichte, die wir verstehen wollen, mit eigenen Augen sehen. Wenn wir zum Beispiel annehmen, dass die Galaxien ursprünglich viel kleiner waren als heute, müssen wir nur weit genug „hinaus" blicken,

◀◀ **Roberts Quartett**
Diese kompakte Gruppe aus vier Galaxien liegt etwa 160 Millionen Lichtjahre entfernt. Ungeachtet ihrer Schönheit erlauben solch kleine Galaxiengruppen aufschlussreiche Studien über galaktische Wechselwirkungen.

▶ Ein Blick zurück bis zum Urknall
Wenn wir in das Weltall hinausblicken, schauen wir auch in die Vergangenheit zurück. Das Licht der Planeten unseres Sonnensystems war nur einige Minuten bis Stunden unterwegs zu uns, doch von den entferntesten Galaxien, die das Hubble-Weltraumteleskop noch erfassen kann, benötigte es rund 12 Milliarden Jahre. In dieser schematischen Darstellung befinden wir – die Beobachter – uns am unteren Rand des Bildes; so sehr wir uns auch anstrengen: Das Licht vom Urknall selbst werden wir nicht zu Gesicht bekommen. Trotzdem können wir herausfinden, wann dieser Urknall stattgefunden hat – in dieser Darstellung fällt er mit dem oberen Rand der Grafik zusammen.

Urknall, vor 13,7 Milliarden Jahren

Während der ersten 300 000 Jahre war das Universum undurchsichtig.

Die dunkle Ära

Die ersten Sterne und Galaxien entstanden vor rund 13,2 Milliarden Jahren.

Die entferntesten beobachteten Galaxien, deren Licht vor etwa 12,7 Milliarden Jahren abgestrahlt wurde

In dieser Zeit entstanden viele Galaxien, die wir heute beobachten.

Benachbarte Galaxien des Virgo-Haufens; ihr Licht ging vor etwa 50 Millionen Jahren auf die Reise.

Die nächste größere Nachbar-Galaxie (die Andromeda-Galaxie) ist rund 2,7 Millionen Lichtjahre entfernt

Proxima Centauri, der nächste Stern in einer Entfernung von rund 4,3 Lichtjahren.

Wir sehen Jupiter so, wie er etwa vor einer Stunde ausgesehen hat.

Sie sind hier.

um entsprechend junge Galaxien zu sehen. Vermutlich hat unsere Milchstraße vor sechs Milliarden Jahren nicht viel anders ausgesehen als die Galaxien in sechs Milliarden Lichtjahren Entfernung, deren Licht bis zu uns eben sechs Milliarden Jahre unterwegs war.

Aber nicht nur die räumlichen Distanzen strapazieren unser Vorstellungsvermögen. Gleiches gilt auch für die Zeiträume, in denen sich unsere Gedanken bewegen müssen. Eine Reihe von Forschungsergebnissen ganz unterschiedlicher Disziplinen zwingt uns zu der Annahme, dass die Erde vor etwa 4,6 Milliarden Jahren aus einer Gas- und Staubwolke in der Umgebung der jungen Sonne entstand. Wir Menschen dagegen sind absolute Neulinge auf der kosmischen Bühne. Um das Ganze etwas „überschaubarer" zu machen, wollen wir das Alter der Erde auf ein Jahr schrumpfen und dieses Jahr an seinem Ende Revue passieren lassen. Dann entstand die Erde gleichsam im Blitzlicht der ersten Neujahrsraketen. Erste einfachste Lebensformen tauchten Anfang Mai auf, aber erst Mitte November schwammen die ersten Fische in den Ozeanen umher. Ende November wurde das Festland „erobert", in den ersten Dezemberwochen regierten die Reptilien, Mitte Dezember verschwanden die Dinosaurier von der Bühne, und Säugetiere nutzten die Chance, die frei gewordenen Lebensräume zu übernehmen. Trotzdem dauerte es noch bis in die Morgenstunden des Silvestertages, ehe die ersten Menschenaffen die Erde bevölkerten. Die gesamte Menschheitsgeschichte schließlich passt in die letzte Stunde des Jahres, und die Geburt Christi liegt nicht einmal eine Minute zurück.

Wir sind recht zuversichtlich, dass unser Entfernungsmaßstab richtig ist und auch das Alter der Erde stimmt. Wir haben außerdem entscheidende Fortschritte bei der Altersbestimmung des gesamten Universums machen können; der heute „akzeptierte" Wert von 13,7 Milliarden Jahren ist wahrscheinlich allenfalls noch einige Prozentpunkte von der Wahrheit entfernt. Aber genau daraus ergibt sich ein grundlegendes Problem.

Niemand wird ernsthaft daran zweifeln, dass wir wirklich existieren. Wir bestehen aus Atomen und Molekülen, und diese „Bausteine" müssen irgendwoher gekommen sein. Entweder waren sie „schon immer" vorhanden, oder sie sind irgendwann produziert worden – beides ist in seinen Konsequenzen nicht leicht zu verstehen. Wenn das Material schon immer da war, müssen wir uns einen Zeitraum ohne Anfang vorstellen. Wenn sie plötzlich vor 13,7 Milliarden Jahren entstanden sind, wird man sich fragen, *woher* sie kamen und was *vorher* war. Gab es überhaupt ein *„vorher"*?

Die mathematische Antwort ist unbefriedigend. Nach ihr begann auch die Zeit erst mit der Erschaffung des Universums, und so kann es kein Vorher geben. Basta. Dabei begegnet uns die Zeit bei der Beschreibung des Universums immer wieder als eine Art vierter Dimension. Dieses Buch zum Beispiel entstand bei 50 Grad nördlicher Breite und 0,41 Grad östlicher Länge, ein paar Meter über Meeresniveau. Aber wenn Sie uns wirklich dort antreffen wollten, hätten Sie auch zu einer bestimmten Zeit vorbeikommen müssen, nämlich 2006.

Doch diese einfache Zeitvorstellung zerbröselt auf der kosmischen Ebene. Stellen wir uns einmal vor, dass in ferner Zukunft Astronomen auf der Erde und auf einem Planeten um einen anderen Stern ein Simultan-Experiment durchführen wollen. Da keine Information schneller als mit Lichtgeschwindigkeit übertragen werden kann, wird es nicht ausreichen, den Experimentablauf an beiden Orten durch einen Lichtstrahl zu synchronisieren: Die Zeit ist keine absolute Größe, die allen Beobachtern gleich erscheint.

Angesichts solcher „Untiefen" können wir immer nur intelligent „raten", wenn wir wissenschaftliches Neuland betreten. Das mag je nach Standpunkt verwegen oder auch planlos erscheinen, aber so funktioniert Wissenschaft. Um einen neuen Sachverhalt zu erklären, wird eine Theorie entwickelt. Brauchbare Theorien erkennt man daran, dass sie Vorhersagen machen, die sich überprüfen lassen. Wenn die Vorhersagen dann auch noch bestätigt werden können, ist die Theorie sogar gut, wenn nicht, muss man sich etwas Anderes einfallen lassen. Beim Entwurf unseres Modells zur Geschichte des Universums werden wir uns auf Theorien stützen, die den härtesten und neuesten Tests der experimentellen Astronomie standgehalten haben. Und damit zurück zu den Anfängen ...

10^{-43} BIS 10^{-32} SEKUNDEN N. B.

KAPITEL 1 Genesis: Vom Anfang der Welt

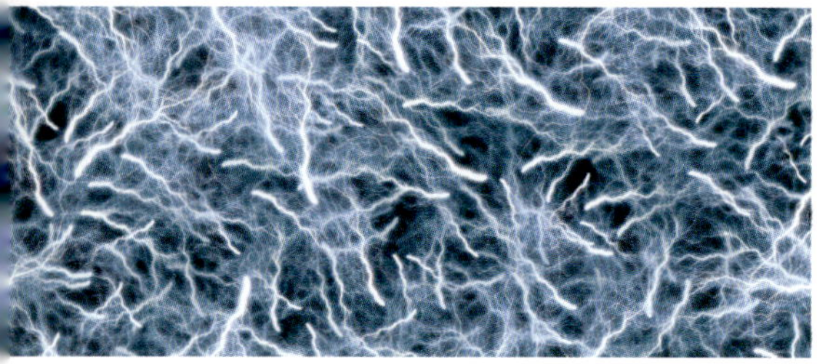

▲ **Chaos im Kosmos**
In dieser schematischen Darstellung, die das Chaos im extrem kleinen, noch sehr jungen Kosmos wiedergeben soll, repräsentieren die kleinen hellen Linien kurzlebige Teilchen, die kontinuierlich neu aus Energie entstehen und gleich wieder zerstrahlen, sobald sie aufeinanderprallen.

▶▶ **Andromeda-Galaxie (M 31)**
Unser Blick geht zwischen den „Vordergrundsternen" unserer Milchstraße hindurch zur nächsten größeren Nachbar-Galaxie im Sternbild Andromeda, einem System von rund 200 Milliarden Sternen. In einer Distanz von etwa 2,5 Millionen Lichtjahren ist die Andromeda-Galaxie das entfernteste Objekt, das unter einem dunklen Himmel noch mit bloßem Auge erkannt werden kann.

Alles – Raum, Zeit und Materie – entstand vor rund 13,7 Milliarden Jahren in einem gewaltigen Energieblitz, dem Urknall. Damals war das Universum ganz anders als heute – fremdartiger könnte man es sich gar nicht vorstellen. Es gab keine Planeten, Sterne oder Galaxien, sondern nur ein Chaos aus Elementarteilchen, die das ganze damalige Universum erfüllten. Allerdings war dieses Universums zu diesem Zeitpunkt winziger als ein Nadelstich und zugleich unvorstellbar heiß. Es begann sofort zu expandieren, und dabei entwickelte es sich von diesem unerwarteten und bizarren Anfangszustand zu dem Universum, das wir heute beobachten.

Die modernen Wissenschaften können nicht beschreiben oder gar erklären, was während der ersten 10^{-43} Sekunden nach dem Urknall geschah. Dieser winzigste Zeitraum, die so genannte Planck-Zeit, ist nach dem deutschen Physiker Max Planck benannt. Er war der Erste, der Energie nicht länger als einen kontinuierlichen Strom ansah, sondern als Abfolge von kleinen Energiepaketen, den so genannten Quanten. Die Quantentheorie bildet heute ein Fundament der modernen Physik und beschreibt die Vorgänge im Mikrokosmos; sie gilt als eine der beiden großen Entdeckungen der theoretischen Physik des 20. Jahrhunderts. Die Andere ist die Allgemeine Relativitätstheorie Albert Einsteins, die auf die Physik großer Systeme zugeschnitten ist, also für astronomische Maßstäbe von Bedeutung ist.

Obwohl beide Theorien sich in ihren jeweiligen Zuständigkeitsbereichen bestens bewährt und alle experimentellen Tests bestanden haben, bereitet es sehr große Probleme, beide unter einem Dach zu vereinen. Eine Hürde ergibt sich daraus, dass beide die Zeit sehr unterschiedlich beschreiben. Einsteins Relativitätstheorie kennt die Zeit als eine Koordinate, die kontinuierlich verläuft, so dass wir „gleitend" von einem Moment zum nächsten gelangen. In der Quantentheorie stellt die Planck-Zeit dagegen einen kleinstmöglichen Zeitschritt dar. Noch kleinere Zeiträume erscheinen in der Quantentheorie ohne Sinn, und sie ließen sich auch mit noch so genauen Uhren nicht messen.

Die „Vereinigung" dieser so konträren Vorstellungen von Zeit ist eine der großen Herausforderungen an die Physik des 21. Jahrhunderts. Ansätze sind zwar mit der so genannten String-Theorie und der Branen-Theorie gemacht, aber mehr auch nicht. Für heute müssen wir uns damit abfinden, dass wir „erst" 10^{-43} Sekunden nach dem Urknall einen Blick auf das Universum werfen können, und damals hatte die Quantenphysik das Sagen.

Auf den ersten Blick erscheint das Urknall-Universum fremdartig, ja wie ein Fremdkörper in unserem heutigen Universum, das unseren Vorfahren lange Zeit hindurch als Inbegriff des ewig Unveränderlichen galt. Und doch gibt es gute wissenschaftliche Gründe dafür, diesen singulären Anfangsmoment als real anzusehen. Wenn wir den Urknall in all seinen Konsequenzen akzeptieren, wird es möglich sein, die ganze Ereigniskette seit dem Ende der ersten Planck-Zeit bis in die Gegenwart zu verfolgen, wo wir uns – mit Carl Sagans Worten – auf einem „blassen, blauen Punkt" wiederfinden.

Der Beginn der Zeit

Schauen wir also zurück zum Anfang des Universums – 10^{-43} Sekunden nach dem Urknall. So naheliegend es auch sein mag, sich vorzustellen, wie das winzige neue Universum in einen riesigen Raum hineinplatzt – diese Vorstellung hat nichts, aber auch gar

Die Exponential-Schreibweise

10^{-43} ist eine gebräuchliche mathematische Kurzform für eine die klassische Schreibweise der gleichen Zahl, bei der die 1 nach lauter Nullen an der 43. Stelle hinter dem Komma steht: 0,000 000 000 0 00 000 000 000 000 000 000 000 000 000 000 1.

Angesichts der vielen sehr großen und sehr kleinen Zahlen, die in der Astronomie an der Tagesordnung sind, werden wir die Exponential-Schreibweise in diesem Buch auch verwenden; 10^{33} steht entsprechend für eine 1 mit 33 Nullen.

▸▸ Großräumige Strukturen im Kosmos

Dieser gewaltige Galaxienhaufen (ACO 3627) am Südhimmel ist etwa 250 Millionen Lichtjahre entfernt. Solche Haufen könnten wir in alle Himmelsrichtungen beobachten, wenn nicht die Gas- und Staubwolken unserer Milchstraße oft den Blick versperrten. Galaxienhaufen sind die größten Strukturen im Universum, die durch ihre gegenseitigen Anziehungskräfte zusammengehalten werden.

nichts mit der Wirklichkeit zu tun. Statt dessen sind Raum, Materie und natürlich auch die Zeit erst im Moment des Urknalls entstanden. Das Universum tauchte nicht einfach „aus dem Nichts" auf, denn unmittelbar vor der Urknall gab es auch das Nichts noch nicht. Die Zeit hatte noch nicht zu laufen begonnen, und so ergibt es auch keinen Sinn, von einer Zeit vor dem Urknall zu sprechen. Weder Goethe noch Einstein könnten dies mit einfachen Worten beschreiben, wiewohl eine Kombination von beiden sicher sehr hilfreich wäre! Genauso „falsch", weil bedeutungsleer, ist die Frage, wo im heutigen Universum sich der Urknall ereignet hat. Der Raum entstand erst mit dem Urknall, und so hat der Urknall überall, im gesamten damaligen Universum, stattgefunden; entsprechend gibt es auch heute noch keinen Mittelpunkt des Universums.

Als schöne Illustration dieses Tatbestandes erweist sich eine berühmte Zeichnung von Maurits Cornelis Escher mit dem spröden Titel „Kubische Raumaufteilung". Stellen Sie sich vor, Sie stehen auf einem dieser Würfel, in denen die Gitterstäbe des Kristallgerüsts zusammentreffen, und jeder einzelne dieser Gitterstäbe wird in gleicher Weise länger und länger. Sie werden sehen, dass sich alle übrigen Würfel von Ihnen entfernen, und zwar umso schneller, je weiter sie entfernt sind, und Sie werden sich des Eindrucks nicht erwehren können, dass Sie ausgerechnet auf einem besonderen Würfel stehen: dem Mittelpunkt der Expansion. Aber wenn Sie etwas genauer darüber nachdenken, werden Sie einsehen, dass man diesen Eindruck von jedem anderen Würfel aus auch gewinnen muss – es gibt keinen Ausgangs- oder Mittelpunkt der Expansion! Entsprechendes gilt für das Universum mit seinen „auseinanderstiebenden" Galaxiengruppen, die jedem Beobachter das Gefühl eines zentralen Standortes vorgaukeln.

Ein ähnliches Problem ergibt sich bei der oft gestellten, auf den ersten Blick durchaus klugen Frage „Wie groß ist das Universum?" Wieder scheint es zwei mögliche Antworten zu geben. Entweder ist das Universum endlich oder nicht. Wenn es aber endlich ist, was befindet sich dann „außerhalb"? Diese Frage ist schlichtweg ohne Sinn, denn der Raum

▾ Kubische Raumaufteilung

Der niederländische Grafiker Maurits Cornelius Escher schuf diese Lithografie 1952. Die Arbeiten des 1898 geborenen Künstlers wurden international bekannt, nachdem das Magazin Time seine erste wichtige Ausstellung 1956 vorgestellt hatte. Mathematiker verstehen solche Arbeiten als hervorragende Visualisierung ihrer abstrakten Gedankenwelt.

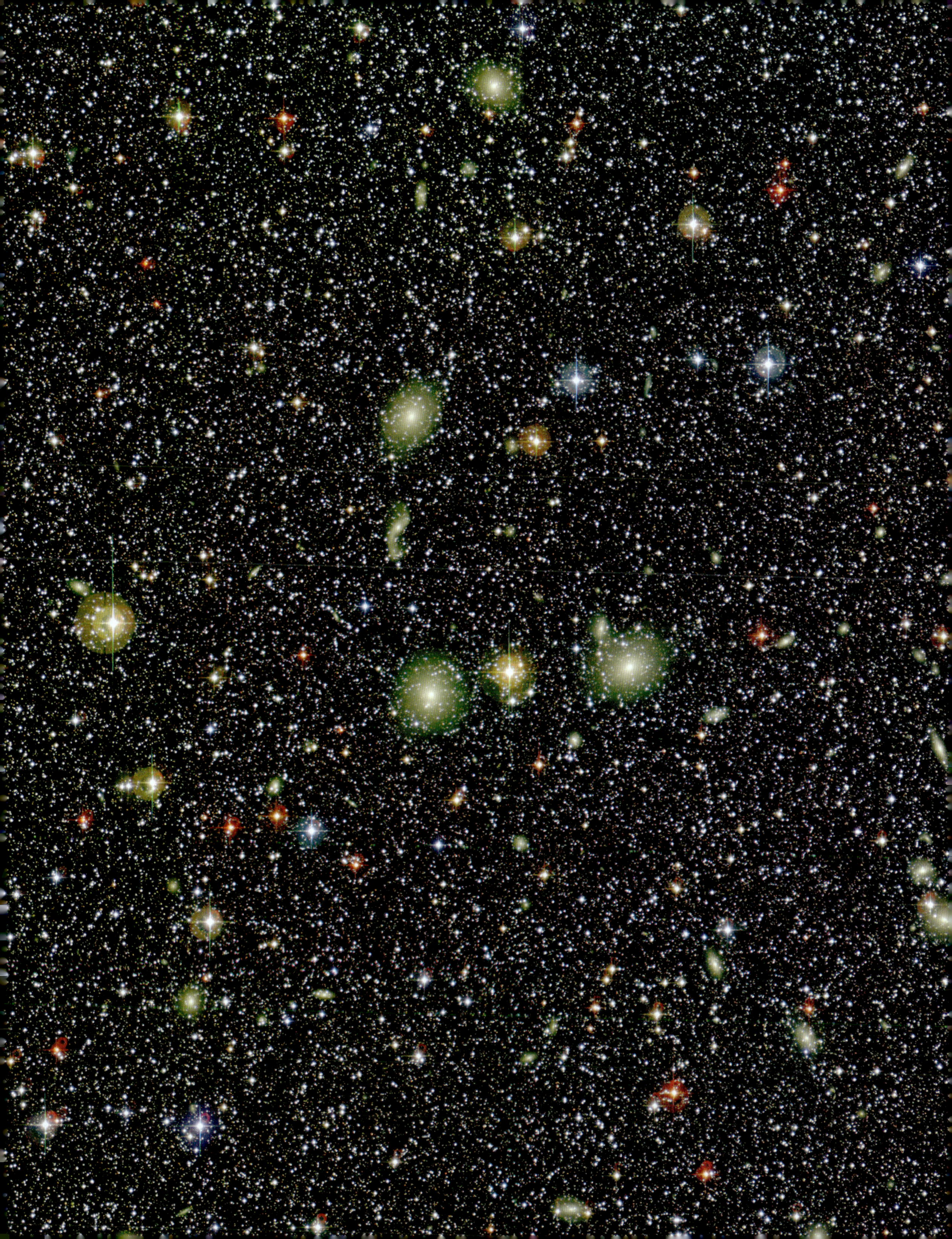

▼ Vom Unsichtbaren zur Unendlichkeit

Als Bewohner des „Mediokosmos“ können wir heute Objekte an beiden Enden des kosmischen Maßstabes untersuchen – von den fundamentalen Elementarteilchen, die etwa 10^{-15} Meter winzig sind, bis zum überschaubaren Universum, dessen Durchmesser bei etwa 10^{25} Meter liegt.

selbst existiert nur „innerhalb“ des Universums, so dass es im wahren Wortsinn kein „Außerhalb“ gibt. Wenn wir dagegen sagen, das Universum sei unendlich, heißt das nichts anderes, als dass seine Größe nicht definierbar ist. Unendlichkeit kann nicht durch Begriffe der Alltagssprache erklärt werden, nicht einmal Albert Einstein konnte das. (Wir wissen es, weil Patrick Moore ihn einmal danach gefragt hat!)

Dabei dürften wir nicht vergessen, dass wir die Zeit als eine Koordinate behandeln müssen. Wir können also nicht einfach fragen: „Wie groß ist das Universum?“, weil die Antwort von der Zeit abhängt. Wir könnten fragen: „Wie groß ist das Universum heute?“, aber wir werden später noch sehen, dass es aufgrund der Relativitätstheorie unmöglich ist, einen universell gültigen „Jetzt-Moment“ zu definieren, der im gesamten Universum gleichzeitig stattfindet.

Wenn man von einer bestimmten Größe des Universums spricht, stellt sich sogleich die Frage nach einem Rand. Würden wir gegen eine Mauer stoßen, wenn wir nur weit genug reisen könnten? Die Antwort lautet nein, denn das Universum ist in der Sprache der Mathematiker endlich, aber unbegrenzt (was so viel wie „randlos“ heißt). Ein hilfreicher Vergleich ist der einer Ameise auf einer Kugel. Sie kann auf der gekrümmten Kugeloberfläche beliebig lange immer in der gleichen Richtung krabbeln, ohne an eine Grenze zu kommen – sie kann also (theoretisch) unendlich weit laufen. Trotzdem ist die Fläche der Kugel endlich. In gleicher Weise kämen wir mit einem noch so leistungsfähigen Raum-

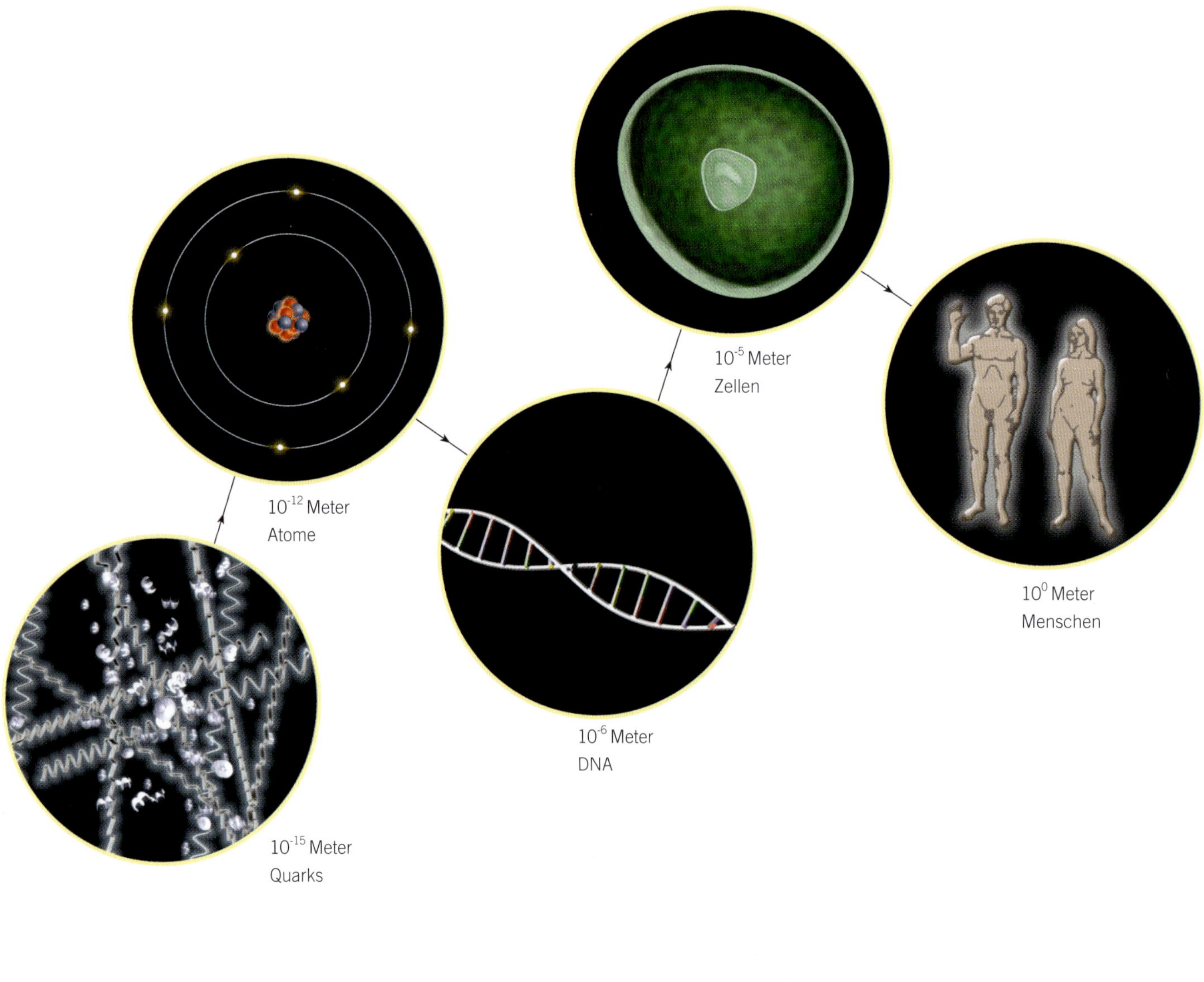

schiffantrieb nie an ein Ende des Universums, selbst in einem endlichen Universum nicht: Wir werden später noch sehen, dass der Raum in gewisser Weise als gekrümmt angesehen werden kann.

Wir sollten uns daher auf Fragen beschränken, die wir wissenschaftlich beantworten können, also etwa durch messbare Beobachtungen. So können wir mit Sicherheit sagen, dass das beobachtbare Universum (also jener Teil, dessen Licht uns bislang erreicht haben kann), endlich groß ist, weil das Universum nach unseren besten Vorstellungen derzeit erst rund 13,7 Milliarden Jahre alt ist. Deshalb liegt der Rand des beobachtbaren Universums, gleichsam sein Horizont, gerade 13,7 Milliarden Lichtjahre entfernt und rückt jedes Jahr ein Lichtjahr weiter weg. Allerdings werden wir noch Gründe dafür kennenlernen,

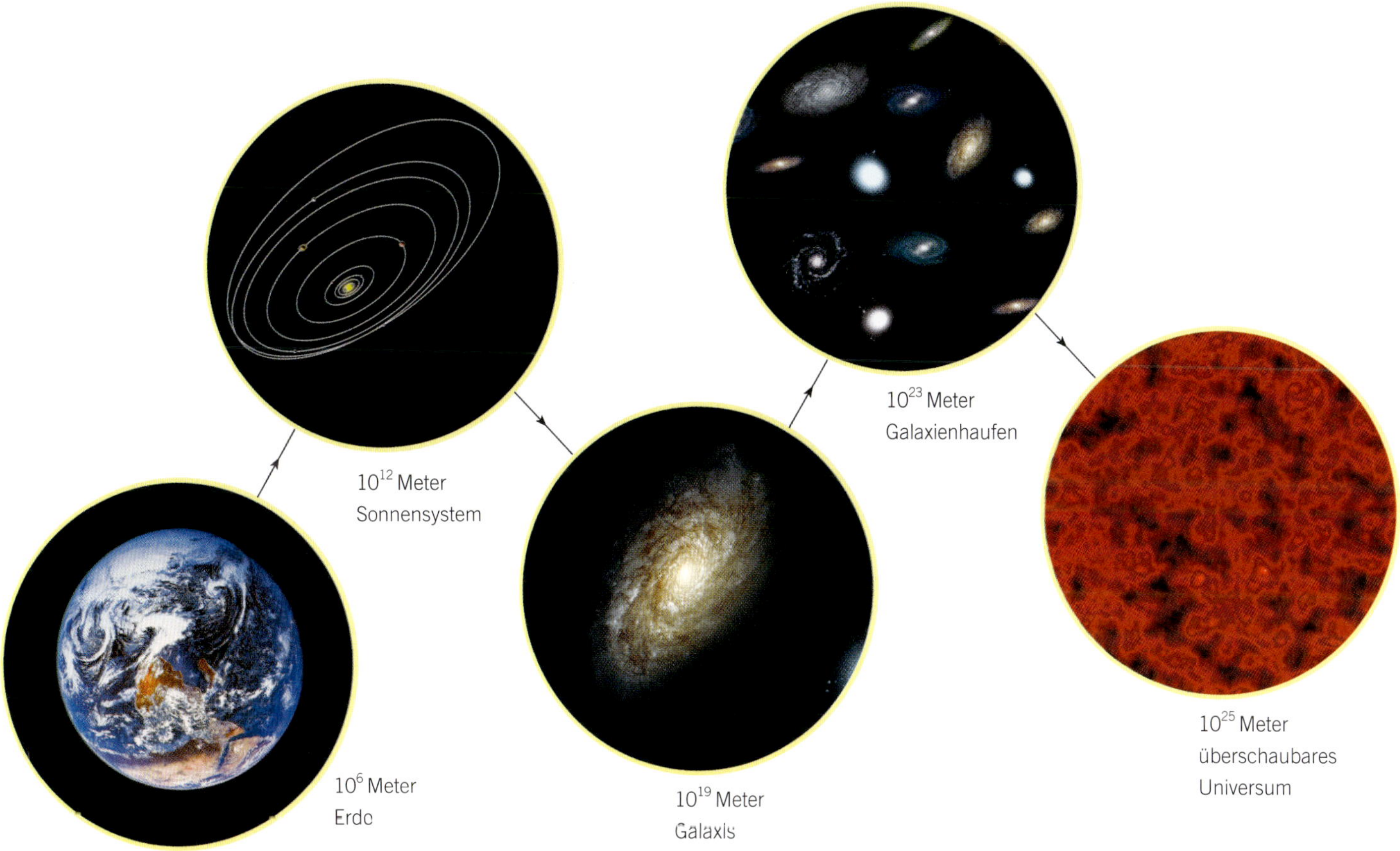

dass wir ohnehin nie ganz bis zu diesem Horizont blicken können. Daraus folgert, dass das Universum insgesamt mindestens so groß sein muss wie dieser überschaubare Teil.

Der Maßstab des Universums

Natürlich klingt es gut zu sagen, dass ein Objekt 13,7 Milliarden Lichtjahre entfernt ist, aber können wir diese Größe des überschaubaren Universums wirklich begreifen? So wie etwa die Strecke zwischen Berlin und New York oder vielleicht auch noch die Entfernung bis zum Mond, der immerhin rund 400 000 km entfernt ist? Diese Strecke entspricht gerade zehnmal dem Erdumfang, und es gibt viele Menschen (nicht nur Piloten), die in ihrem Leben viel weiter geflogen sind. Aber wie soll man sich 150 Millionen Kilometer vorstellen, die Entfernung zur Sonne? Und wie erst die Entfernung zum nur nächsten Stern dahinter, 4,3 Lichtjahre oder 40 Billionen Kilometer. Dabei ist selbst die Milchstraße noch viel größer, und bis zur nächsten Galaxie sind es mehr als 2,5 Millionen Lichtjahre.

▲ **Atomare Schichten**

Mikroskopaufnahme von atomaren Schichten an der Oberfläche eines Eisen-Silicid-Kristalls; die einzelnen Stufen haben die Dicke einer Atomlage.

Aber auch am anderen Ende des Maßstabes haben wir Schwierigkeiten, die Kleinheit eines Atoms zu begreifen. Interessanterweise liegt die Größe eines Menschen etwa auf halbem Weg zwischen der Größe eines Sterns und der eines Atoms. Es fällt auf, dass auf unserer Ebene die Physik besonders kompliziert wird. Der Mikrokosmos wird von der Quantenphysik beherrscht, der Makrokosmos von der Relativitätstheorie, aber in unserer „Mittelwelt" zeigt sich, dass wir beide Theorien noch nicht verknüpfen können. Der Oxforder Wissenschaftler Roger Penrose ist überzeugt davon, dass unser bisheriges Unvermögen, die grundlegende Physik zu verstehen, einhergeht mit dem Unvermögen, unser Bewusstsein zu verstehen. Dies ist vor allem vor dem Hintergrund des so genannten anthropischen Prinzips von Bedeutung, nach dem das Universum so sein muss, wie wir es beobachten, weil wir ansonsten gar nicht existierten und es dann natürlich auch nicht beobachten könnten.

Eine weitere nützliche Frage ist die nach der Gesamtzahl der Atome im Universum. Eine plausibel erscheinende Annahme geht von etwa 10^{79} Atomen aus, einer 1 mit 79 Nullen dahinter.

Seit rund einem Jahrhundert gehen wir davon aus, dass Atome drei verschiedene Sorten von Elementarteilchen enthalten: Protonen (die eine elektrisch positive Elementarladung enthalten), Neutronen (ohne jede Ladung) und die wesentlich leichteren Elektronen (mit einer negativen Elementarladung). Zwar ist es eigentlich gar nicht so einfach, elektrische Ladungen auf der atomaren Ebene zu definieren, aber für unsere Zwecke soll es genügen, dass elektrische Ladung ebenso eine Teilcheneigenschaft ist wie Größe oder Masse. Ladung tritt stets in ganzzahligen Vielfachen einer Mindestmenge auf, der Einheits- oder Elementarladung.

Ursprünglich stellte man sich die Atome wie Miniatursonnensysteme vor, in denen die Elektronen einen Kern aus Protonen und Neutronen umrunden. Dieser Atomkern vereint eine positive elektrische Ladung, die durch eine gleich große negative Ladung der Elektronen gerade kompensiert wird. Im Sonnensystem hält die Gravitation die Planeten auf ihren Bahnen um die Sonne, aber im Atom werden die elektrisch negativ geladenen Elektronen durch die elektrisch positiv geladenen Protonen im Kern festgehalten.

Das einfachste Atom, ein Wasserstoffatom, besteht aus einem Proton im Kern und einem Elektron im Außenbereich. Das Atom als Ganzes betrachtet ist elektrisch neutral: plus eins plus minus eins ergibt null. Alle Atome besitzen normalerweise jeweils eine gleich große Anzahl Protonen und Elektronen. Dabei ist die Zahl der Protonen für jedes Element verschieden – man nennt sie auch die Atomzahl. Helium zum Beispiel enthält zwei Protonen und zwei Elektronen (Atomzahl zwei), während Kohlenstoff die Atomzahl sechs besitzt. Schwere Elemente enthalten eine große Zahl von Protonen und Elektronen, Uran zum Beispiel je 92; Uran ist das schwerste natürliche Element auf der Erde.

Dieses einfache Atommodell, das die Protonen und Neutronen als elementare Bausteine ansah, stammt vom Anfang des vergangenen Jahrhunderts. Heute sieht man die Sache deutlich unschärfer. Manche der seltsamen Reaktionen extrem kleiner Systeme kann man nur verstehen, wenn man sie als aus Wellenpaketen statt aus Teilchen aufgebaut betrachtet. Man spricht in diesem Zusammenhang vom Teilchen-Welle-Dualismus. Darüber hinaus haben Experimente ergeben, dass das Elektron zwar unteilbar erscheint, Protonen und Neutronen dagegen nicht wirklich elementar sind – sie fügen sich aus kleineren Bausteinen zusammen, den so genannten Quarks, die statt dessen als fundamental angesehen werden. Niemand hat bislang ein Quark gesehen, aber wir wissen, dass sie existieren müssen: Schließlich hat man ihre Spuren in riesigen Teilchenbeschleunigern beobachtet, die gebaut wurden, um Protonen mit unvorstellbar hohen Geschwindigkeiten kollidieren zu lassen. Bei solchen Experimenten brechen die Protonen auseinander, und das zeigt den Wissenschaftlern, dass sie nicht wirklich elementar sein können. Allerdings verabscheut die Natur einzelne Quarks – sie treten mindestens paarweise oder auch zu dritt auf.

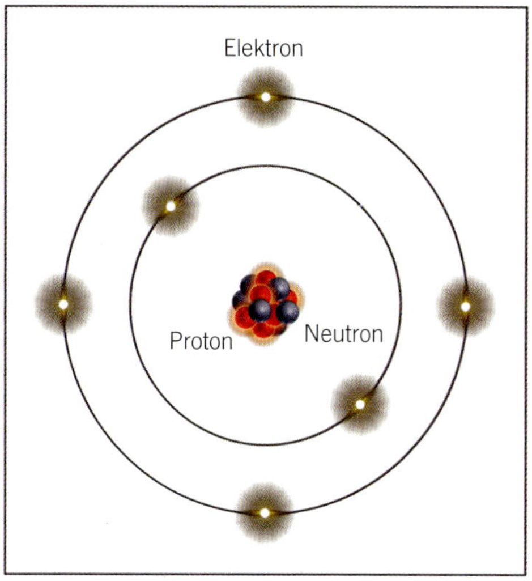

▲ **Das klassische Atom**
Dieses einfache Atommodell wurde 1913 von dem dänischen Physiker Niels Bohr vorgeschlagen. Es besteht aus einem Kern mit Protonen (rot) und Neutronen (blau) sowie Elektronen, die – ähnlich wie Planeten die Sonne – den Kern umrunden. Ungeachtet der später entwickelten Quantenmechanik, die mit so genannten Wahrscheinlichkeitsdichten anstelle der konkreten Teilchen ein ganz anderes Bild des Atoms zeichnet, ist das Bohrsche Atommodell für viele Zwecke heute noch verwendbar.

Die Kräfte der Natur

Diese Eigenart der Quarks liegt in der besonderen Natur der Kraft begründet, die die Quarks aneinander bindet und nicht ohne Grund als starke Kernkraft bezeichnet wird. Sie ist nur über extrem geringe Entfernungen wirksam, und eben deshalb brauchen wir so starke Beschleuniger, um Protonen zu zertrümmern. Anders als die Kräfte, die unser Alltagsleben bestimmen, also die Gravitation oder auch die elektrische Anziehung zwischen zwei gegensätzlich geladenen Körpern, nimmt die starke Kraft mit wachsendem Abstand zu. Mit anderen Worten würden wir beobachten, dass zwei freie Quarks (wenn es sie denn gäbe) sich gegenseitig umso stärker anziehen werden, je weiter der Abstand zwischen ihnen wächst. Am Ende wird die „Spannung" zwischen beiden Quarks so groß, dass aus ihrer Energie zwei neue Quarks gebildet werden, die sich mit den beiden „freien" Quarks zu zwei Quarkpaaren verbinden und damit unseren Trennungsversuch scheitern lassen. Diese Eigenart verhindert das Auftreten freier Quarks, so dass diese Objekte nur als Teilchen von anderen Partikeln vorkommen können – Protonen und Neutronen zum Beispiel, die jeweils drei Quarks enthalten.

Unter den extremen Temperaturen in der Frühzeit des Universums unmittelbar nach dem Urknall besaßen die Quarks genügend Energie, um sich frei zu bewegen. Entsprechend hoffen die Forscher, aus dem Verständnis der Frühphase des Universums auch etwas über die allerkleinsten Teilchen zu erfahren. Allerdings liegt die Energie, die jedem einzelnen Quark damals innewohnte, weit jenseits dessen, was heutige Beschleuniger liefern können.

Es ist schon erstaunlich, dass unsere gegenwärtige Erforschung des Mikrokosmos und des Makrokosmos so miteinander verwoben ist. Um das Universum als Ganzes zu ver-

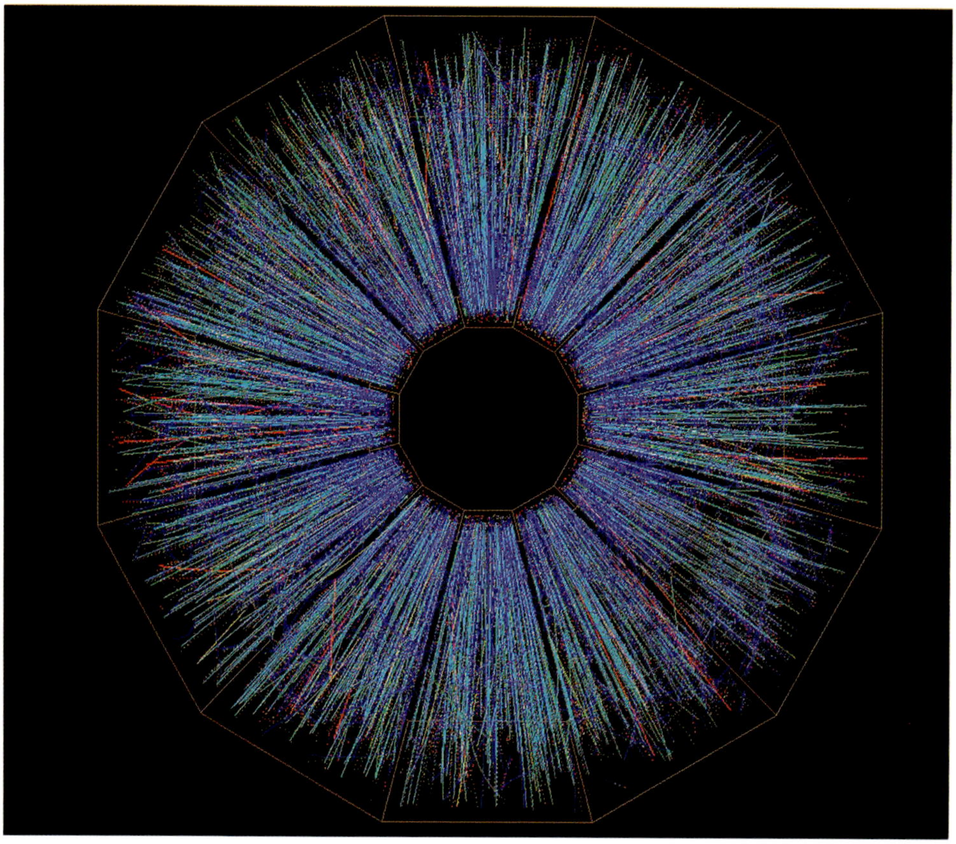

▶ **Die Jagd auf Quarks**
Im Brookhaven National Laboratory in New York werden Strahlen nahezu lichtschneller Gold-Atomkerne frontal zur Kollision gebracht. Dabei werden Bedingungen produziert, wie sie vermutlich einige zehnmillionstel Sekunden nach dem Urknall im Universum in Form des so genannten Quark-Gluonen-Plasmas anzutreffen waren. Dieses Bild, das an das Aussehen eines menschlichen Auges erinnert, zeigt die Spuren von rund 1 000 Teilchen, die von einer solchen Kollision ausgehen; es handelt sich um einen Querschnitt durch die Wolke der in alle Richtungen davonfliegenden Teilchen.

stehen, müssen wir auf die Welt der Elementarteilchen zurückgreifen, und unsere besten Testmöglichkeiten für deren Verhalten finden wir in den ersten Momenten des Universums. Ein „heißer Kosmos" voller höchstenergetischer Elementarteilchen ist das früheste Bild, das wir uns von unserem neu entstandenen Kosmos machen können.

Größer heißt kühler

Vom ersten Planck-Augenblick an begann dieses unvorstellbar kleine Universum seine Expansion und kühlte dabei ab. Das Universum war ein kochender Ozean aus Quarks, die allesamt mit einer riesigen Menge Energie ausgestattet waren und sich entsprechend extrem schnell bewegten. Folglich konnte es damals weder Atome noch Moleküle geben, wie wir sie heute kennen – solch komplexe Strukturen könnten unter den zerstörerischen Auswirkungen extremer Temperaturen nicht bestehen. Die Quarks waren einfach zu energiegeladen, als dass sie sich in Protonen oder Neutronen hätten einsperren lassen – sie konnten sich frei im damaligen Universum bewegen, bis sie mit einem ihrer zahlreichen Nachbarn zusammenstießen. Aber dieses Tohuwabohu enthielt nicht nur Quarks, sondern auch deren Antiteilchen, die sich nur durch eine entgegengesetzte elektrische Ladung unterschieden. Das Antiteilchen zu einem Elektron ist ein Positron, ein positiv geladener Zwilling des elektrisch negativen Elektrons. Den meisten wird Antimaterie nur aus Sciencefiction-Romanen ein Begriff sein, wo sie als „Treibstoff" für extrem starke Raketentriebwerke genutzt wird: Treffen Materie und Antimaterie aufeinander, kommt es zu einer gegenseitigen Vernichtung, durch die eine große Menge an Energie frei gesetzt wird – was übrigens durch Experimente bestätigt werden konnte. Wo immer sich also im frühen Universum ein Quark und ein Antiquark begegneten, haben beide sich in einem Energieblitz aufgelöst. Aber auch die Umkehrung dieses Prozesses war möglich: Strahlung mit genügend hoher Energie, die damals „gang und gäbe" war, konnte sich spontan in auseinander strebende Teilchenpaare umwandeln, die jeweils ein „normales" Teilchen

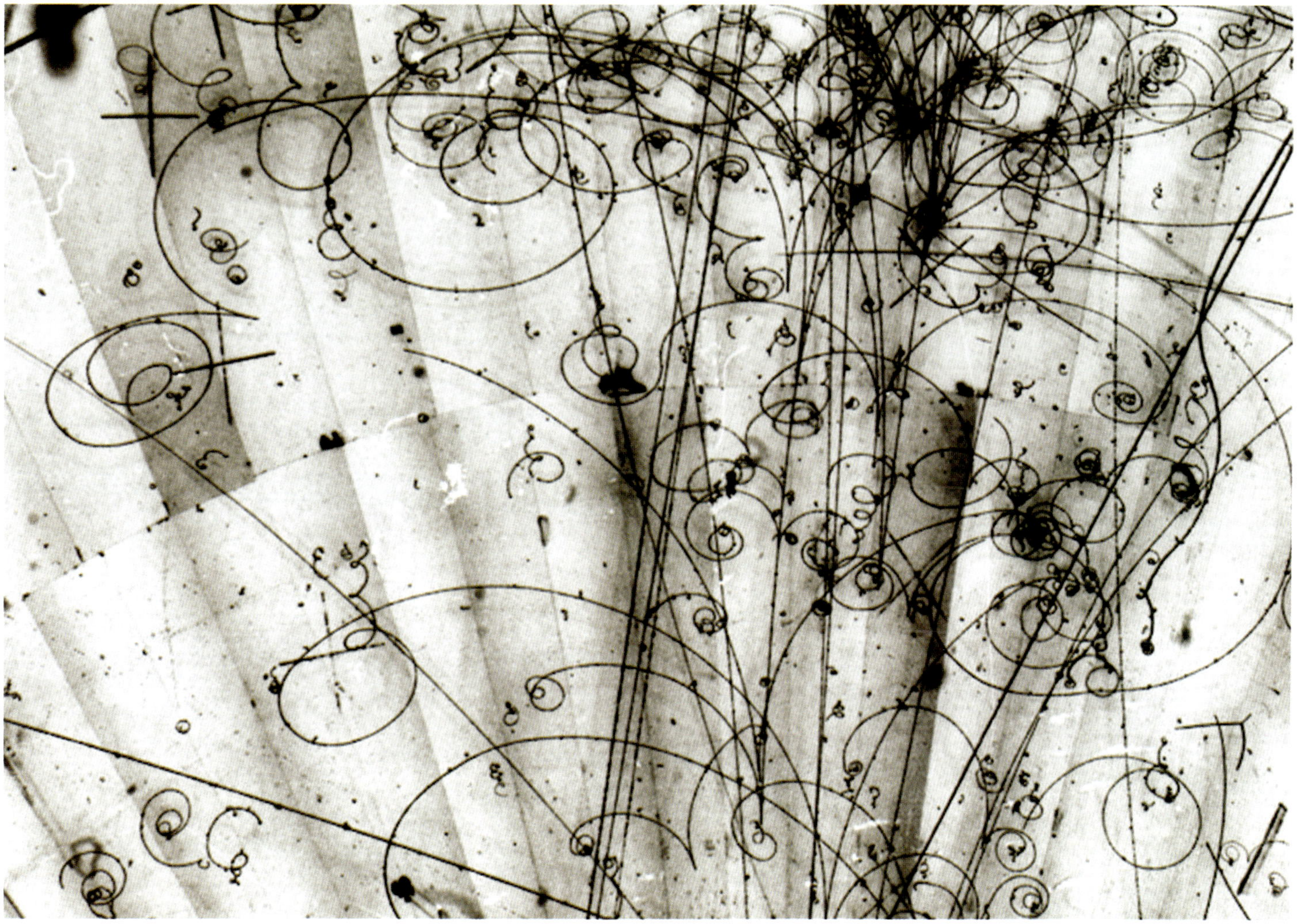

▲ Sichtbare Antimaterie
Auf diesem Bild sieht man die Spuren, die „frisch“ aus energiereichen Photonen entstandene Teilchenpaare (Elektronen und ihre Antiteilchen, die Positronen) in einer Blasenkammer hinterlassen haben. Elektrisch geladene Teilchen produzieren in einer solchen Kammer winzige Blasen wie Spuren im Schnee. Aufgrund ihrer entgegengesetzten elektrischen Ladung streben Elektronen und Positronen in einem von außen angelegten Magnetfeld auf immer enger werdenden Spiralbahnen in scheinbar gespiegelten Richtungen davon.

und sein Antiteilchen enthielten. In jener Phase war das Universum also von energiereicher Strahlung erfüllt, die sich ständig in solche Teilchenpaare umwandelte, die ihrerseits wieder zerstrahlten, sobald sie auf entsprechende Partner trafen, und dabei ihre Energie an den allgemeinen Strahlungshintergrund zurückgaben.

Im Zuge der Expansion wurde das Universum nach der ersten Mikrosekunde (was etwa 10 Millionen Millionen Millionen Millionen Millionen Millionen Planck-Zeiten entspricht) so „kalt“ (10 Millionen Millionen Kelvin), dass die Quarks sich durch die starke Kernkraft gegenseitig einfangen konnten. Jetzt entstanden Gruppen aus drei Quarks und bildeten die uns heute so vertrauten Protonen und Neutronen (zusammengefasst als Baryonen bezeichnet), während Antiquarks zu Antiprotonen und Antineutronen (Antibaryonen) „verklebten“. Wäre die Zahl der Baryonen und Antibaryonen gleich groß gewesen, dann wäre wahrscheinlich die gesamte Materie wieder zerstrahlt, und die zurückgegebene Energie wäre im Zuge der weiteren Expansion des Kosmos immer stärker ausgedünnt worden, so dass keine neuen Teilchen-/Antiteilchenpaare mehr hätten entstehen können. Dann wäre das heutige Universum frei von Materie und nur ein bloßes Strahlungsmeer.

Doch gab es offenbar ein von Anfang an „eingebautes“ Ungleichgewicht in der einen Richtung, das schließlich zu einer Überzahl und damit einem Restbestand an normaler Materie führte. Nur deswegen können wir heute darüber rätseln, was damals wohl dieses Ungleichgewicht ausgelöst haben könnte. Aus noch unverstandenen Gründen kamen

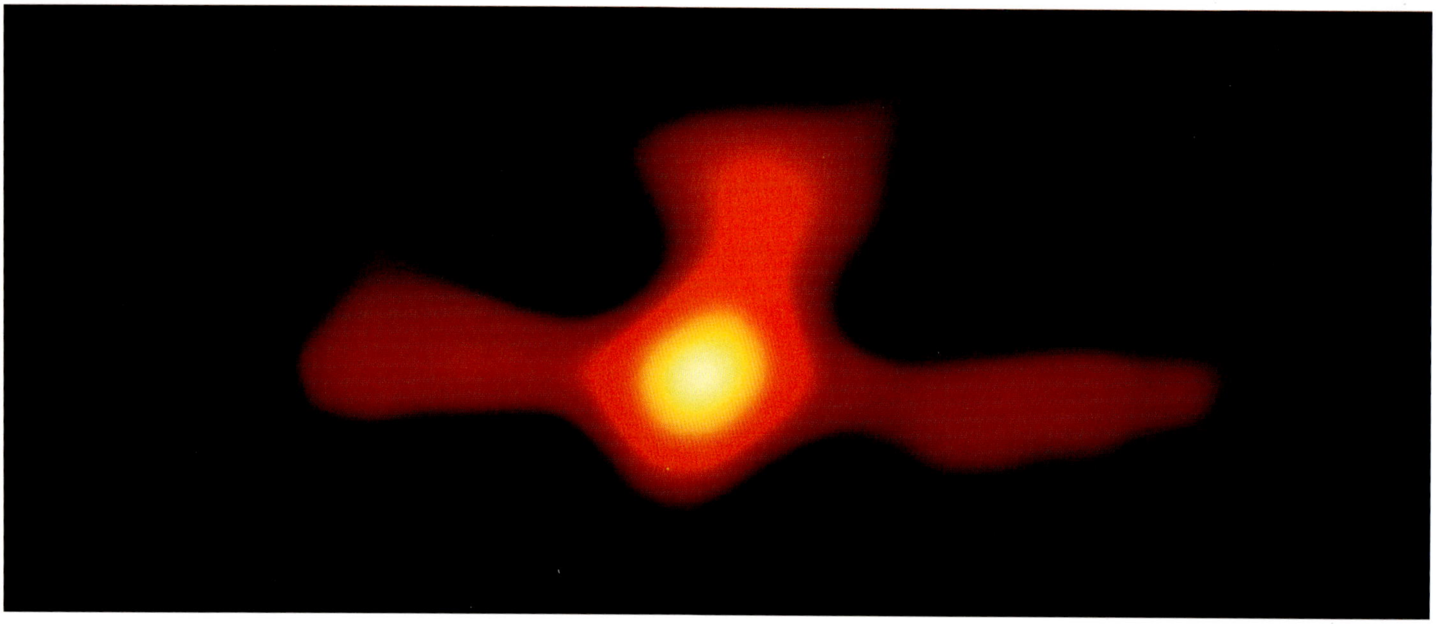

▲ **Eine Antimaterie-Wolke**
Dieses Gammastrahlenbild vom Zentrum unserer Milchstraße zeigt vermutlich aufeinander prallende Wolken aus Materie und Antimaterie (Elektronen und Positronen), die in zahllosen Kollisionen zerstrahlen und die beobachteten Energiemengen freisetzen. Das lässt darauf schließen, dass eine Positronenwolke aus dem Zentrum der Milchstraße heraus geschleudert wird.

damals auf 1 Milliarde Antibaryonen gerade 1 Milliarde und 1 Baryon, so dass nach dem großen Showdown zwischen Materie und Antimaterie ein verschwindend geringer Bruchteil (ein Zweimilliardstel) an Materie übrig blieb, während die Antimaterie vollständig von der kosmischen Bühne verschwand. Aus diesen Protonen und Neutronen entstanden später die heutigen Atomkerne.

Die kosmische Verschwörung

Wir wollen für einen kurzen Augenblick in die Gegenwart zurückkehren und zwei Galaxien betrachten, die jeweils neun Milliarden Lichtjahre entfernt sind, aber in entgegengesetzter Richtung liegen; ihre gegenseitige Entfernung beträgt also 18 Milliarden Lichtjahre. Beide existieren in Regionen des Universums, die im großen und ganzen ähnlich aussehen. Die eine mag tief im Innern eines Galaxienhaufens ähnlich dem benachbarten Virgo-Haufen liegen, die andere eher isoliert stehen, und doch wird es in der Nähe der einen auch Einzelgalaxien geben und in der Nähe der anderen einen Galaxienhaufen. Beide Regionen werden die gleichen Anteile unterschiedlicher Galaxientypen enthalten, und selbst die Temperatur in der Umgebung der beiden Galaxien wird gleich sein.

Daraus ergibt sich ein Problem, das als kosmische Verschwörung bezeichnet wird. Weil das Universum weniger als 18 Milliarden Jahre alt ist (die derzeit besten Schätzungen kommen auf ein Alter von etwa 13,7 Milliarden Jahren), kann das Licht weder von der einen Galaxie zur anderen gelangt sein noch umgekehrt. Weil aber die Relativitätstheorie darauf besteht, dass sich keine Information schneller als mit Lichtgeschwindigkeit ausbreiten kann, konnte auch nichts anderes die Strecke zwischen den beiden Galaxien zurücklegen. Sollte es also anfangs irgendwelche Unterschiede zwischen den beiden Regionen gegeben haben, dann können sie durch nichts ausgebügelt worden sein. Umso überraschender ist daher die Tatsache, dass das Universum in jede Richtung gleich aussieht, egal, wohin wir blicken: Wir sehen überall Galaxien ähnlichen Typs, die in nahezu gleicher Weise verteilt sind, als hätten sich alle Bereiche des Universums miteinander verschworen.

Aber warum ist das ein Problem? Kann es nicht ganz natürlich sein, dass das Universum in alle Richtung gleich erscheint? Kann es nicht ein noch unbekanntes Gesetz geben, das den Urknall geprägt und dafür gesorgt hat, dass nur Universen entstehen konnten, die ziemlich gleichförmig aufgebaut sind? Leider haben wir keinen Hinweis auf ein

Gesetz, das diese Wirkung haben könnte, und so müssen wir zumindest auch die Möglichkeit in Betracht ziehen, dass es am Anfang des Universum zum Beispiel große Temperaturunterschieden zwischen einzelnen Regionen gab, dass etwa die eine Hälfte doppelt so heiß war wie die andere. Wie könnte daraus die heutige Gleichförmigkeit erwachsen sein? Es war schließlich nicht genügend Zeit, dass ein Teil der Wärme von der einen Hälfte zur anderen geströmt wäre, um die Temperaturdifferenz auszugleichen, da die Zeit ja nicht einmal gereicht hat, um der anderen Hälfte überhaupt per Lichtgeschwindigkeit „mitzuteilen", dass es diese Temperaturdifferenz auch nur gibt. Unter diesen Voraussetzungen erscheint eine nachträgliche Korrektur anfänglicher Abweichungen unmöglich, und trotzdem erscheinen uns diese untereinander weit entfernten Regionen einander gleich oder zumindest ähnlich.

Nun kann man einwenden, dass unsere beiden Galaxien heute ja zu weit voneinander entfernt sein mögen, aber das noch sehr junge Universum war auch sehr viel kleiner als heute, so dass ein Informationsaustausch zwischen den beiden gegenüberliegenden Seiten stattgefunden haben könnte, was die heutige Gleichförmigkeit erklären würde. Es stellt sich also die Frage, wie groß das Universum in dieser frühen Phase gewesen ist. Eigentlich sollte sich diese Frage leicht beantworten lassen.

Nur eine der bislang besprochenen Kräfte in der Natur kann über astronomische Entfernungen wirken – die Gravitation. Sie ist eine Anziehungskraft, die die Materie zusammenbringen möchte.

Gäbe es nur die Gravitation, so wäre das Universum in seiner Expansion von Anfang an gebremst worden. Wenn wir den Versuch starten, zu rekonstruieren, wie sich die Größe des Universums mit der Zeit verändert, und dies in umgekehrter Weise auf die Vergangenheit anwenden, müssen wir feststellen, dass das Problem der kosmischen Verschwörung bis in die früheste Startphase des Kosmos erhalten bleibt. Mit anderen Worten war das Universum nie klein genug, dass Licht von einer Seite zur gegenüberliegenden Seite gelangt wäre. Entsprechend dürften sich anfängliche Temperaturunterschiede nicht ausgeglichen haben. Allerdings baut diese Rekonstruktion darauf, dass die Gravitation als einzige Kraft die Expansionsrate des Universums bestimmt. Wenn wir diese Annahme aufgeben, können wir auch das „Verschwörungsproblem" lösen.

Das verrückte Konzept der Inflation

Der heute favorisierte Lösungsansatz geht mit einer gewissen Steigerung der Komplexität der Urknall-Theorien einher. Die meisten Kosmologen nehmen mittlerweile an, dass es in der frühesten Anfangsphase eine extrem kurze Periode äußerst rascher Expansion gegeben hat, und zwar im Zeitraum zwischen 10^{35} und 10^{-32} Sekunden n. B. Während dieser Phase hat die Größe vielmilliardenfach zugenommen, ehe sich die Expansion danach wieder „normalisierte".

▼ Die kosmische Verschwörung
Während wir zwei weit entfernte Galaxien (A und B) in einander entgegensetzten Richtungen am Himmel sehen können, hat das Licht der einzelnen Galaxien die jeweils andere noch nicht erreicht.

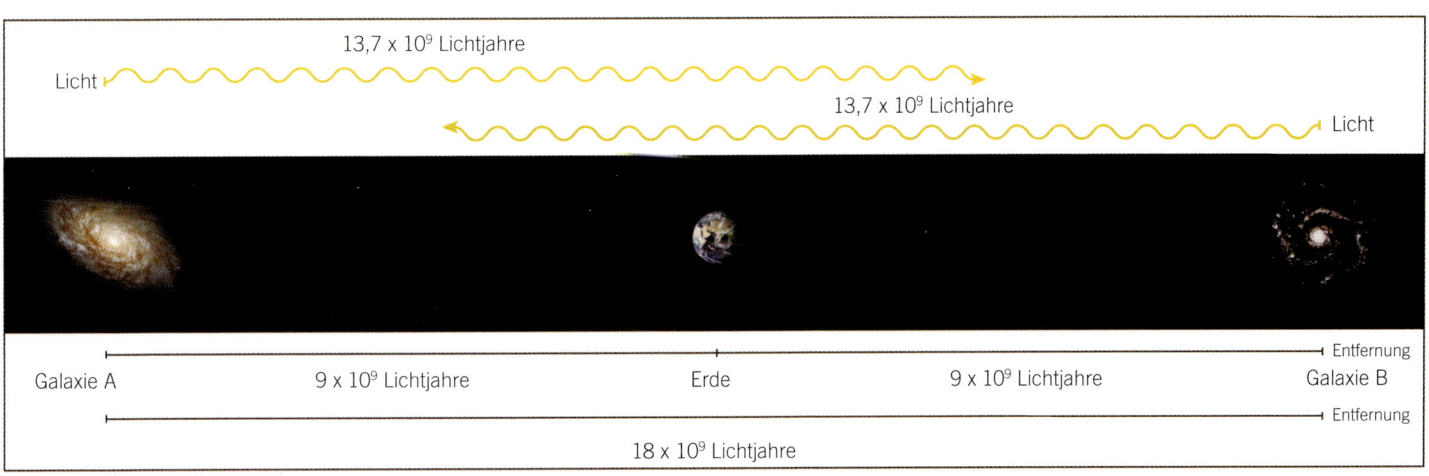

▲ **Hubble-Deep Field Süd**

Das Hubble-Deep Field Süd zeigt – wie das Gegenstück vom Nordhimmel – zahllose Galaxien bis fast zum Rand des überschaubaren Universums. Die gegenseitige Entfernung der Galaxien beider Regionen ist so gewaltig, dass das Licht seit der Entstehung des Universums vor rund 13,7 Milliarden Jahren kaum mehr als die Hälfte der Strecke zwischen ihnen zurückgelegt hat. Trotzdem sehen die beiden Regionen einander sehr ähnlich – ein beeindruckendes Beispiel für die kosmische Verschwörung.

Ohne eine solche Phase der Inflation hätten Gebiete, die wir in gegenüberliegenden Teilen des Universums beobachten, nie ausreichend Zeit gehabt, einander anzugleichen und einen überregionalen Gleichgewichtszustand zu erreichen. Die vorgeschlagene Inflation dagegen ermöglicht die Annahme, das Universum sei anfangs viel kleiner gewesen, so dass es diesen Gleichgewichtszustand erlangen konnte, bevor die Inflation einsetzte. Regionen mit kleinen Rest-Unterschieden wären dann durch die Inflation so weit auseinandergetrieben worden, dass sie heute (und für immer) jenseits unseres Horizontes liegen. Im Umkehrschluss heißt dies natürlich, dass wir nur einen winzigen Ausschnitt des Universums wirklich überblicken und darin nur die Unterschiede erkennen, die anfangs in unserer unmittelbaren Umgebung existierten – und die müssen naturgemäß sehr gering ausfallen. Ein Vergleich aus unserer Vorstellungswelt mag dies erläutern. Auf der Erde gibt es zwischen den höchsten Himalaya-Gipfeln und den größten Meerestiefen beträchtliche Höhenunterschiede. Die Inflation des „Erd-Universums" würde dazu geführt haben, dass die Fläche unter den Füßen auf die Gesamtoberfläche der Erde gedehnt worden wäre (oder – umgekehrt – wir auf weniger als die Größe einer Mikrobe geschrumpft würden). Die Höhenunterschiede, die dann innerhalb unserer „Reichweite" lägen (und die ursprünglich unter unsere Fußsohlen passten) , wären zwangsläufig sehr gering. Nichts anderes hat die Inflation mit unserem Universum angerichtet.

Aber warum sollte das junge Universum eine solch extreme Zunahme der Expansionsgeschwindigkeit erleben? Möglicherweise müssen wir eine neue Kraft einführen, aus der die Inflation gespeist wurde, eine Kraft, die der Gravitation entgegenwirken würde. Die Wissenschaftler bemühen sich seit einiger Zeit herauszufinden, welche Eigenschaften eine solche Kraft haben müsste; bislang haben sie aber offenbar keine klare Antwort gefunden. Soweit wir wissen, gab es im unmittelbaren Vorfeld der Inflation keine Besonderheiten oder Auffälligkeiten, und so kann uns das plötzliche Auftreten und Wiederverschwinden der beschleunigenden Kraft reichlich willkürlich erscheinen. Andererseits bietet dieses Szenario eine Lösung des Problems der „kosmischen Verschwörung".

Gibt es noch andere Probleme, die mit der Einführung der Inflation beseitigt werden könnten? Es zeigt sich in der Tat, dass die Inflation auch noch zwei andere, ansonsten unverständliche Eigenschaften des Universums erklären kann, die wir heute beobachten. Zum einen lässt sich aus dem Standardmodell des Urknalls ableiten, dass eine besondere Teilchenart, so genannte magnetische Monopole, gelegentlich in entsprechenden Detektoren nachgewiesen werden sollten. Bislang ist aber noch kein einziges derartiges Teilchen registriert worden, und das verlangt nach einer Erklärung. Durch die Inflation wäre allerdings die Wahrscheinlichkeit eines Nachweises drastisch verringert worden, weil dabei die gleiche Anzahl von Partikeln auf einen wesentlich größeren Raum verteilt wurde. Wenn zum Beispiel mit dem Urknall 100 Billionen solcher Monopole entstanden wären, hätte in einem nicht-inflationären Universum mittlerweile das ein oder andere Teilchen dieser Art seine Spuren hinterlassen müssen. Wenn aber die gleiche Zahl von Teilchen durch die Inflation auf einen vielmilliardenfach größeren Raum verteilt wurde, kann es durchaus sein, dass im überschaubaren Teil des Universums keines mehr anzutreffen ist. Die Expansionsrate war während der kurzen Inflationsphase so extrem groß, dass der Kosmos hinterher unvorstellbar viel größer war als von den konventionellen Urknall-Theorien angenommen. Die Inflation bietet eine Erklärung für die fehlenden Teilchen – sie sind einfach „wegverdünnt" worden.

Das flache Universum

Das andere Rätsel, das durch die bizarre Vorstellung der Inflation gelöst würde, betrifft die Geometrie des Universums; von dieser Seite könnte die Inflationshypothese sogar ihre stärkste Stütze erfahren. Die meisten Menschen dürften mit der Geometrie des Euklid vertraut sein, denn sie wird – vielleicht nicht immer sehr erfolgreich – an den Schulen unterrichtet. In dem Zusammenhang haben wir gelernt, dass die drei Winkel eines Dreiecks zusammen 180 Grad ergeben. Das gilt aber nicht wirklich für alle denkbaren Drei-

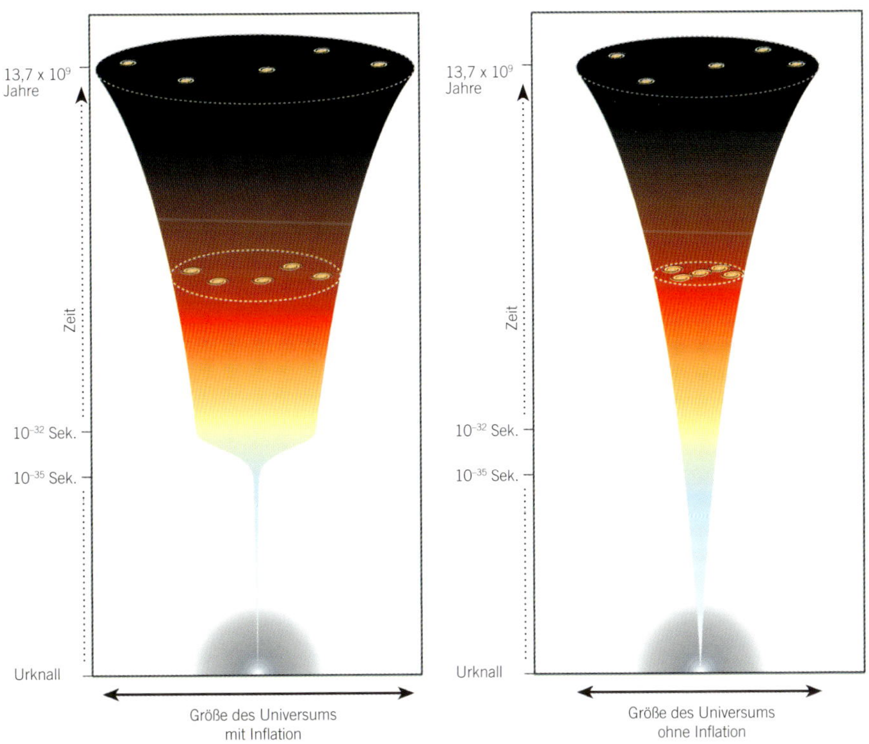

◀ **Inflation**
Das linke Diagramm zeigt den Einfluss der Inflation auf die Expansion des Universums – im Vergleich zu einem inflationslosen Universum (rechts). Aufgrund der Expansion entfernen sich die Galaxien untereinander. Die Darstellung ist nicht maßstabsgerecht!

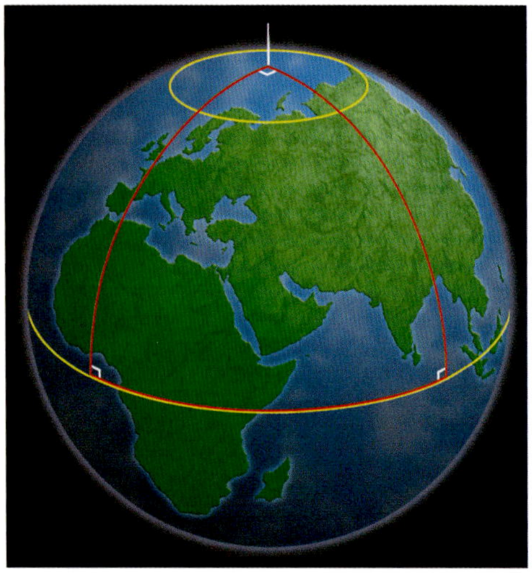

▲ Sphärische Geometrie

Nach der euklidischen Geometrie, die wir in der Schule lernen, beläuft sich die Winkelsumme im Dreieck auf 180 Grad. Dagegen kann ein (sphärisches) Dreieck auf der Oberfläche einer Kugel mehr als 180 Grad umfassen. In dem hier gezeigten roten Dreieck beträgt die Winkelsumme 270 Grad.

ecke: Auf die Oberfläche einer Kugel kann man auch Dreiecke zeichnen, deren Winkelsumme deutlich größer als 180 Grad ist. Denken wir zum Beispiel ein Dreieck, dessen eine Seite vom Nordpol durch das Observatorium von Greenwich (also auf dem nullten Längengrad) bis zum Äquator verläuft, dessen zweite Seite mit dem Äquator der Erde zusammenfällt und dessen dritte Seite bei einer östlichen Länge von 90 Grad beginnt und nach Norden bis zum Nordpol reicht. Dieses Dreieck umfasst drei rechte Winkel, seine Winkelsumme beträgt 270 Grad. Die euklidische Geometrie gilt eben nur auf ebenen Flächen!

Und welcher Geometrie gehorcht das Universum? Die Dinge sind hier deutlich komplizierter, weil wir es hier statt der zweidimensionalen Fläche mit einem vierdimensionalen Raum zu tun haben (den drei vertrauten Raumdimensionen plus der Zeit). Vernachlässigen wir aber einmal lokale Störungen durch die Anwesenheit von Materie und betrachten das Universum im großen Maßstab. Grundsätzlich ließen sich viele verschiedene Geometrien für das Universum vorstellen, aber es scheint dennoch sehr genau auf einen Spezialfall „abgestimmt" zu sein: Die Beobachtungen zeigen (wie wir im nächsten Kapitel über die kosmische Hintergrundstrahlung noch sehen werden), dass wir in einem flachen Universum leben, in dem die euklidische Geometrie selbst über größte Distanzen anwendbar ist. Warum sollte das so sein? Um ein flaches Universum zu schaffen, braucht man exakt die genau richtige Menge von Materie, mit einer Toleranz von nur wenigen Atomen. Gäbe es diese wenigen Atome mehr oder weniger in unserem Kosmos, so wäre unsere Welt alles andere als flach.

Wieder werden wir also mit einer Beobachtung konfrontiert, die „eigentlich" nur mit einem besonderen, unbekannten Gesetz aus dem Urknall heraus erklärbar würde – und wieder bietet die Inflation eine alternative, leichter nachvollziehbare Begründung. Auch in diesem Fall hätte die Inflation die Krümmung des Raumes so stark gedehnt, dass wir nur einen flachen Ausschnitt davon überblicken können.

Noch einmal soll uns ein dreidimensionaler Vergleich die Verhältnisse in unserem vierdimensionalen Kosmos nahe bringen. Wer einmal versucht hat, auf einer Bowlingkugel zu stehen, wird sehr schnell gemerkt haben, dass deren Oberfläche gekrümmt ist. Etwas anders ist es schon bei einer größeren Kugel, etwa der Erde. Hier wird die Krümmung der Fläche nicht so schnell deutlich, aber sie lässt sich durchaus messen oder erkennen. Schon die Griechen der Antike kannten die Erde als eine Kugel (sie konnten sogar ihren Durchmesser bestimmen), und die bloße Beobachtung, wie ein Schiff am Horizont verschwindet, konnte als Hinweis auf die Krümmung der Erdoberfläche angesehen werden. Wenn wir uns dagegen eine Kugel vorstellen, die billionenfach größer als die Erde ist, würden alle unsere Experimente zu dem Ergebnis führen, dass wir auf einer flachen

Temperatur

Im täglichen Leben messen wir die Temperatur meist in Celsius-Graden. Dieses System unterteilt den Temperaturunterschied zwischen Schmelzpunkt und Siedepunkt des Wassers in 100 Grad. Die wissenschaftliche Basis für die Definition der Temperatur stützt sich auf die Geschwindigkeit der Atome und Moleküle innerhalb des gemessenen Objektes: Je schneller sich die Teilchen bewegen, desto höher ist die Temperatur.

Wenn man ein Thermometer in eine Flüssigkeit taucht, misst man also, wie heftig die Moleküle auf das Thermometer prallen – und damit indirekt, wie schnell sie sich bewegen. Diese Temperaturdefinition führt mitunter zu unerwarteten Resultaten.

Nehmen wir zum Beispiel eine Wunderkerze und einen glühenden Schürhaken. Jeder einzelne Funke der Wunderkerze ist weißglühend, enthält aber so wenig Masse, dass es nichts ausmacht, die Wunderkerze festzuhalten – aber kaum jemand wird freiwillig einen rotglühenden Schürhaken anfassen, obwohl er längst nicht so heiß wie der Funke einer Wunderkerze ist.

Ein anderes, wunderschönes Beispiel ist die grünlich weiß schimmernde Korona, die äußere Sonnenatmosphäre, die während einer totalen Sonnenfinsternis aufleuchtet. Die Temperatur der sichtbaren Sonnenoberfläche liegt bei rund 5500 Grad Celsius, während die Korona – vermutlich durch an-

Oberfläche leben. Die Krümmung der Kugel wäre viel zu klein, um nachweisbar zu sein – und unser Schiff würde einen endlos weiten Weg bis zum Horizont zurücklegen müssen.

Nach der Inflation

Ein Universum, das die Inflation überstanden hat, ähnelt dieser letzten Kugel. Weil es zu einer solchen Größe „aufgeblasen" wurde, können wir nur einen winzigen Teil überblicken und dementsprechend nur lokale Eigenschaften messen. So können wir durchaus zu dem Schluss kommen, dass dieses überschaubare Universum eine ebene Geometrie besitzt, da wir über die Geometrie jenseits unseres Horizontes nichts in Erfahrung bringen können. Ganz gleich, welche Geometrie das Universum besitzt, aufgrund der Inflation müssen wir in unserem überschaubaren Ausschnitt eine ebene Geometrie feststellen.

Die drei genannten Probleme lassen sich mit der Inflationstheorie elegant lösen, allerdings für den Preis, dass wir diese rätselhafte, kurzzeitige extreme Beschleunigung der Expansion des Universums bislang kaum verstehen. Vielleicht lernen wir eines Tages eine alternative Lösung kennen, wenn wir den Urknall selbst einmal besser nachvollziehen können, aber für heute ist die Inflation als Erklärung besser als gar keine.

Nach dem Ende der Inflation dehnte sich das Universum wieder langsamer aus und kühlte entsprechend langsamer ab. Etwa drei Sekunden nach dem Urknall war die Temperatur auf 1 Milliarde Kelvin gesunken. Etwa drei Viertel der Materie im Kosmos war Wasserstoff, und Helium stellte den größten Teil des Restes (zur Erinnerung: Beim Helium umrunden zwei Elektronen den Kern aus zwei Protonen und zwei Neutronen).

Die Urknall-Theorien beschreiben, dass zu jeweils 10 Wasserstoffatomkernen ein Heliumatomkern entstand. Heute ist die Zahl der Wasserstoffatome immer noch zehnmal so groß wie die der Heliumatome. Dies ermöglicht den vielleicht einfachsten und zugleich stärksten Test der Urknall-Theorie. Sterne wandeln Wasserstoff in Helium um, und so sollten wir erwarten, dass der Anteil an Helium allmählich zunimmt. Wenn wir daher ein Objekt finden sollten, das weniger Helium enthält als erwartet, müssten wir unsere Theorien überdenken. Ein solches Objekt wurde aber bislang nicht gefunden.

Glauben wir also an den Urknall? Die erbittertste Konkurrenz, die Steady-State-Theorie, scheint heute endgültig aus dem Rennen geworfen, und so steht die Urknall-Theorie derzeit allein auf weiter Flur. Dabei dürfen wir nicht vergessen, dass man eine Theorie nicht wirklich beweisen kann. Man kann nur hoffen, dass sie alle verfügbaren Beobachtungen erklärt oder zumindest keine Widersprüche provoziert. Zusammen mit der inflationären Phase scheint die Urknall-Theorie diesen Ansprüchen zu genügen. Dennoch kann eine neue Entdeckung jederzeit einen Fehler der Theorie aufdecken. Bis ein neuer Newton oder Einstein mit einer besseren Theorie kommt, müssen wir mit dem Urknall leben.

dauernde magnetische Kurzschlüsse und deren Folgen – auf eine Million Grad und mehr aufgeheizt wird. Aber das heiße Gas in der Korona ist so dünn verteilt, dass ein Raumschiff ungefährdet hindurchfliegen könnte: Sie enthält nicht genügend heißes Gas, um das Raumschiff nachhaltig aufzuheizen.

Je langsamer sich die Atome bewegen, desto tiefer sinkt die Temperatur. Bei etwa –273 Grad Celsius kommt die Bewegung der Atome ganz zum Erliegen. Die Temperatur kann nicht weiter sinken, und wir haben den absoluten Nullpunkt erreicht, die kälteste mögliche Temperatur. Allerdings ist dies noch in keinem Labor gelungen (und kann auch gar nicht gelingen), wiewohl man dem absoluten Nullpunkt schon auf winzige Bruchteile eines Grades nahe gekommen ist.

Die Kelvinskala, die nach Lord Kelvin benannt ist, beginnt bei diesem absoluten Nullpunkt (0 K), doch ihre Unterteilung entspricht jener der Celsiusskala. Bei der Umwandlung von Celsius- in Kelvingrade braucht man also nur 273 zu addieren, will man dagegen Kelvingrade in Celsiusgrade umrechnen, muss man 273 subtrahieren. Die kosmische Hintergrundstrahlung (3-K-Strahlung) entspricht also einer Temperatur von –270 Grad Celsius. Der Vorteil der Kelvinskala besteht darin, dass man nicht mit negativen Zahlen arbeiten muss und der Nullpunkt unabhängig vom Umgebungsdruck ist.

▼ Totale Sonnenfinsternis (Doppelbild)

Eine totale Sonnenfinsternis gehört zu den eindrucksvollsten Schauspielen der Natur. Wegen der gewaltigen Helligkeitsspanne, die in jeder Phase dieses Ereignisses zu erfassen ist, kann keine Einzelfotografie dem „wirklichen" Anblick gerecht werden. Brian May fotografierte seine erste totale Sonnenfinsternis im Juli 1991 von Cabo, St. Lucas auf der mexikanischen Halbinsel Baja California. Durch einen Zufall war der Filter vor dem Kamera-Objektiv etwas verdreht, so dass durch interne Reflexionen ein „Geisterbild" entstand; es zeigt zwei herausragende, rötliche Protuberanzen, die im „Hauptbild", das die äußere Korona erfassen sollte, hoffnungslos überbelichtet wurden.

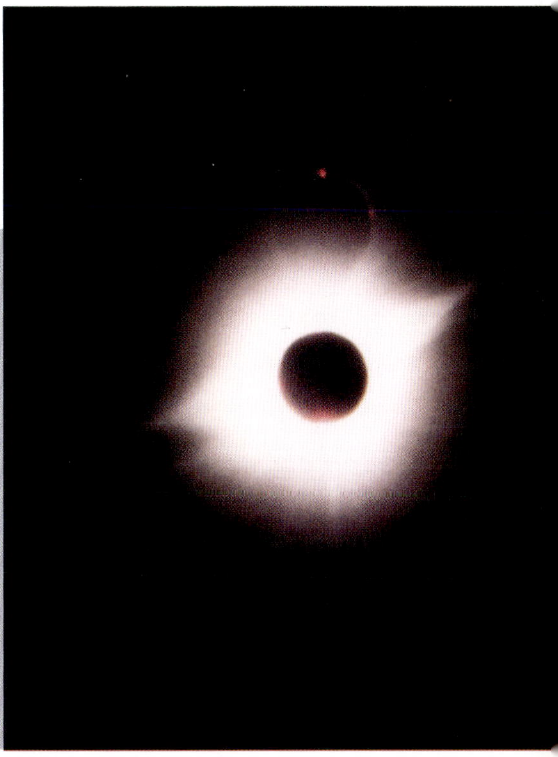

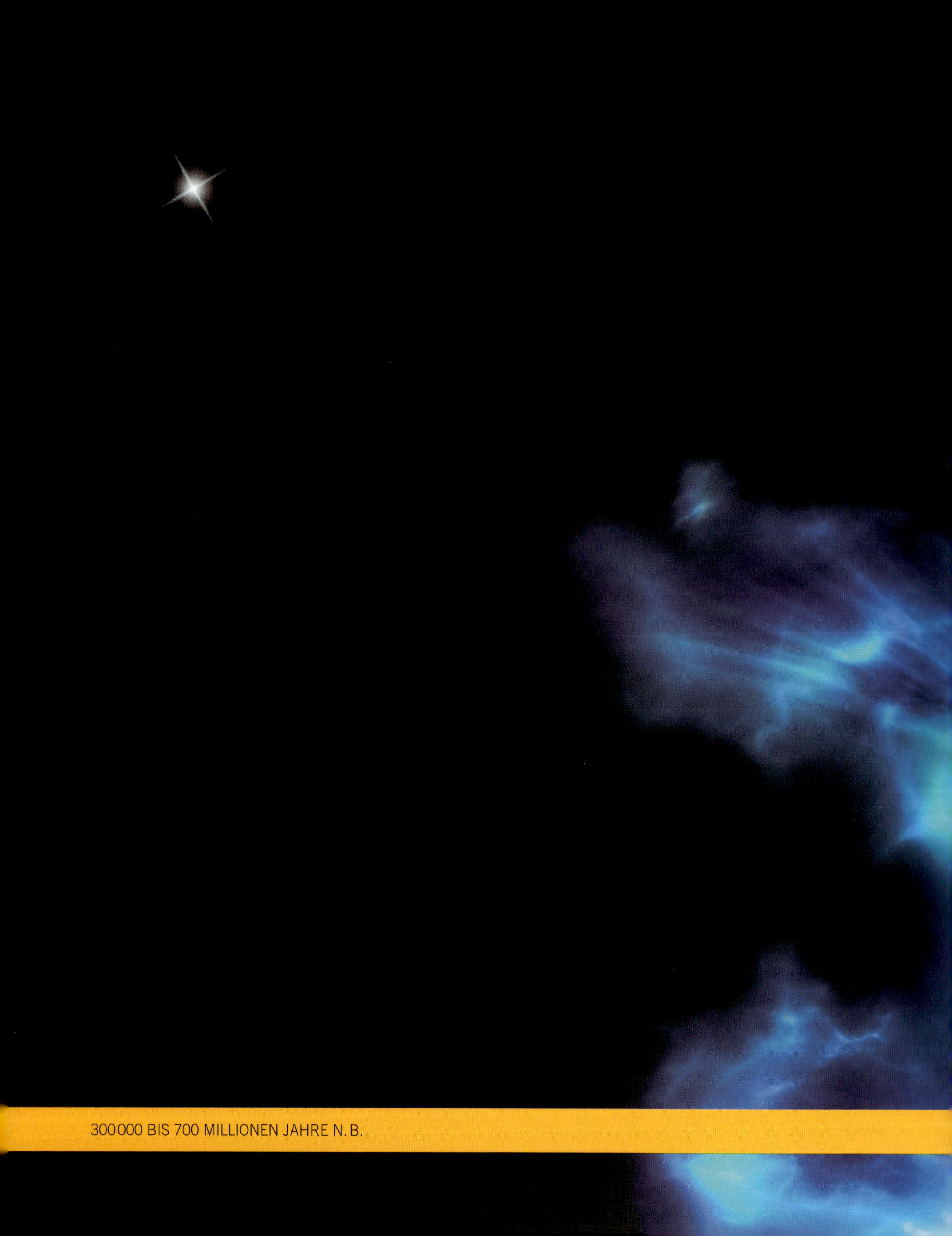

300 000 BIS 700 MILLIONEN JAHRE N. B.

KAPITEL 2 Und es ward Licht

▲ Der erste Stern
Die ersten Sterne waren vermutlich extrem massereich. Nur einer oder zwei in jeder Protogalaxie könnten ausgereicht haben, um ihre Umgebung so stark zu verändern, dass anschließend sonnenähnlichere Sterne entstehen konnten.

Auf die explosive Phase der Inflation folgte eine rund 300 000 Jahre währende Periode ohne größere Veränderungen. Die äußeren Randbedingungen, die die Entwicklung des Universums kontrollierten, blieben weitgehend unverändert, doch das Universum beruhigte sich allmählich. Mit sinkender Temperatur wurden auch die Protonen und Neutronen allmählich langsamer, aber Materie und Strahlung waren immer noch aneinander gekoppelt. Der größte Unterschied zwischen dem Universum damals und heute bestand darin, dass es in dieser frühen Phase vollkommen undurchsichtig war.

Die elektromagnetische Strahlung, zu der ja auch das sichtbare Licht gehört, kann als Strom von Photonen angesehen werden, von masselosen Partikeln, die sich mit einer konstanten Geschwindigkeit von 300 000 km/s bewegen. In der fremden Welt der Quantenmechanik (die möglicherweise die am besten überprüfte Theorie der modernen Physik ist) gibt es keine klare Trennung zwischen Welle und Teilchen; statt dessen müssen wir alles als Wellenpakete betrachten, als eine Mischung aus beidem gewissermaßen. Nicht nur verhalten sich dann „klassische" Teilchen, also Protonen und Neutronen, mitunter wie Wellen, sondern umgekehrt auch Licht mitunter wie ein Strom klassischer Teilchen.

Jedes Photon trägt ein wohl definiertes Quantum an Energie; dessen Größe ergibt sich aus der Farbe des Lichtes. Damit ist es also ganz in Ordnung zu sagen, elektromagnetische Strahlung sei ein Strom von Photonen. Wir werden nun einmal den Weg eines solchen Photons verfolgen, das zum Beispiel in der Frühphase des Universums aus der Verschmelzung eines Protons und eines Antiprotons hervorgegangen sein mag. Unter den damaligen Verhältnissen konnte kein Photon weite Strecken zurücklegen, ehe es mit einem Elektron zusammenprallte und seine Energie an dieses elektrisch geladene Teilchen abgeben musste, so dass es absorbiert wurde. Irgendwann würde das Photon zwar wieder ausgesandt, aber in eine andere Richtung, die von dem ursprünglichen Kurs beliebig abweichen konnte. Dieser Prozess der Absorption und erneuten Emission würde sich ständig wiederholen, was das Photon von einem raschen Vorwärtskommen abhalten würde.

Als sich das Universum rund 300 000 Jahre nach dem Urknall jedoch auf etwa 3 000 Kelvin abgekühlt hatte, griff plötzlich eine gravierende Änderung um sich. Vor diesem kritischen Moment hatten sich die Elektronen, die leichtesten und daher schnellsten Bestandteile gewöhnlicher atomarer Materie, zu schnell bewegt, um selbst von den schwereren Atomkernen eingefangen werden zu können, doch nun konnten sie sich diesem Schicksal nicht länger entziehen: Die ersten elektrisch neutralen Atome entstanden. Auf der Ebene der Atome bewegen sich die eingefangenen Elektronen in einem sehr großen Abstand von den jeweiligen Atomkernen (Atome sind nun einmal vor allem Leerräume), doch im Vergleich zum Abstand zwischen den Atomen befinden sich die Elektronen sehr nahe an ihren Atomkernen. Mit anderen Worten wurde durch die Einbindung der Elektronen in die Atome ein weiter Raum eröffnet, gleichsam „frei" gemacht, in dem sich die Photonen nun auf einmal über große Distanzen frei bewegen konnten. Man kann auch sagen, dass Materie und Strahlung entkoppelt wurden, und als Folge davon wurde das Universums mit einem Mal durchsichtig.

Das Echo des Urknalls

Der Einfang der Elektronen ist äußerst stark von der Temperatur des Universums abhängig, und in dem Moment, da die Temperatur diesen kritischen Wert unterschritt, setzte der Prozess mit bemerkenswertem Tempo ein. Zusammen mit der Tatsache, dass die Temperatur des Universums (dank der vorausgegangenen Inflation) im gesamten überschau-

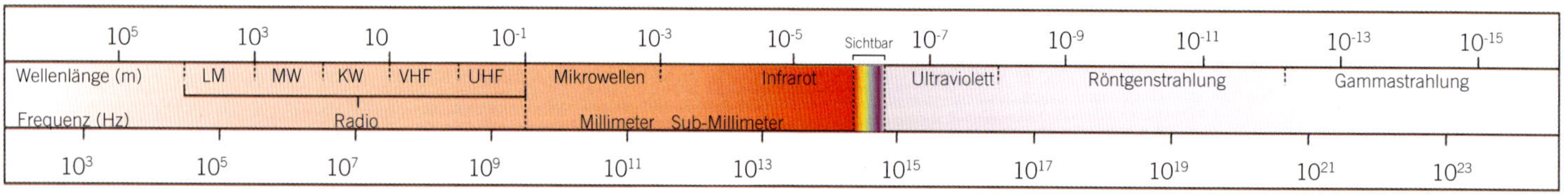

▼ Das elektromagnetische Spektrum
Der sichtbare Teil des Spektrums, das Licht, das wir mit unseren Augen sehen können, ist nur ein kleiner Ausschnitt des gesamten elektromagnetischen Spektrums. Während der vergangenen 70 Jahre haben die Astronomen ihre Beobachtungsmöglichkeiten auf nahezu alle Bereiche des elektromagnetischen Spektrums ausweiten können.

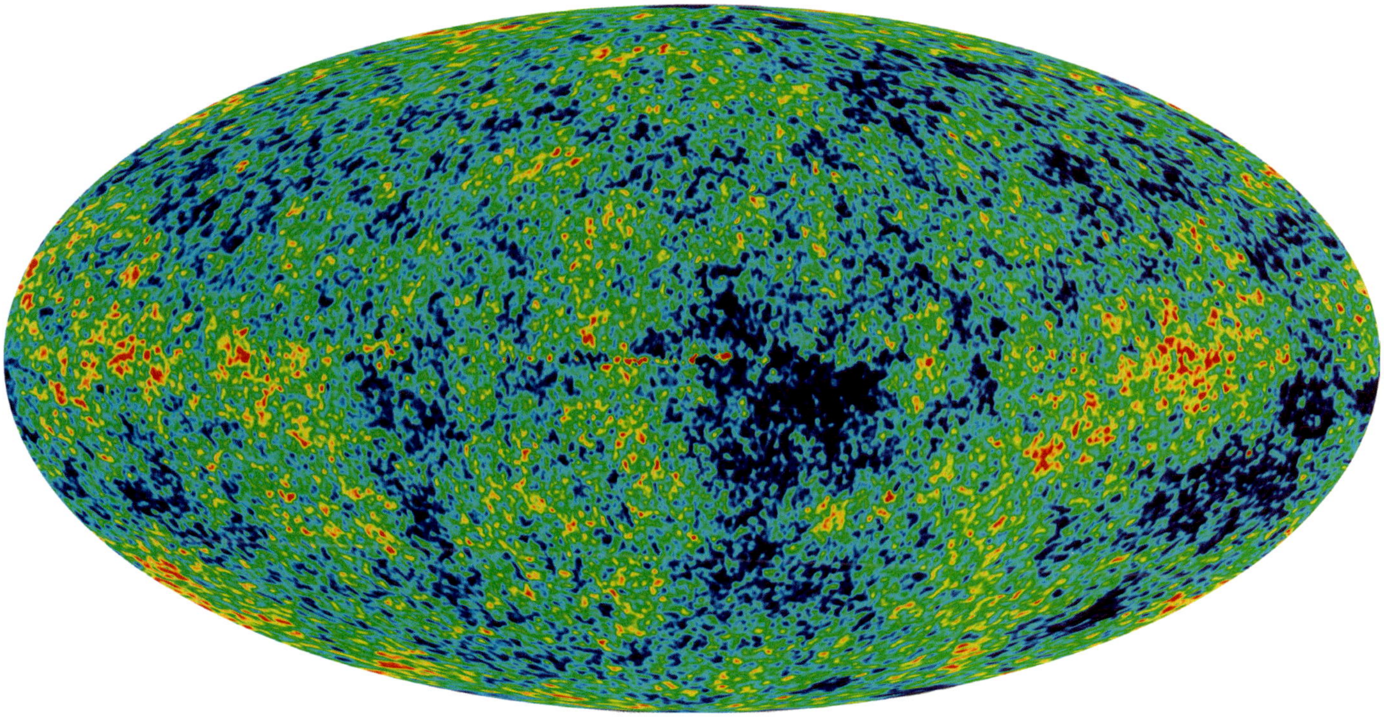

baren Universums nahezu identisch war, heißt dies, dass der Prozess in diesem Teil des Universums nahezu zeitgleich einsetzte. Damit konnte Licht und andere Strahlung die letzten 13,4 Milliarden Jahre das Universum ungehindert durchqueren, und entsprechend können wir heute einen Schnappschuss des gesamten (überschaubaren) Universums aus der damaligen Zeit beobachten. Dies ist einmalig in der Astronomie, denn normalerweise wird unser Blick in die – räumlich und zeitlich – entfernteren Regionen des Kosmos durch „vorgelagerte" Galaxien behindert, deren Licht erst viel später ausgesandt wurde. Der magische Augenblick, in dem das Universum durchsichtig wurde, ist dagegen im Licht der so genannten kosmischen Hintergrundstrahlung ohne Einschränkungen „universell" festgehalten und einsehbar.

Viele Leser werden dieses schwache Echo des Urknalls, das das Ende des mit dem Urknall entstandenen Feuerballs markiert, schon einmal gesehen haben, allerdings eher unbewusst. Zieht man nämlich die Fernsehantenne aus der Buchse, flimmert ein schwarz-weißes Rauschen über den Bildschirm, und etwa ein Prozent dieses Rauschens stammt von der kosmischen Hintergrundstrahlung. Auch 13,4 Milliarden Jahre nach ihrer Freisetzung ist diese Strahlung noch in der Lage, Spuren auf Ihrem Fernseh-Bildschirm zu hinterlassen.

Heute entspricht die Frequenz dieser kosmischen Hintergrundstrahlung einer Strahlungstemperatur von lediglich 2,7 Grad über dem absoluten Nullpunkt. Warum das „Nachglühen" des extrem heißen Urknalls inzwischen so kalt geworden ist, lässt sich leicht erklären: Als die Strahlung freigesetzt wurde, war das Universum nur noch etwa 3000 Kelvin heiß, und weil es sich seither immer weiter ausgedehnt hat, sehen wir die ursprüngliche 3000-Kelvin-Strahlung heute so sehr rotverschoben, dass sie uns nurmehr als 3-Kelvin-Strahlung erscheint. Dies ist übrigens unsere erste Begegnung mit dem Phänomen der Rotverschiebung, das innerhalb der Kosmologie eine fundamentale Rolle spielt.

Die Entdeckung der kosmischen Hintergrundstrahlung bestätigte einige Vorhersagen der Urknall-Theorien. So zeigte sich, dass die ausgesandte Strahlung der eines schwarzen Körpers entsprach, eines hypothetischen Objektes, das alle auftreffende Strahlung absorbiert. Wenn ein solcher schwarzer Körper erhitzt wird, sendet er eine Strahlung aus,

▲ Der Mikrowellenhimmel
Diese Gesamtansicht des Himmels im Mikrowellenbereich offenbart 13,4 Milliarden Jahre alte Temperaturdifferenzen als Farbunterschiede; sie gehen auf Dichtevariationen zurück, die zu den Saatkörnern der Galaxien wurden. Rote Bereiche sind geringfügig wärmer (und dichter) als blaue Bereiche. Die Karte wurde aus den Daten des Satelliten *Wilkinson Microwave Anisotropy Probe* (WMAP) erstellt.

▼ Große Hornantenne
Das Teleskop, mit dem Robert Penzias und Arno Wilson 1964 erstmals die kosmische Hintergrundstrahlung nachwiesen, war eine große Mikrowellen-Hornantenne. Sie steht noch auf dem Gelände der Bell Laboratories in New Jersey, wenngleich auch ohne den Taubenkot, der die Wissenschaftler zunächst auf die falsche Fährte geleitet hatte.

▶ Der Infrarot-Himmel

Der obere Bildteil zeigt eine lang belichtete Infrarot-Aufnahme des Spitzer-Weltraumteleskops. Im unteren Bildteil sind alle Vordergrundquellen „abgezogen" und der Rest erheblich verstärkt worden, um das infrarote Restleuchten deutlich hervor zu heben. Nach einer unlängst formulierten Hypothese handelt es sich dabei um die Ultraviolettstrahlung der ersten Sterne, die durch Expansion des Kosmos mittlerweile in den infraroten Bereich gedehnt wurde. Wenn diese Hypothese stimmt, könnte dieses Bild eines Tages astronomischen Kultcharakter bekommen.

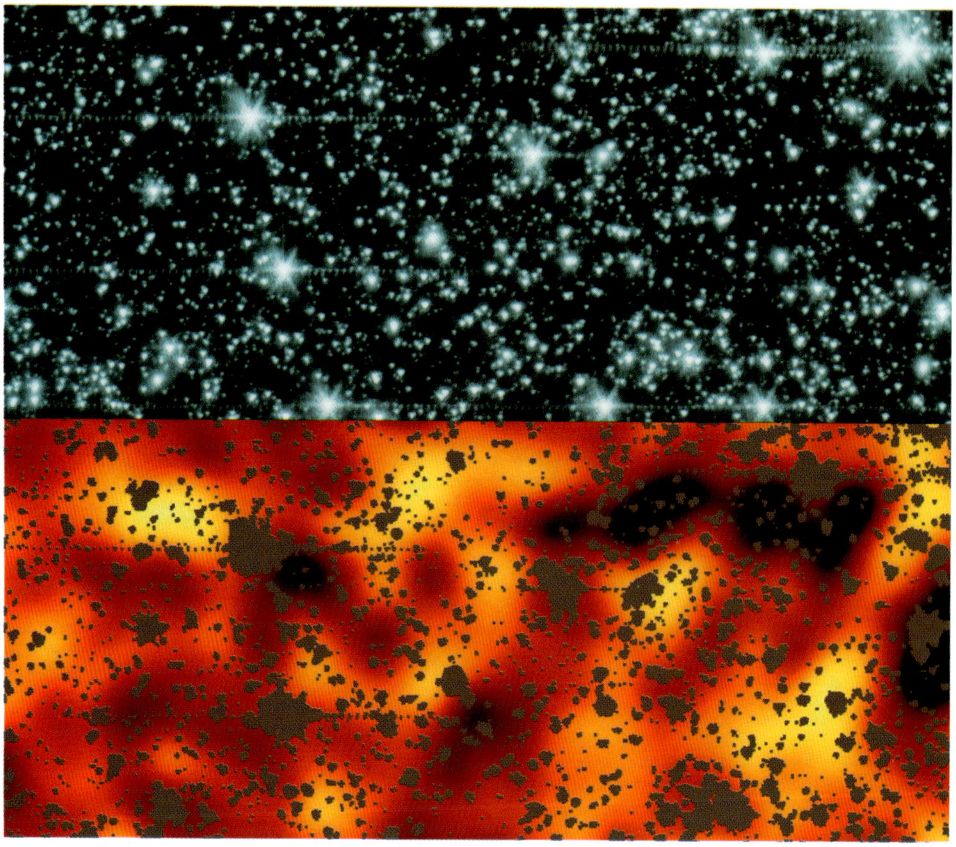

deren spektraler Verlauf (die Intensität bei unterschiedlichen Wellenlängen) nur von der Temperatur des Strahlers abhängt. In der Praxis sagt uns das etwas über die Natur der Strahlungsquelle – zum Beispiel, dass sie keinen äußeren Einflüssen unterlag. Das heiße, dichte und praktisch undurchsichtige Universum sollte in der Zeit zwischen dem Urknall und dem Moment der ersten „Durchsichtigkeit" genau ein solcher schwarzer Körper gewesen sein. Die Übereinstimmung zwischen Beobachtung und Theorie ist mittlerweile so groß, dass in den entsprechenden Grafiken die Linienstärke der theoretischen Vorhersage größer als die Unsicherheit der Messwerte ist – ein in der Wissenschaft äußerst seltener, in der beobachtenden Astronomie sogar einmaliger Umstand.

Zunächst erschien diese Strahlung absolut gleichförmig, waren keine Richtungsabhängigkeiten zu erkennen. Selbst nach dem Abzug des Mikrowellenleuchtens unserer „vordergründigen" Galaxie blieb diese Gleichförmigkeit erhalten. Heute dagegen sehen wir ein eher klumpiges Universum, mit großen Freiräumen zwischen den eher dichten Gala-

Rotverschiebung

Wir betrachten Licht in den meisten Fällen als Wellenerscheinung. Anfangs waren sich die Wissenschaftler darüber keineswegs einig, denn wodurch sollte sich das Licht ausbreiten? Schallwellen breiten sich in Luft aus, und Wasserwellen sind ohne Wasser undenkbar. Viele Menschen glaubten daher an eine spezielle Substanz, den so genannten Äther, der alles durchdrang und vom Licht durchdrungen wurde. Gegen Ende des 19. Jahrhunderts wurde diese Vorstellung jedoch durch die Einsicht ersetzt, dass Licht sich sehr wohl ohne „Trägersubstanz" ausbreiten könne.

Wenn Licht aber eine Wellennatur besitzt, bestimmt seine Wellenlänge sowohl die Farbe als auch die Energie des Lichtes. Rotes Licht hat zum Beispiel eine größere Wellenlänge und weniger Energie als grünes Licht, das seinerseits energieärmer und langwelliger als blaues Licht ist. Infrarot-Strahlung ist noch langwelliger als rotes, sichtbares Licht, und Radiowellen haben noch größere Wellenlängen. Am

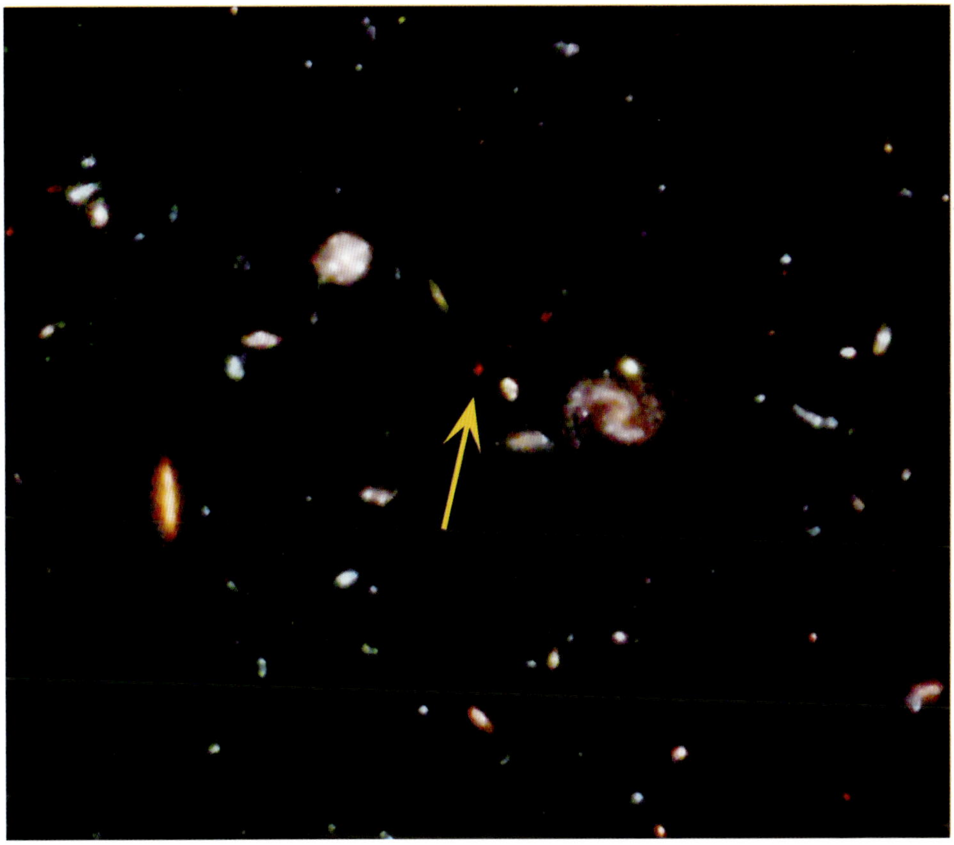

◀ **Rotverschobene Galaxie**
In dieser „weit reichenden“ Aufnahme des Hubble-Weltraumteleskops weist der Pfeil auf eine stark rotverschobene, sehr weit entfernte Galaxie.

xien, die ihrerseits in Galaxienhaufen und -superhaufen zusammenstehen. Solche galaktischen Superhaufen sind untereinander durch große Leerräume getrennt, wie sie in den automatischen Himmelsdurchmusterungen zunehmend detaillierter hervortreten; immerhin reichen die anglo-australische 2-Grad-Feld-Durchmusterung (2dF survey) und der Sloan Deep Sky Survey (SDSS) bis in eine Entfernung von rund einer Milliarde Lichtjahre. Ganz gleich, auf welche Weise wir unser Bild vom Himmel aus diesen Beobachtungen zusammenstellen, es zeigt stets eine klumpige Verteilung der Materie, und dies macht deutlich, dass irgendetwas nicht stimmt: Irgendwo in dem scheinbar so gleichförmigen frühen Universum müssen die „Samen“ für die heute sichtbaren Strukturen im Kosmos versteckt sein.

Die kosmische Hintergrundstrahlung ist heute das meist studierte Phänomen der Astrophysik, und noch immer können wir Neues daraus lernen. Sie bietet uns den frühestmöglichen Blick auf Strukturen im Universum. In einer neueren, detaillierten Analyse konnten

kurzwelligen Ende treffen wir auf Ultraviolettstrahlung, Röntgenstrahlung und Gammastrahlung. Seit die kosmische Mikrowellen-Hintergrundstrahlung vor 13,4 Milliarden Jahren ausgesandt wurde, hat sie sich durch ein immer weiter expandierendes Universum bewegt, und diese Expansion ist keine Bewegung der Galaxien durch den Raum, sondern eine Dehnung des Raumes mitsamt der „eingelagerten“ Galaxien. Wenn aber der Raum sich weitet, werden auch die Wellenlängen des ihn durchquerenden Lichtes gedehnt. Blaue Wellen werden zunächst grün und später rot und sogar infrarot – sie erscheinen „rotverschoben“. Dieser Prozess kann mit Hilfe eines Ballons demonstriert werden, der aufgeblasen wird (rechts): Alles auf der Oberfläche dieses Ballons entfernt sich von allem. Entsprechend ist auch die kosmische Hintergrundstrahlung, die zu einem frühen Zeitpunkt als sichtbares Licht freigesetzt wurde, heute nur noch als Mikrowellenstrahlung zu beobachten.

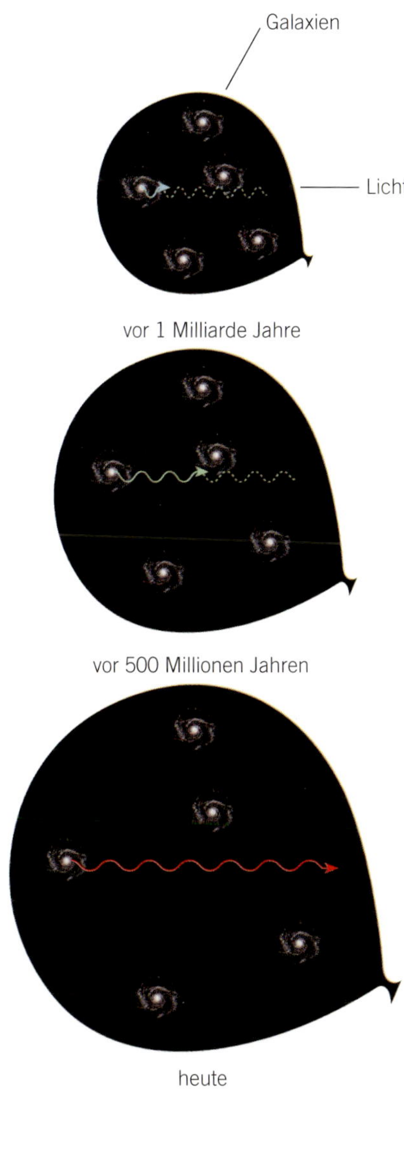

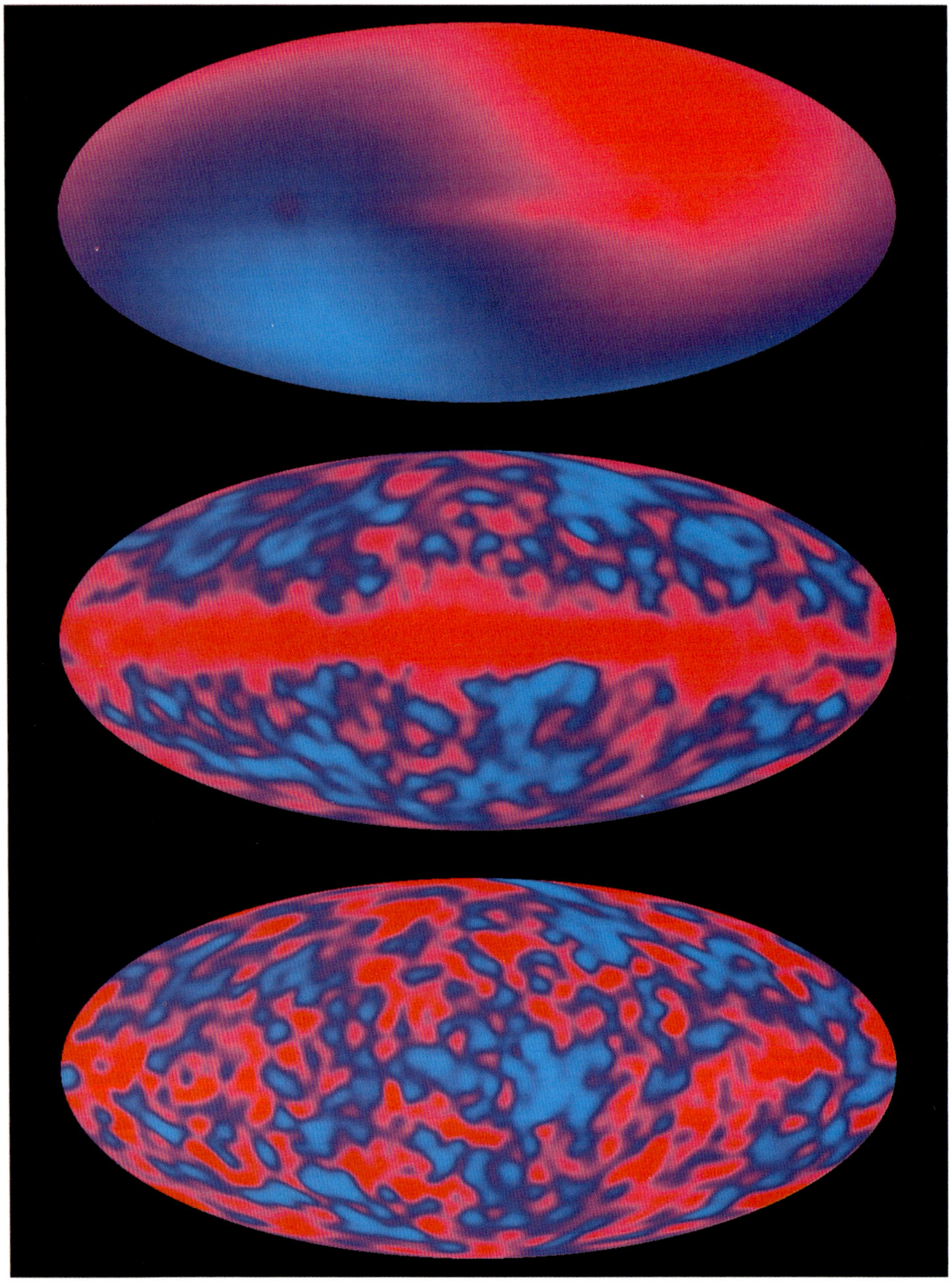

▶ **Spuren des Urknalls**
Diese Karten, die aus Daten des Cosmic Background Explorer-Satelliten (COBE) erstellt wurden, zeigen minimale Temperaturschwankungen der kosmischen Hintergrundstrahlung. Das obere Bild gibt die Rohdaten wieder, in der Mitte wurden die Auswirkungen der Erdbewegungen (um die Sonne, mit der Sonne um das galaktische Zentrum, mit der Galaxis in Richtung Virgo-Haufen) „herausgerechnet", und in der unteren Karte wurde dann auch noch die Eigenstrahlung der Milchstraße abgezogen, so dass die Temperaturdifferenzen zum Zeitpunkt der Aussendung der kosmischen Hintergrundstrahlung übrig blieben.

Temperaturunterschiede der Größenordnung von einem Zehntausendstel Grad aufgedeckt werden. So gering diese Unterschiede auch sein mögen, genau sie markieren den Anfang der heute sichtbaren Strukturen in unserer Umgebung. Es mag überraschen, dass Dichteschwankungen sich als Temperaturschwankungen bemerkbar machen sollen, aber es lässt sich einfach erklären. Wie bereits der Satellit **Co**smic **B**ackground **E**xplorer (COBE) zeigte, war die Materiedichte zum Zeitpunkt des Aussendens der kosmischen Hintergrundstrahlung nicht mehr vollkommen einheitlich. Gebiete, in denen die Dichte geringfügig höher war, konnten aufgrund der verstärkten Anziehungskraft weitere Materie anziehen und wurden entsprechend geringfügig aufgeheizt – und diese winzigen Temperaturunterschiede können mit COBE erkannt werden.

Ohne solche Dichtevariationen, aus denen heraus die Gravitation mit ihrer anziehenden Arbeit beginnen konnte, wäre es unmöglich gewesen, aus einer anfangs dann absolut gleichförmigen Verteilung der Materie ihre heute deutliche Klumpung zu erzeugen. Aber auch die Ausmaße dieser Dichteschwankungen sind aussagekräftig. Die Beobachtung der kosmischen Hintergrundstrahlung liefert im Prinzip eine Karte des gesamten Himmels, und man kann leicht erkennen, dass jeder der blauen (kälteren) und roten (wärmeren) Flecken ähnlich groß ist. Im Schnitt erscheinen sie etwa 1 Grad groß, was dem doppelten Durchmessers des Mondes am Himmel entspricht. Allein daraus können die Kosmologen folgern, dass das Universum flach ist und der euklidischen Geometrie genügt. Möglich wird dies, weil wir eine Vorstellung von der wirklichen Größe der frühen Dichtefluktuationen haben – sie werden von der Theorie vorausgesagt. Der Vergleich zwischen erwarteter und gemessener Größe liefert eine Auskunft darüber, wie stark die Strahlung seit ihrer Entstehung abgelenkt worden ist, und das wiederum hängt von der Materiemenge im Kosmos ab: Je mehr Materie vorhanden war, desto stärker fällt die Ablenkung aus. In einem geschlossenen Universum wäre die Strahlung sehr stark abgelenkt worden, was zu einer scheinbaren Vergrößerung der Dichtefluktuationen geführt hätte. In einem offenen Universum mit nur einem geringen Materieinhalt müssten die Dichteschwankungen dagegen viel kleiner erscheinen. Tatsächlich ergibt sich aus dem Vergleich von Simulation und Realität, dass das Universum gerade die kritische Materiemenge enthält – und damit flach ist.

Diese Diskussion offenbart einen Aspekt, der gleichermaßen Anlass zu Freude und Frust gibt. Zur Freude, weil deutlich wird, dass die Untersuchung der Mikrowellen-Hintergrundstrahlung uns nicht nur etwas über das Universum zum Zeitpunkt des Aussendens dieser Strahlung verrät, sondern auch über seine anschließende Geschichte; zum Frust, weil solche konkreten Aussagen über das frühe Universum nur gewonnen werden können, wenn wir spätere Einflüsse sorgfältig aus den Daten der kosmischen Hintergrundstrahlung herausfiltern, und das kann sich als sehr schwierig erweisen.

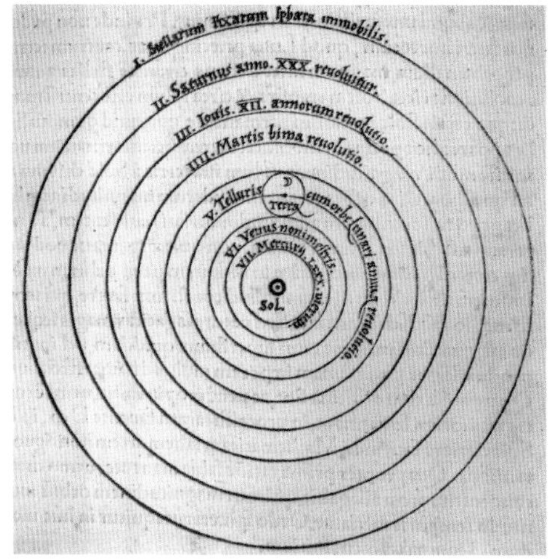

▲ Das Weltbild des Kopernikus

Diese Karte des Kopernikanischen Weltbilds zeigt die Sonne in der Mitte des Planetensystems. Eine fundamentale Annahme für unsere heutigen Versuche, die Welt zu verstehen, geht davon aus, dass wir uns in keiner besonderen „Ecke" des Universums befinden und daher aus unserer beobachtbaren Umgebung auf das Ganze schließen können. Dies wird als das kopernikanische Prinzip bezeichnet, das dem Beobachter keine besondere Position zubilligt. Bislang hat sich dieses Prinzip bewährt – die Erde ist nicht im Zentrum der Welt, und auch die Sonne nicht, und keiner von beiden steht im Zentrum der Galaxis, die ihrerseits nicht allein im Kosmos ist oder sonst eine besondere Rolle spielt.

Die Barriere des Lichtes

Wir haben gesehen, dass das Universum vor der Freisetzung der kosmischen Hintergrundstrahlung undurchsichtig war. Keine Strahlung konnte sich weit von ihrem Entstehungsort entfernen. Wir können nicht tiefer in diese Frühphase der Vergangenheit zurückblicken, so wie das Innere einer Wolke von außen unerkennbar bleibt. Allerdings hinkt dieser Vergleich etwas, weil die Wolke nicht aus sich selbst leuchtet. Die Sonne liefert einen besseren Vergleich. Wenn wir von außen auf die Sonne blicken, zeigt sie uns eine scheinbar wohl definierte Oberfläche (die so genannte Photosphäre), aber das ist in Wirklichkeit nur eine Grenzfläche, an der die Materie durchsichtig wird. Innerhalb der Photosphäre ist das Sonnengas so heiß, leuchtkräftig und dicht, dass Photonen es nicht kollisionsfrei durchdringen können – ähnlich wie jener Zustand, den die Materie unmittelbar nach dem Urknall einnahm. Außerhalb der Photosphäre ist das Gas dagegen durchsichtig, und Photonen können ungehindert durchströmen, wie im frühen Kosmos unmittelbar nach der Freisetzung der kosmischen Hintergrundstrahlung.

Auf der Erde können wir das Problem der undurchsichtigen Wolken geschickt umgehen – Radarstrahlen dringen ungehindert hindurch, und ihre Echos verraten uns, was in der Wolke oder dahinter steckt. Leider funktioniert dieser Trick bei der kosmischen Hintergrundstrahlung nicht. Die 300 000-Jahre-Grenze gilt für alle Formen elektromagnetischer Strahlung und scheint eine unüberwindbare Hürde zu sein. Wie aber können wir dann mit einer solchen Zuversicht über die Verhältnisse und Ereignisse jenseits dieser Barriere reden wie in den vorangegangenen Abschnitten? Vorerst müssen wir auf unsere Theorien vertrauen, von denen etliche Vorhersagen darüber machen, wie die kosmische Hintergrundstrahlung aussehen sollte. Wenn wir dann das aktuelle Erscheinungsbild dieser Strahlung mit den Vorhersagen vergleichen, können wir die richtigen Rückschlüsse ziehen.

Natürlich würden wir dennoch gerne durch diese „Wand" hindurchblicken, und es gibt eine Reihe von Vorschlägen, wie dies gelingen könnte. Wir könnten zum Beispiel hochen-

▶▶ Wie viele Wissenschaftler braucht man, um eine „Glühlampe" zu wechseln?

Das japanische Neutrinoexperiment Super-Kamiokande umfasst viele tausend Photomultiplier-Röhren am Beckenrand eines Tanks mit ultrareinem Wasser. Sie sollen die Lichtblitze auffangen, die erzeugt werden, wenn Neutrinos mit Wassermolekülen reagieren. 2001 explodierten die meisten dieser Verstärkerröhren und mussten gegen neue ausgetauscht werden. Hier kontrollieren Wissenschaftler in einem Schlauchboot die Röhren, während das Wasser langsam wieder aufgefüllt wird.

ergetische Teilchen aufspüren, die die Frühphase des Universums unverändert überlebt haben. Möglicherweise registrieren wir solche Partikeln bereits in Gestalt der nahezu masselosen Neutrinos oder andere exotischer Teilchen, aber ein richtiges Neutrino-Teleskop, das die Teilchen nicht nur registriert, sondern auch ihre Quelle „erkennt", muss erst noch gebaut werden.

Ein Blick zurück durch die Zeit

Kosmologen können zwar – anders als zum Beispiel Chemiker oder Geologen – keine Proben des Universums sammeln und in einem Labor analysieren, aber dafür können sie buchstäblich in der Zeit zurückblicken und ihre Studienobjekte genau so beobachten, wie sie vor Millionen oder Milliarden von Jahren ausgesehen haben. Um weiter und weiter in die Vergangenheit zurück zu blicken, müssen wir nur nach Objekten suchen, die weiter und weiter von der Erde entfernt sind. Wir haben gesehen, dass dies nicht für die Ereignisse gilt, die vor dem Moment der Durchsichtigkeit liegen, aber im Folgenden werden wir Ereignisse untersuchen, die wir zumindest theoretisch direkt beobachten können.

Dieses Kapitel begann mit dem Moment, als das Universum durchsichtig wurde, ein Ereignis, das in der kosmischen Hintergrundstrahlung „eingefroren" wurde. Neuere Experimente, wie zum Beispiel Boomerang, Maxima und WMAP (siehe Seite 52 bis 53), haben die Entdeckung kleiner Temperaturschwankungen dieser Strahlung durch COBE bestätigt. Wir verstehen dies als Hinweis darauf, dass es zu diesem Zeitpunkt Dichteschwankungen im Universum von der Größenordnung 1 zu 10 000 gab. Die Dichteschwankungen in unserer Umgebung sind heute aber viel größer. Wir sehen riesige Superhaufen von Galaxien, Gebiete, in denen Tausende von Galaxien zusammengedrängt stehen, und andere Bereiche, die nahezu gar keine Materie enthalten.

Unsere eigene Milchstraße ist nur eine von Millionen von Spiralgalaxien, und man sollte annehmen, dass diese Galaxien (oder eher Galaxiengruppen) mehr oder minder zufällig im Universum verteilt sind. Dagegen zeigen großräumige Durchmusterungen, dass die Galaxien sich in honigwabenähnlichen Strukturen anordnen, inklusive einer „großen Mauer", die rund 30 Millionen Lichtjahre lang ist. Wie konnte sich das Universum von diesem frühen, gerade durchsichtig gewordenen annähernd, wenn auch nicht vollkommen gleichförmigen Zustand zu seiner heutigen Form entwickeln?

Schwerkraft, die universelle Kraft

Die einzige Kraft, der wir über astronomische Entfernungen Bedeutung zusprechen, ist die Schwerkraft. Wie stark sie auf ein Objekt – ganz gleich, ob Stern, Planet, ein Mensch oder eine Gaswolke – wirkt, hängt von der beteiligten Masse ab. Dabei dürfen wir nicht vergessen, dass „Masse" und „Gewicht" nicht das Gleiche sind: Die Masse eines Körpers ist ein Maß für die Menge des vorhandenen Materials, während sein Gewicht von der jeweils wirksamen Schwerkraft abhängt. Deshalb ist ein Astronaut in der Erdumlaufbahn zwar schwerelos, aber mit Sicherheit nicht masselos. Wir könnten die Schwerkraft als jene Kraft bezeichnen, die der Masse ein Gewicht verleiht. Der Mond zum Beispiel ist ein vergleichsweise kleines und massearmes Mitglied der Sonnenfamilie; seine Anziehungskraft

▼ Ice Cube

Das neueste Neutrinoteleskop, das 2006 noch im Aufbau befindliche Ice Cube, wird 4200 Detektoren in 70 Schächten umfassen, die tief in das antarktische Eis getrieben werden. Man hofft, dass diese Detektoren Neutrino-Lichtblitze in einem Kubikkilometer großen Eiswürfel registrieren. Auf dem Bild wird einer der Detektoren in einen Schacht abgesenkt.

Neutrinos

Diese winzigen Elementarteilchen werden seit einigen Jahrzehnten intensiv erforscht. Sie entstanden entweder kurz nach den Urknall oder im Zuge der Kernreaktionen, die das „Sternenfeuer" anheizen, und reagieren äußerst selten mit der übrigen Materie. Während Sie diesen Satz lesen, sind ungezählte Neutrinos von der Sonne ohne weitere Folgen durch Sie hindurchgeströmt und haben anschließend noch den ganzen Erdkörper durchquert. Zum Nachweis dieser Teilchen und zu ihrer Untersuchung bauen die Astronomen und Elementarteilchenphysiker unter anderem riesige Flüssigkeitstanks, in denen hin und wieder eines der zahllosen Neutrinos mit einem Molekül der Detektorflüssigkeit reagiert. Diese Tanks müssen tief unter der Erde installiert werden, weil am Erdboden die kosmische Strahlung zu viele „Stör-Ereignisse" pro-

vozieren würde. In ihrer gegenwärtigen Größe sind diese Detektoren noch zu klein, um als wirkliche Neutrino-Teleskope genutzt werden zu können. Sie registrieren die Zahl der Reaktionen und können die Energie der beobachteten Neutrinos ermitteln, aber nicht die Richtung, aus der sie kamen. Vielleicht reicht der entsprechend präparierte, einen Kubikkilometer große Eiswürfel (Ice Cube) im antarktischen Eis dafür aus.

▶▶ Virtuelles Universum

Dieses Einzelbild einer Computersimulation zur Entwicklung des frühen Universums zeigt einen Ausschnitt mit einer Kantenlänge von 1 Milliarde Lichtjahren. Jedes der erkennbaren Filamente enthält die Materie für Tausende von Galaxien, und der weitere Verlauf der Simulation zeigt, wie diese Materie zunehmend stärker verklumpt. Bei dieser Simulation wurde die Wirkung der dunklen Materie berücksichtigt, die sich nur über die Schwerkraft bemerkbar macht; die Beteiligung normaler, baryonischer Materie wurde dagegen ausgeklammert, weil deren Wechselwirkungen vielfältiger sind und einen größeren Rechenaufwand erfordern. Trotzdem konnten die Wissenschaftler aus dem Vergleich dieser Simulationen mit der Realität sehr viel über die Entwicklung unseres Universums lernen.

reicht nicht einmal, um eine Atmosphäre festzuhalten. Die Erde ist viel massereicher als der Mond und übt daher eine größere Schwerkraft aus. So kann sie – zum Glück für uns – die Atmosphäre festhalten, die wir zum Atmen brauchen. In ähnlicher Weise hatten die dichteren Regionen im frühen Universum eine stärkere Anziehungskraft als Gebiete mit geringer Dichte, und so konnten sie zusätzliche Materie aus ihrer Umgebung anziehen.

Im Inneren jeder dieser dichteren Regionen gab es wiederum lokale Dichteschwankungen, sodass sich dieser Prozess auf einer tieferen Ebene fortsetzte – je größer die Masse, desto größer die Anziehung, und desto häufiger kam es zu regelrechten Kollaps-Bildungen. Mit Hilfe von Computern können wir heute rekonstruieren, was damals ablief, und ein Modell erstellen, das eine gute Vorstellung von der Entwicklung der großräumigen Strukturen gibt, die wir im gegenwärtigen Universum beobachten.

Wo immer Strukturen entstehen, müssen wir zwei gegenläufige Prozesse betrachten: die großräumige Expansion des Kosmos, die mit dem Urknall begann, und die lokale Kontraktion unter dem Einfluss der Schwerkraft. Sobald ein Objekt während des Entstehungsprozesses erst einmal genügend Materie aufgesammelt hatte, konnte es sich von der allgemeinen Expansion abkoppeln und kollabieren.

Der typische Vorläufer eines Galaxienhaufens wird entsprechend anfangs recht klein gewesen sein, dann im Zuge der allgemeinen Expansion zunächst einen immer größeren Raum erfüllt und dabei ständig Materie aus seiner Umgebung angezogen haben. Als später der Nachschub an weiterer Materie erschöpft war, kam sein Wachstum allmählich zum Erliegen. Der entstehende Galaxienhaufen erreichte seine maximale Ausdehnung und konnte anschließend zu seiner endgültigen Größe „schrumpfen". Da die Wirkung der Gravitation mit wachsender Entfernung nachlässt, war eine Kontraktion in dieser Entwicklungsphase des Universums nur über kleine Entfernungen möglich: Die ersten Galaxien, zunächst bloße Ansammlungen von Gas, entstanden.

Finstere Zeiten

Wie sahen diese Ansammlungen aus? Nun, wir können sie leider nicht sehen, weil wir an dieser Stelle immer noch in die „dunkle Ära" zurückblicken, wie Sir Martin Rees, der 15. Astronomer Royal, diese Zeit einmal genannt hat. In dieser Phase, die unmittelbar nach der Freisetzung der kosmischen Hintergrundstrahlung begann, gab es noch keine Sterne, die das Universum erhellen konnten.

Allerdings gab es zu jener Zeit bereits das noch „frische" Nachglühen, das man in diesem Zusammenhang vielleicht besser als kosmische elektromagnetische Hintergrundstrahlung bezeichnen sollte. Es entsprach ursprünglich ja einer Temperaturstrahlung von 3 000 Grad, was immer noch der Strahlungstemperatur eines Schweißbrenners entspricht, und so war das Universum zu jener Zeit durchaus von einem diffusen Leuchten erfüllt, das im Laufe der Zeit immer blasser und roter wurde. Richtig dunkel war das Universum daher vielleicht nie, aber reichlich finster schon!

Der Gravitationskollaps der Materie, der zur Bildung der Galaxien führen sollte, setzte sich im immer blasser werdenden Schein des auskühlenden Universums fort. Doch dann

▼ Boomerang

Ein Instrument gleichen Namens zur Untersuchung der kosmischen Hintergrundstrahlung wird mit einem riesigen Stratosphärenballon in der Antarktis gestartet; im Hintergrund der Mount Erebus.

Ballon mit Aussicht

Vor der Entwicklung der Satellitenastronomie waren die Astronomen von der Außenwelt ziemlich „abgeschnitten": Bodengestützte Instrumente konnten die minimalen Temperaturschwankungen der kosmischen Hintergrundstrahlung kaum registrieren. Die ersten Daten mit befriedigender Auflösung kamen 1992 von dem Satelliten COBE (COsmic Background Explorer). Ein weiterer Schritt gelang 1999 mit einem ballongetragenen Experiment in der extrem trockenen Atmosphäre über der Antarktis. Mittlerweile gibt es zwei Forschungsprojekte: Boomerang (das Balloon Observations of Millimetric Extragalactic Radiation and Geophysics) und Maxima (Millimeter anisotropy eXperiment IMaging Array). Das Boomerang-Teleskop hat einen Durchmesser von 1,2 Meter und wurde von dem Ballon in eine Höhe von 37 km getragen. Es erfasste eine Fläche von 1800 Quadratgrad und lieferte Daten, die rund

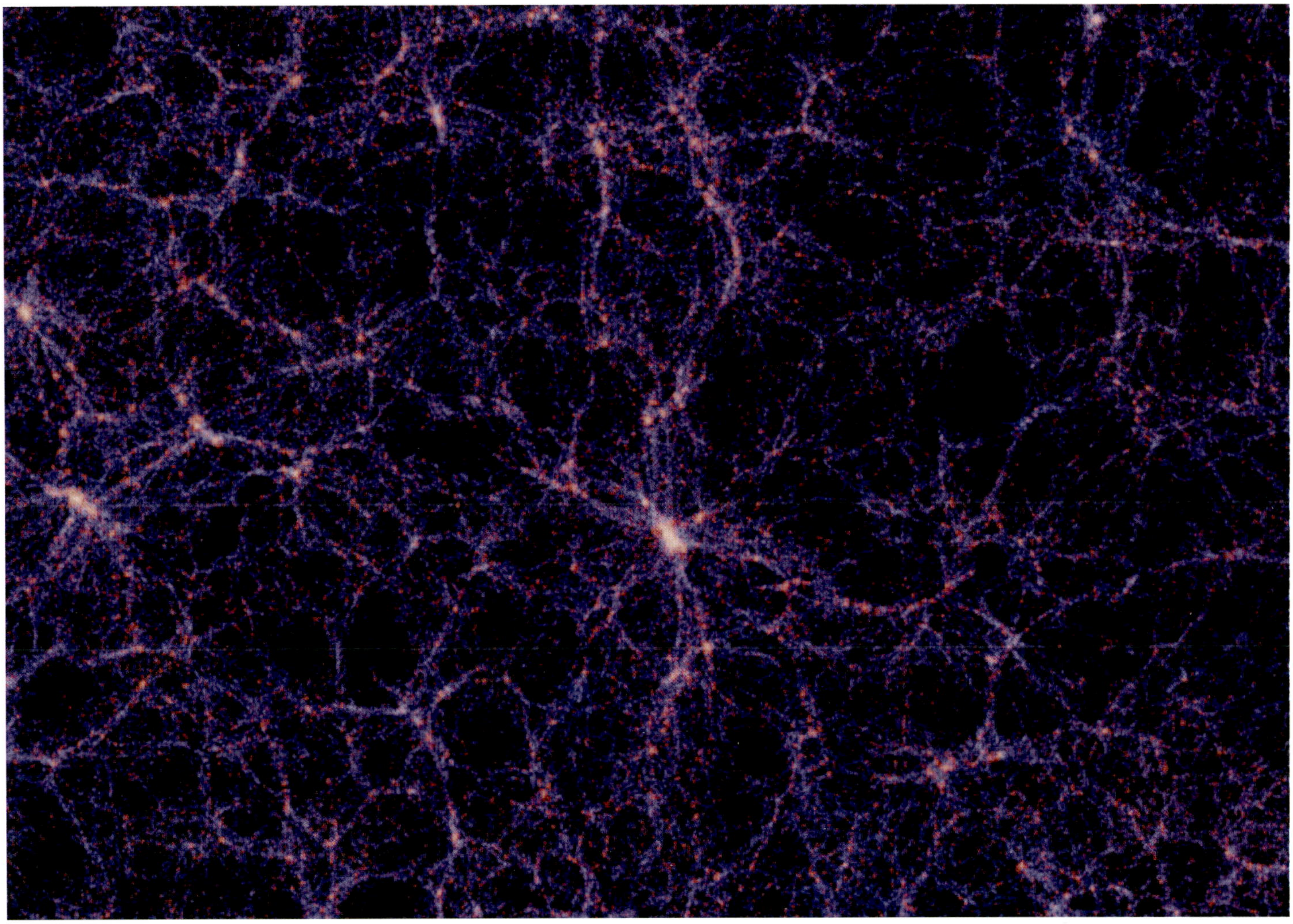

gab es einen dramatischen Wechsel, denn plötzlich wurde die Finsternis erhellt, als mit einem Mal die ersten Sterne entstanden und ihr Licht in die Dunkelheit platzte. Wie plötzlich dies geschah, ist noch nicht abschließend geklärt, aber wir kommen damit zur Phase der ersten Sterne.

Während der ersten Minuten nach dem Urknall entstanden lediglich drei Atomsorten: Wasserstoff, Helium und ein kleiner Anteil an Lithium; die geringen Spuren noch schwererer Elemente waren vernachlässigbar klein. Alle anderen Elemente, die wir heute kennen, wurden erst später im Innern der Sterne erbrütet. Es ist schon des öfteren darauf

35-mal genauer waren als die COBE-Daten und erstmals ein „fokussiertes" Bild ergaben – mit Hunderten von komplexen Regionen, deren Temperaturen sich um gerade mal ein tausendstel Grad unterschieden.

Die Boomerang-Daten wurden später durch die Messungen der Wilkinson Microwave Anisotropy Probe (WMAP) übertroffen, die Licht ins Dunkel der frühesten Galaxienbildung brachten.

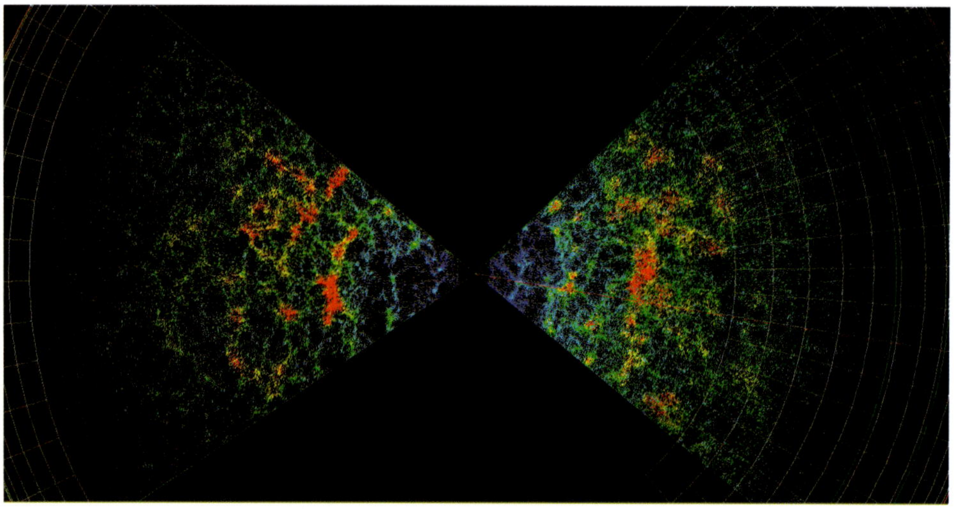

▶ Kosmische Volkszählung
Im Rahmen des 2-Grad-Feld-Projektes wurden die Rotverschiebungen von rund 240 000 Galaxien bestimmt. Dazu wurden in zwei Himmelsfeldern in einander entgegen gesetzten Richtungen entsprechende Daten bis in eine Distanz von 1 Milliarde Lichtjahren erhoben und daraus die Entfernungen der Galaxien abgeleitet. Die resultierende Karte zeigt die Verteilung der Materie in unserer Umgebung. Dabei wurde deutlich, dass auf diese Weise nur etwa 20 bis 30 Prozent der Materiemenge erfasst werden konnte, die erforderlich ist, um ein flaches Universum zu ermöglichen. Weil andere Experimente die Flachheit des Universums nahe legen, kommen die Astronomen nicht umhin, über die Existenz dunkler Materie zu spekulieren – Materie, die sich nur durch ihre Schwerkraftwirkung bemerkbar macht und sich allen anderen Nachweismethoden entzieht.

hingewiesen worden, dass wir aus Sternenstaub bestehen, und es stimmt auffallend. Die Materie der Sonne und des gesamten Planetensystems hat zuvor mindestens zwei Sterngenerationen durchlaufen. Wir werden später noch sehen, dass dabei Wasserstoff und Helium in schwerere Elemente verwandelt werden, zum Teil auf recht explosive Weise. Gold verdankt seine Existenz zum Beispiel einer Supernova-Explosion. Doch die Sterne der ersten Generation konnten nur Wasserstoff, Helium und Lithium enthalten.

Um einen Stern bilden zu können, muss eine Gaswolke schrumpfen, und um schrumpfen zu können, muss sie sich abkühlen. Im heutigen Universum übernehmen Kohlenstoff- und Sauerstoffatome die Aufgabe, überschüssige Wärme an die Umgebung abzustrahlen. Im frühen Universum, als diese Abkühlung nur über den molekularen Wasserstoff erreicht werden konnte, funktionierte der Prozess wesentlich schlechter. Daher konnten nur ziemlich große Wasserstoffwolken kollabieren, und die dabei entstehenden ersten Sterne waren entsprechend massereich – mit möglicherweise mehreren hundert Sonnenmassen.

Angesichts solch großer Mengen an nuklearen Brennstoff könnte man erwarten, dass diese ersten Sternriesen weit älter als die Sonne hätten werden können, doch das Gegenteil ist richtig. Die frühen Sterne lebten schnell und starben jung, nach wenigen Millionen Jahren.

Die Quelle der Sonnenenergie

Um dies zu verstehen, müssen wir die Bedingungen im Inneren der Sterne betrachten. Für solch detaillierte Untersuchungen steht uns nur ein Stern zur Verfügung – die Sonne. Wie alle normalen Sterne ist die Sonne ein riesiger Ball aus leuchtendem Gas, groß genug, um mehr als eine Million Erdkugeln aufnehmen zu können. An der Oberfläche ist sie rund 5 600 Grad Celsius heiß, doch im Zentrum, wo die Energie produziert wird, erreicht die Temperatur etwa 15 Millionen Grad. Wir können nicht weit in die Sonne hinein schauen, aber wir können ihren Aufbau untersuchen. Wir können mathematische Modelle entwickeln, die zu unseren Beobachtungen passen, und entsprechend zuversichtlich sein, dass unsere Vorstellungen über die Zentraltemperatur nicht allzu falsch sind. Die Sonne enthält eine große Menge an Wasserstoff, rund 70 Prozent ihrer Masse besteht aus diesem Element. Dieser Wasserstoff wird als „Brennstoff" verwendet, und das war bei den ersten Sterne nicht anders.

Wir haben gesehen, dass ein Wasserstoffatom aus einem Proton im Kern und einem Elektron im Außenbereich besteht. Im Inneren eines Sterns ist die Temperatur so hoch, dass das Elektron „befreit" wird und ein unvollständiges Atom zurücklässt; man sagt, ein solches Atom sei ionisiert. Im zentralen Gebiet eines Sterns, wo der Druck ebenso wie die

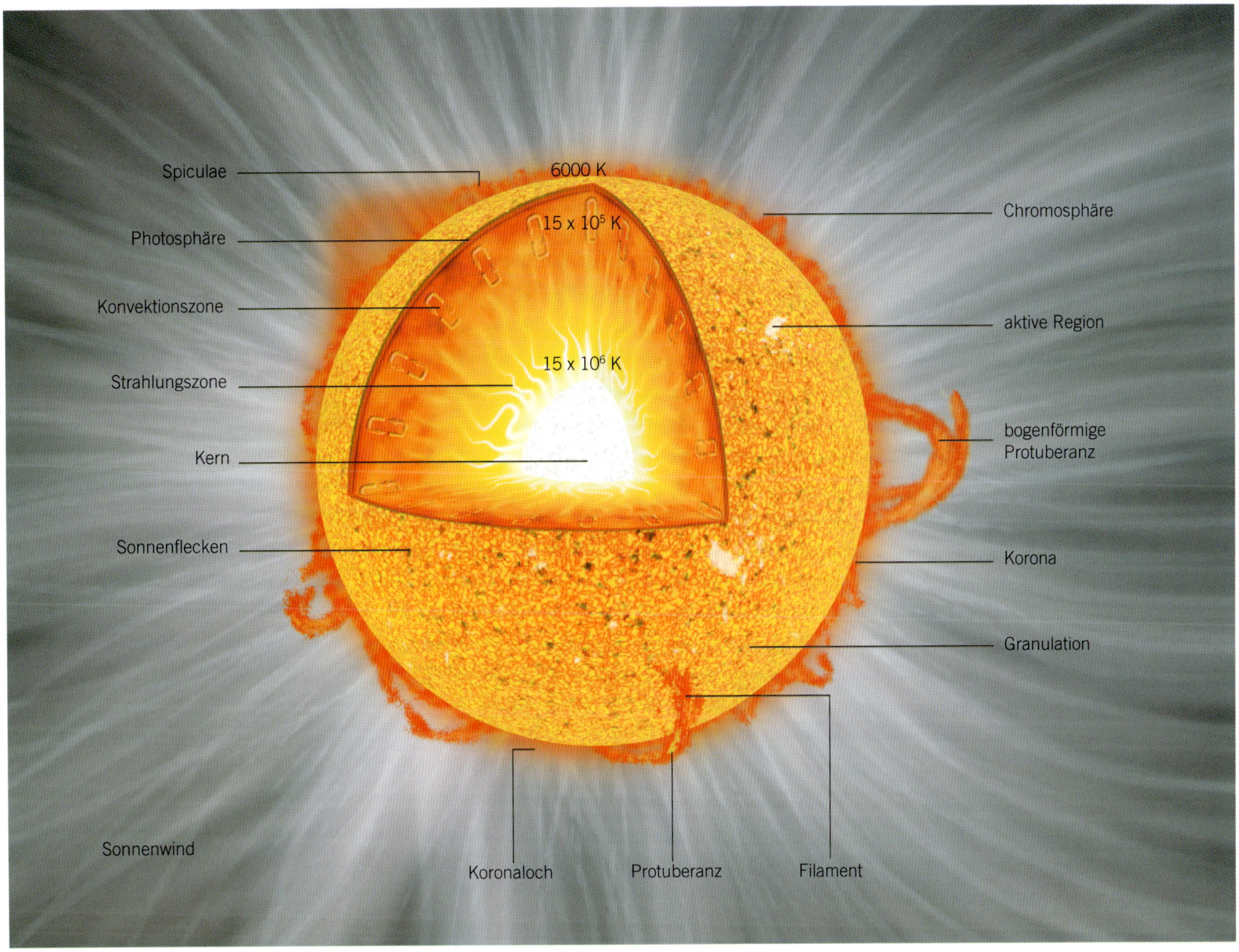

▲ Das Innere der Sonne
Vom Sonnenmittelpunkt bis zur Oberfläche sind es rund 700 000 Kilometer, fast soviel wie von der Erde zum Mond und zurück.

Temperatur extreme Werte erreichen, bewegen sich diese Partikel gerne mit solch hoher Geschwindigkeit, dass sie im Falle einer Kollision miteinander reagieren müssen. Auf diesem Wege werden Wasserstoffatomkerne zu Atomkernen des nächst schwereren Elementes, Helium, verschmolzen. Daneben gibt es noch „Abfallprodukte“: neben dem Licht senden die Sterne auch Neutrinos in sehr großer Zahl aus. Im Zuge der Wasserstoffverschmelzung geht ein geringer Teil der Masse verloren – er wird in Energie umgewandelt. Diese Energie geben die Sterne als Strahlung ab. Die Sonne „bezahlt“ dafür in jeder Sekunde vier Millionen Tonnen. Entsprechend hat sie in der Zeit, die Sie für das Lesen dieses Kapitels benötigt haben, eine Menge Masse verloren. Der Vorrat an Wasserstoff reicht nicht endlos, aber es gibt noch keinen Grund zur akuten Sorge. Die Sonne entstand vor rund fünf Milliarden Jahren und hat bislang gerade einmal ihr „Mittelalter“ erreicht. Wenn der gesamte verfügbare Wasserstoff aufgebraucht ist, wird sie nicht einfach erlöschen, doch das ist eine andere Geschichte, die in einem anderen Kapitel erzählt wird.

Zumindest im Inneren der Sonne sorgt also die Umwandlung von vier Wasserstoffatomkernen in einen im Vergleich dazu leichteren Heliumatomkern und der damit verbundene Masseverlust für die notwendige Energie, die den Stern Sonne leuchten lässt. Die berühmteste Gleichung der Welt, $E = mc^2$, sagt uns, dass Masse (m) und Energie (E) gleichwertig sind. Der Umwandlungsfaktor (c^2) entspricht dem Quadrat der Lichtge-

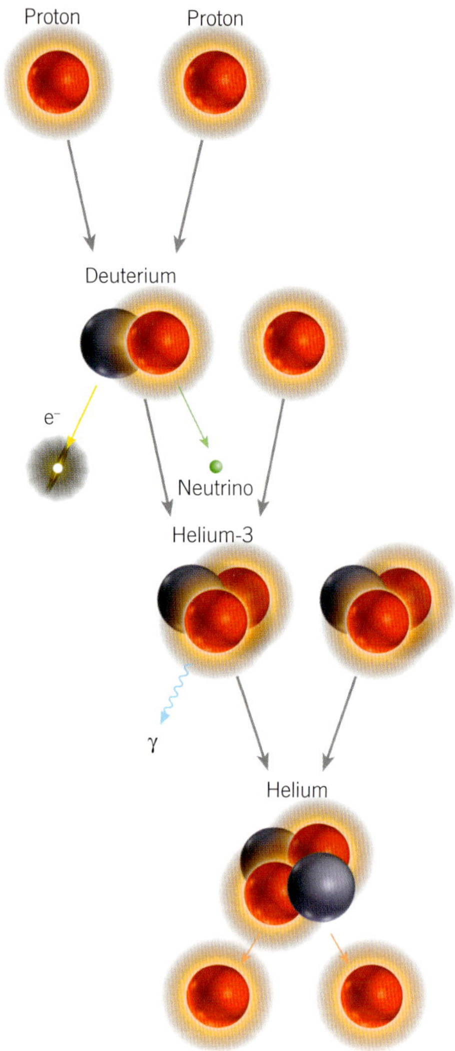

▲ **Kernreaktionen**

Aus der Umwandlung von Wasserstoffatomen zu Heliumkernen gewinnt die Sonne die Energie, die uns Wärme, Licht und Leben spendet. Dieser Prozess ist als Proton-Proton-Zyklus bekannt.

schwindigkeit und ist daher sehr groß, sodass selbst ein kleiner Masseverlust eine große Menge Energie freisetzt.

Wie kommt dieser Masseverlust zu Stande? Jedes der vier Wasserstoffatomkerne ist ein einzelnes Proton – Wasserstoff ist das einfachste Element und besteht nur aus einem Proton und einem begleitenden Elektron –, während ein Heliumatomkern zwei Protonen und zwei Neutronen enthält. Ein Neutron ist aber ein wenig massereicher als ein Proton, so dass aus der bloßen Addition heraus ein Heliumatomkern eigentlich massereicher sein müsste als vier einzelne Wasserstoffatomkerne – es müsste noch Masse dazukommen. Doch ein Heliumatomkern ist in Wirklichkeit etwas masseärmer als vier Protonen, obwohl er teilweise aus massereicheren Teilchen besteht. Wir müssen uns daran erinnern, dass wir uns hier im Bereich der Quantenphysik bewegen, und das führt uns auch zur Lösung des scheinbaren Paradoxons. Es stimmt zwar, dass ein freies Proton etwas masseärmer als ein freies Neutron ist, doch die Elementarteilchen im Inneren eines Atomkerns sind nicht frei. In einem Heliumatomkern sind sie durch die starke Kernkraft aneinander gebunden und in ihrer Bewegungsfreiheit eingeschränkt. Die Schaffung dieser Bindungen zwischen den Elementarteilchen setzt Energie frei, die wir als Masseverlust registrieren.

Warum enthält der Atomkern, der aus vier Protonen geformt wird, zwei Protonen und zwei Neutronen? Die Arbeit der Astrophysiker, die diese Reaktionen untersuchen, wäre viel einfacher, wenn es eine stabile Bindung zwischen zwei Protonen alleine gäbe. Dieses „leichte Helium" könnte aus der frontalen Kollision zweier Protonen entstehen und ebenfalls elektromagnetische Strahlung freisetzen. Doch die Kraft, die zwischen den beiden Protonen wirkt, reicht nicht, um sie gegen die elektromagnetische Kraft festzuhalten, die die beiden elektrisch positiv geladenen Teilchen auseinander treiben will. Statt dieser einfachen Frontalkollisionen läuft im Inneren der Sonne und aller anderen Sterne ein schwieriger, auffallend langsamer Prozess ab.

Wenn wir nicht einfach zwei Protonen zusammenfügen können, müssen wir diese Hürde zur Entstehung schwerer Atomkerne umgehen. Dabei brauchen wir nur Atomkerne zu betrachten, nicht ganze Atome, da in den Zentren der Sterne die Elektronen auf Grund der dort herrschenden Temperaturen viel zu viel Energie besitzen, um eingefangen werden zu können. Die einzige Kraft, die jetzt noch in Frage kommt, ist die schwache Kernkraft, die die Umwandlung eines Protons in ein Neutron ermöglicht; dabei werden ein Positron und ein Neutrino freigesetzt. Eine solche als Beta-plus-Zerfall bezeichnete Reaktion kann allerdings nur bei eingebundenen Protonen auftreten. Dazu müssen zwei Protonen einander zunächst sehr nahe kommen, was selbst unter den extremen Umweltbedingungen im Innern der Sonne nur in Ausnahmefällen geschieht. Sobald der gegenseitige Abstand einen bestimmten Wert unterschreitet, tritt die schwache Kernkraft in Aktion und wandelt eines der beiden Protonen in der beschriebenen Form in ein Neutron um, so dass beide Reaktionspartner sich zu einem Deuteriumkern verbinden können. Ein solcher Deuteriumkern ist nichts anderes als schwerer Wasserstoff, mit einem zusätzlichen Neutron als Partner des normalen Protons. Die schwache Kernkraft trägt ihren Namen zurecht, und so dauert dieser Prozess am längsten – ein Proton kann im Schnitt rund 5 Milliarden Jahre im Inneren der Sonne existieren, ehe es in einen Deuteriumkern eingebunden wird –, doch danach nimmt die Sache Fahrt auf.

Innerhalb einer Sekunde fängt der Deuteriumkern ein weiteres Proton ein und bildet einen stabilen Kern aus zwei Protonen und einem Neutron: Helium-3, eine leichte Form des Heliums. Nach weiteren durchschnittlich 500 000 Jahren wird dieser Helium-3-Kern mit einem anderen Kern dieser Sorte zusammenstoßen und dabei einen normalen Helium-4-Kern bilden, der zwei Protonen und zwei Neutronen enthält, während die beiden überzähligen Protonen wieder abgestoßen werden. Dieser letzte Schritt lässt so lange auf sich warten, weil hier zwei größere positiv geladene Atomkerne zusammenkommen müssen. Die starke Kernkraft, die nur über sehr kleine Distanzen wirkt, will die beiden Kerne zwar zusammenhalten, doch die elektromagnetische Kraft wirkt ihr entgegen. Entsprechend selten kommen sie gerne einander so nahe, dass die starke Kernkraft zum

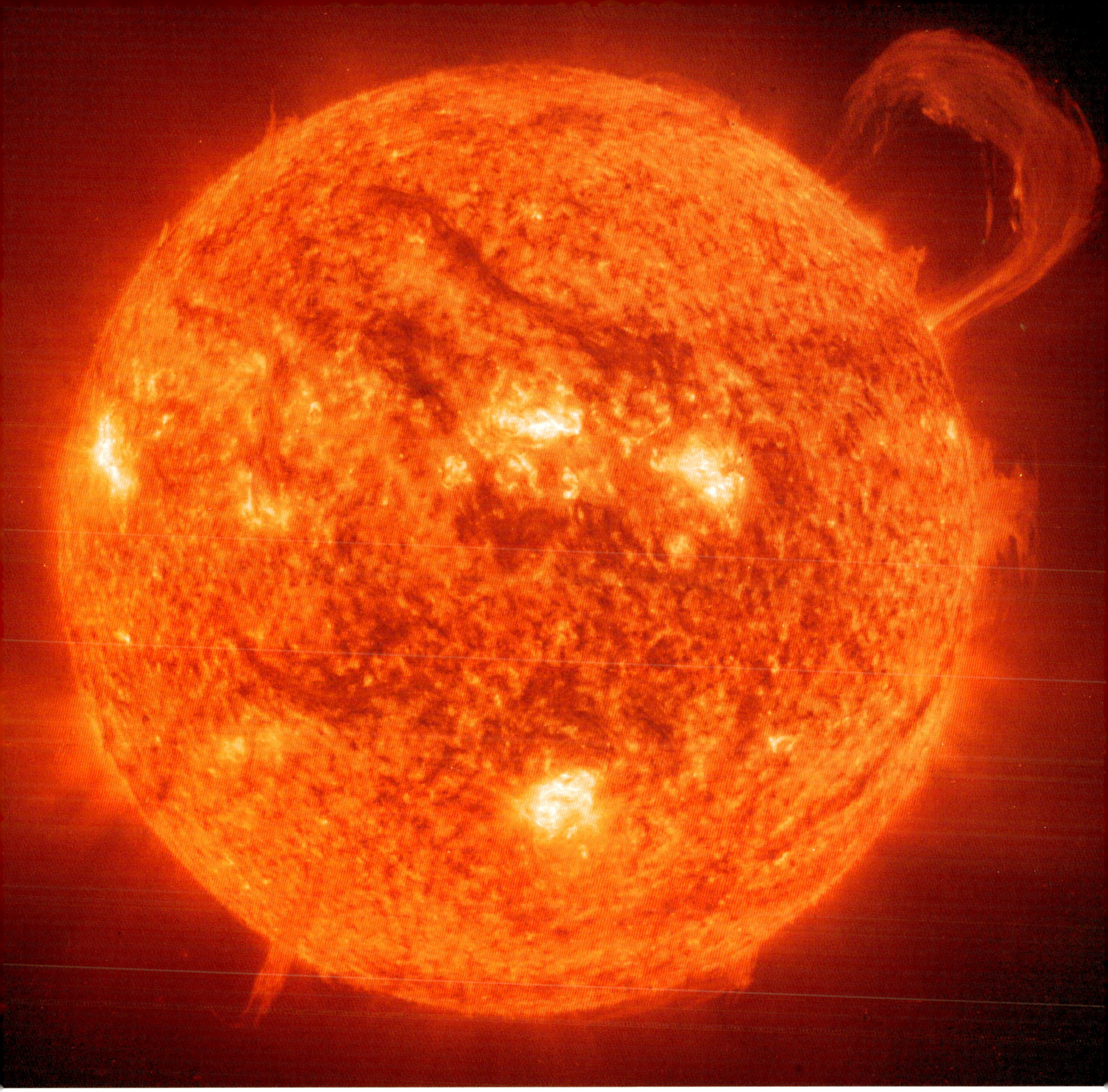

Zuge kommen kann. Auch dabei wird Energie in Form von Strahlung abgegeben, außerdem ein Neutrino sowie ein Positron, das schon bald mit einem Antiteilchen (dem Elektron) zerstrahlt und dabei zusätzliche Energie freisetzt.

Neutrinos sind winzige Teilchen, die sich mit sehr großer Geschwindigkeit fortbewegen und äußerst selten mit anderen Teilchen reagieren. Deshalb können sie nahezu ungehindert durch das umgebende Gas aus dem Zentrum der Sonne nach außen dringen. Ein Teil von ihnen trifft auf die Erde, wo riesige Detektoren für ihren Nachweis gebaut wurden. Über viele Jahre hinweg rätselten die Wissenschaftler, warum sie zu wenige dieser Neutrinos fanden – man erwartete immerhin, dass bei jeder Proton-Proton-Kollision eines dieser Neutrinos erzeugt wurde. Inzwischen hat sich allerdings gezeigt, dass die Neutrinos auf dem Weg von der Sonne bis zu uns ihren „Typ" verändern können. Elementarteil-

▲ **Die aktive Sonne**

Dieses Sonnenbild zeigt eine henkelförmige Protuberanz – eine Wolke aus vergleichsweise dichtem Plasma, die in der Sonnenkorona schwebt und rund 60000 Grad heiß ist. Heißere Regionen erscheinen weiß, kühlere Gebiete dagegen dunkel.

Spektren

Isaac Newton hat als einer der Ersten Sonnenlicht durch ein Glasprisma geleitet und festgestellt, dass es eine Mischung unterschiedlicher Farben von rot (langwellig) bis violett (kurzwellig) darstellt. Wenn er das Sonnenlicht zuvor durch ein Loch eingrenzte, erhielt er ein Farbband – das erste bewusst erzeugte Spektrum. Newton trieb seine Untersuchungen nicht weiter, vielleicht, weil das Glas von schlechter Qualität war, sicher aber auch, weil ihn andere Fragen umtrieben, und so kam der nächste Schritt erst 1801 von seinem Landsmann William Hyde Wollaston. Er benutzte einen Spalt anstelle des Loches und erhielt so ein wesentlich „schärferes" Spektrum der Sonne, in dem er dunkle Linien erkannte. Wollaston hielt sie für Grenzen zwischen den unterschiedlichen Farben und schrieb ihnen keine besondere Bedeutung zu – dies wiederum leistete mehr als 10 Jahre später der deutsche Optiker Joseph von Fraunhofer.

Fraunhofer untersuchte diese Linien und stellte fest, dass sie sich weder in ihrer Position noch in ihrer Intensität veränderten. So fand er zum Beispiel zwei eng benachbarte dunkle Linien im gelben Bereich. Was sich dahinter verbarg, konnte allerdings erst 1858 durch Gustav Kirchhoff und Robert Bunsen erklärt werden, den Begründern der modernen Spektroskopie. Während das Licht von einem Teleskop gesammelt wird, sorgt ein Spektroskop für seine Aufspaltung in ein Spektrum ähnlich dem Regenbogen. Das Spektrum eines leuchtenden Körpers oder einer strahlenden Flüssigkeit erweist sich als zusammenhängendes Farbband, das Spektrum von leuchtendem Gas dagegen besteht aus einzelnen farbigen Linien, so genannten Emissionslinien (siehe rechts). Kirchhoff und Bunsen erkannten, dass jede dieser Linien einem bestimmten Element zugeordnet werden konnte und jedes Element ein bestimmtes Linienmuster ähnlich einem Fingerabdruck produzierte. Natrium beispielsweise ist – unter anderem – an zwei eng benachbarten gelben Linien zu erkennen. Einige Elemente liefern sehr komplexe Spektren. Eisen zum Beispiel produziert tausende Linien.

Vor allem aber erkannten sie, dass die dunklen Linien im Sonnenspektrum exakt den hellen Linien leuchtenden Gases entsprachen. Wir wissen heute, dass diese Spektrallinien mit jeweils einem speziellen „Übergang" im Zustand eines der Elektronen in der Atomhülle zusammenhängt. Wenn das Gas heiß ist, sehen wir eine Emissionslinie, weil das betreffende Elektron aus einen höherem auf einen niedrigeren Energiezustand wechselt und seine „überschüssige" Energie abstrahlt. Ist das Gas dagegen kühler als leuchtendes Gas im Hintergrund, dann sehen wir eine dunkle Absorptionslinie an der gleichen Stelle, weil das entsprechende Elektron dann die passende Energie aus der „Hintergrundstrahlung" aufnimmt und damit in einen höheren Energiezustand wechselt. Die beiden markanten dunklen Linien im gelben Bereich des Spektrums sind daher ein klares Signal für die Präsenz von relativ kühlem Natriumsgas. Aus der Analyse der dunklen Linien konnte man auf diese Weise die Häufigkeiten der einzelnen Elemente in der inneren Sonnenatmosphäre ableiten.

▲ **Absorptionsspektrum**

Dieses Bild erläutert die Entstehung von Absorptionslinien. Die heiße Sonnenoberfläche (Photosphäre) strahlt weißes Licht ab, das die kühleren Gase der Atmosphäre (der Chromosphäre mit ihren Protuberanzen) durchdringen muss. Wenn dieses Licht durch ein Prisma in seine Farben zerlegt wird, erkennt man das für einen leuchtenden Körper typische kontinuierliche „Buckel-" oder „Schwarzkörper-Spektrum" sowie zusätzlich die dunklen Fraunhofer-Linien, die aus der kühleren Atmosphäre der Sonne stammen.

▶ **Newtons Skizze**

So hielt Isaac Newton seinen berühmten Experimentaufbau fest, mit dem er zeigte, dass das weiße Sonnenlicht aus der Überlagerung vieler Farben zusammengesetzt ist.

Die dunklen Linien, die längst als Fraunhofer-Linien bezeichnet werden, erlauben auch Rückschlüsse auf die Bewegung der leuchtenden Atome. Man kennt diesen Effekt bei Schallwellen, etwa von dem Alarmsignal eines Krankenwagens: Wenn sich das Fahrzeug mit großem Tempo nähert, erreichen mehr Schallwellen pro Zeit das Ohr, sie erscheinen gestaucht, und der Ton klingt höher als gewohnt; wenn das Auto vorbeigefahren ist und sich wieder entfernt – dann nämlich kommen weniger Schallwellen pro Zeit an, sie erscheinen gedehnt, und der Ton klingt tiefer. Erklärt wurde dieser Wechsel der Tonhöhen von dem Österreicher Christian Doppler, und dieser Doppler-Effekt ist auch bei Lichtwellen zu beobachten. Bewegen sich Lichtquelle und Beobachter aufeinander zu, erscheinen die Lichtwellen gestaucht, zu kürzeren Wellenlängen (blau-) verschoben, bei gegenseitiger Entfernung werden die Wellen gedehnt, zu längeren Wellenlängen (rot-) verschoben. Normalerweise ist der Farbwechsel zu klein, um direkt sichtbar zu werden, aber anhand der einzelnen Spektrallinien lässt er sich dennoch messen und ermöglicht so eine Aussage über die Geschwindigkeit der bewegten Atome.

Die heiße Sonnenoberfläche (Photosphäre) liefert ein kontinuierliches Spektrum. Das darüber liegende dünnere und kühlere Gas (die Chromosphäre) strahlt eigentlich ein Emissionsspektrum ab, das aber vor dem hellen Hintergrund „umgekehrt" wird und daher dunkel erscheint. Die beiden markanten dunklen Linien im gelben Bereich des Sonnenspektrums zeigen daher die Existenz des Elements Natrium auch in der Sonne an.

▲ Historische Spektren
Dieses Titelblatt von Norman Lockyers 1874 erschienenem Sachbuch „Grundlagen der Astronomie" zeigt die Entsprechung von Emissions- und Absorptionsspektren. Die beiden markanten gelben Natriumlinien sind unter anderem als Emissionslinien zu erkennen (Spektrum 5) und in Absorption gegen ein kontinuierliches Spektrum (6); auch in den Spektren von Sirius (7), der Sonne (8) und Beteigeuze (9) sind sie zu finden. Die zahlreichen anderen Linien verweisen auf viele andere chemische Elemente.

▲ **Zentralbereich der Milchstraße**
Dieses Infrarotbild des Spitzer-Weltraumteleskops der NASA zeigt Hunderttausende Sterne im Zentrum der Milchstraße. Im sichtbaren Licht sind diese Sterne größtenteils nicht zu erkennen, weil Staubwolken zwischen dem galaktischen Zentrum und der Erde ihr Licht verschlucken.

chenphysiker kennen drei verschiedene Neutrinosorten, und deren Mitglieder können offenbar ihre Zugehörigkeit verändern. Die ursprünglichen Experimente konnten nur eine Sorte von Neutrinos registrieren, sodass die beiden anderen Arten schlichtweg „durch die Maschen" schlüpfen konnten. Die neuen Messungen ergaben dagegen, dass unsere Vorstellungen über die Abläufe im Zentrum der Sonne – bei Temperaturen weit über dem, was irdische Experimente jemals erreichen können – grundsätzlich richtig sind. Sie lieferten darüber hinaus einen ersten sicheren Hinweis darauf, dass Neutrinos eine endliche (wenngleich sehr kleine) Masse besitzen: Wären sie – wie ursprünglich angenommen – völlig masselos, könnten sie ihre Familienzugehörigkeit nicht wechseln.

Das Leben der ersten Sterne

Da die ersten Sterne im Universum – jene, deren Licht die anfängliche Finsternis vertrieb – sehr massereich waren und möglicherweise bis zu 150 Sonnenmassen in sich vereinten, lastete auf ihren Zentren ein gewaltiger Druck, der zu extremen Temperaturen führte. Die Kernreaktionen in ihrem Inneren müssen sehr viel schneller abgelaufen sein, sodass der Kernbrennstoff rasch verbraucht war. Die ersten Sterne gerieten möglicherweise schon nach einer Million Jahre in eine Energiekrise.

Vor der Entstehung der ersten Sterne war das Universum ein Meer von Atomen, vorzugsweise Wasserstoffatomen. Als die Riesensterne aufleuchteten, begann ihre energiereiche Strahlung, die Elektronen der Wasserstoffatome zu „befreien" – die Atome wurden ionisiert. So entstand um jeden neuen Stern eine Blase aus ionisiertem Gas. Je leuchtkräftiger ein Stern war, desto größer war die ihn umgebende Blase. Diese Sterne groß und

leuchtstark genug, um Gasblasen von bis zu mehreren 10 000 Lichtjahren Durchmesser zu erzeugen.

Und dann? Gelegentlich stießen die Blasen zweier benachbarter Sterne aneinander und vereinten sich, sodass die Materie nunmehr von zwei Sternen ionisiert werden konnte. Eine größere Strahlungsintensität aber sorgte auch für eine größere Blase, wodurch die Wahrscheinlichkeit stieg, mit einer weiteren Nachbarblase zu verschmelzen. So kam allmählich eine „Ionisierungs-Lawine" in Gang, und nach vergleichsweise kurzer Zeit war das Universum, das zuvor im wesentlichen neutralen Wasserstoff enthalten hatte, zu mehr als 99 Prozent von ionisiertem Wasserstoff erfüllt.

Schwarze Löcher – kosmische Einbahnstraßen

Es gibt noch andere Kandidaten, die für diese erste Ionisation des Wasserstoff in Frage kommen. Nahezu jede Galaxie einschließlich unserer enthält in ihrem Zentrum ein massereiches Schwarzes Loch. Ein „normales" Schwarzes Loch entsteht aus dem Kollaps eines massereichen Sterns. Seine Anziehungskraft ist so stark, dass nicht einmal Licht entweichen kann; die Fluchtgeschwindigkeit ist zu groß. Als Fluchtgeschwindigkeit bezeichnet man die Geschwindigkeit, die notwendig ist, um den Anziehungsbereich eines massereichen Körpers zu verlassen. Wenn die Fluchtgeschwindigkeit eines kollabierenden Sterns die Lichtgeschwindigkeit überschreitet, kann selbst Licht nicht mehr entkommen – und damit auch nichts anderes. Der schrumpfende Stern hat sich mit einer „verbotenen Zone" umgeben, aus der nichts entkommen kann. Naturgemäß können wir ihn nicht mehr sehen, weil keine Strahlung mehr von ihm ausgeht, aber wir können ihn

▶ Fluchtgeschwindigkeit

Wenn man einen Gegenstand hoch wirft, wird er eine bestimmte Höhe erreichen und dann wieder herunter fallen. Wenn man eine größere Geschwindigkeit erzielt, wird er höher steigen, aber auch dann wieder herunter fallen. Es sei denn, man schafft eine Geschwindigkeit von mehr als 11,2 Kilometer pro Sekunde – dann nämlich reicht die Anziehungskraft der Erde nicht mehr aus, um den Gegenstand abzubremsen und festzuhalten, und er kann dem Anziehungsbereich der Erde entkommen. Die Fluchtgeschwindigkeit der wesentlich massereicheren Sonne liegt bei 618 km/s, die des massärmeren Mondes bei lediglich 2,4 km/s. weshalb der Mond auch keine dauerhafte Atmosphäre festhalten konnte; er besitzt zwar eine sehr dünne Gashülle, doch die entweicht kontinuierlich und muss ständig nachgeliefert werden. Um von der Erdoberfläche Richtung Mond zu starten, bedurfte es einer großen Saturn-V-Rakete. Für den Rückweg zur Erde reichte das kleine Triebwerk der Mondlandefähre.

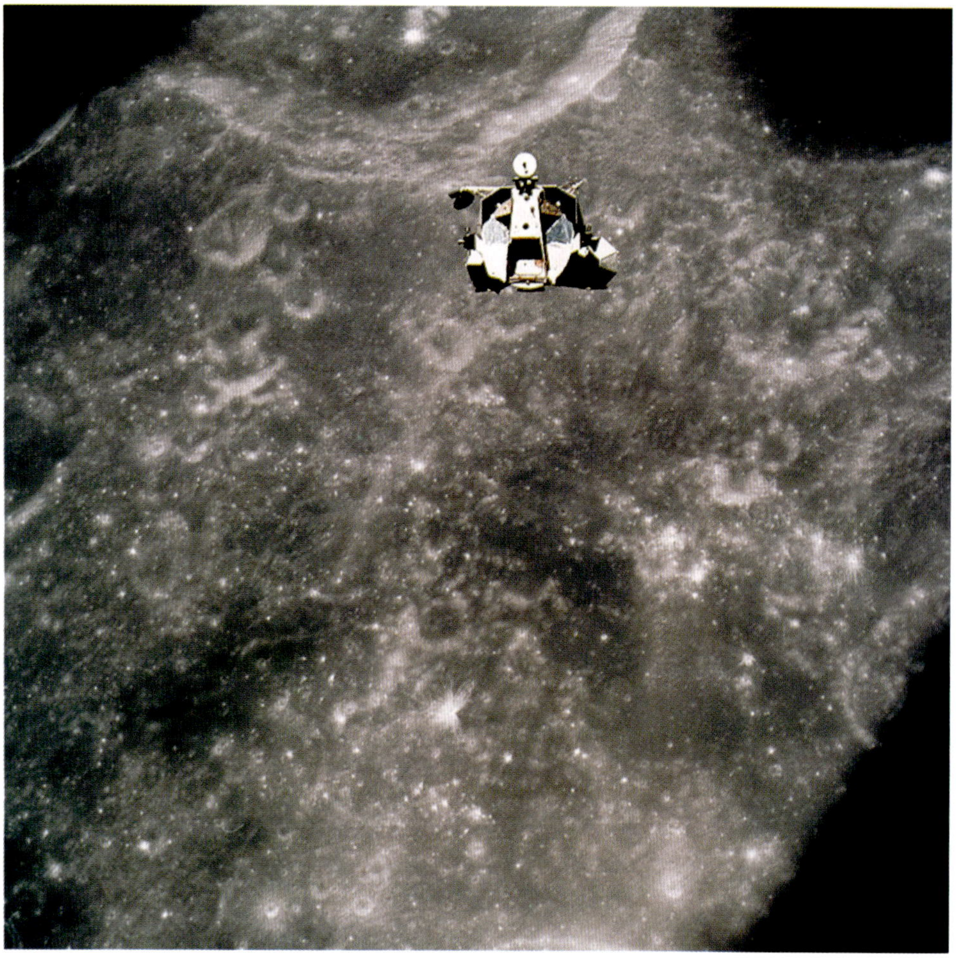

auf Grund seiner Anziehungskraft auf sichtbare Objekte in seiner Umgebung lokalisieren – zum Beispiel, wenn ein solches Schwarzes Loch Partner eines Doppelsternsystems ist.

Ein Schwarzes Loch ist also vom Rest des Universums abgetrennt, und weil keine Strahlung nach außen dringen kann, können wir auch sein Inneres nicht untersuchen. Wir können nur darüber spekulieren. Der Sturz in ein Schwarzes Loch wäre sicherlich ohne Rückfahrkarte und von daher wenig zu empfehlen.

Normalerweise entsteht ein Schwarzes Loch aus dem Kollaps eines Sterns, der acht oder mehr Sonnenmassen in sich vereint. Schwarze Löcher in den Zentren von Galaxien, die viele Millionen Sonnenmasse enthalten, müssen anders entstanden sein. Vielleicht bildeten sie sich in einer sehr frühen Phase des Universums. Dann könnte das erste Licht nicht von Sternen stammen, sondern von Materie, die beim Sturz in diese schwarzen Löcher aufgeheizt wurde – auch das hätte gereicht, um die Materie im weiten Umfeld zu ionisieren. Dann wären die verantwortlichen Schwarzen Löcher noch heute unter uns, eingenestet in den Zentren der heutigen Galaxien. Noch ist nicht klar, welche der beiden möglichen Mechanismen für die Reionisation verantwortlich war. Wir müssen noch eine Menge mehr über diese frühe Phase in Erfahrung bringen, um die Frage zu beantworten.

Supernovae

Doch egal, welche der Theorien zutrifft, irgendwann waren diese ersten, ungewöhnlich großen Sterne entstanden, und ihr Einfluss auf die Umgebung beschränkte sich nicht allein auf die Reionisation. Wir haben schon gesehen, da sie nur sehr kurz leben konnten; darüber hinaus nahmen sie ein „erschütterndes" Ende. Während unserer Sonne eine ver-

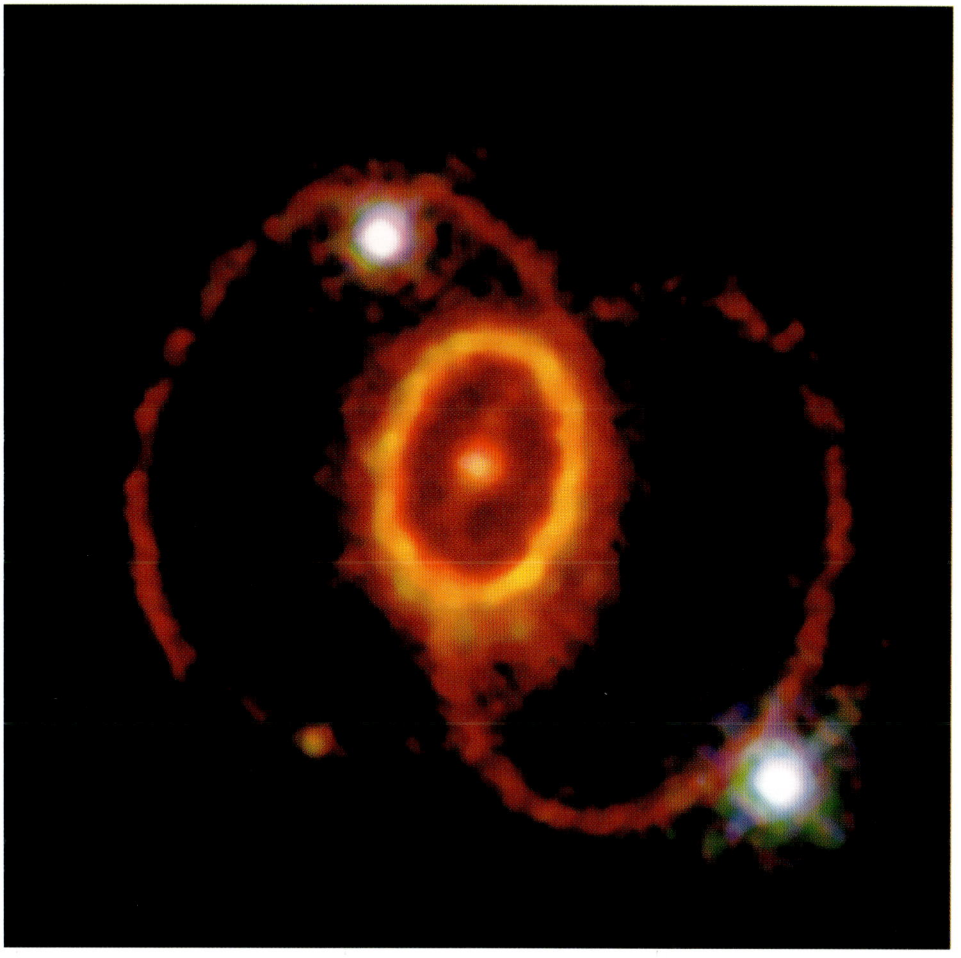

◀ **Supernova-Ringe**
Die Astronomen warten noch immer auf die erste beobachtbare Supernova in der Galaxis seit der Erfindung des Fernrohres. Die Supernova 1987A bot die nächstbeste Beobachtungsgelegenheit, fand sie doch in der benachbarten Großen Magellanschen Wolke statt. Sieben Jahre später fotografierte des Hubble-Weltraumteleskop diese drei Ringe in der Umgebung des Explosionsherdes.

gleichsweise ruhige Zukunft bevorsteht, wartet auf solch massereiche Sterne eine zerstörerische Explosion.

Die äußeren Schichten eines Sterns werden durch die Energie gestützt, die im Inneren von den Kernreaktionen geliefert wird. Wenn der Vorrat für diesen Prozess erschöpft ist, sinken die äußeren Schichten zusammen und erhöhen den Druck und die Temperatur im Zentrum. Dadurch können Heliumkerne, die bei den vorausgegangenen Kernreaktionen entstanden sind, miteinander kollidieren und zu schwereren Atomkernen verschmelzen. Zugleich wird der Wasserstoff in der Umgebung des Kerns so weit erhitzt, dass die Kernreaktionen auch dort zünden können. So bildet sich im Inneren des Sterns ein zwiebelschalenförmiger Aufbau aus, wenn im Kern immer schwerere Elemente produziert werden. Doch die Kette reißt ab, sobald dabei Eisen entsteht. Eisenatomkerne sind die stabilsten von allen, und so verbraucht ihre weitere Verschmelzung Energie, statt Energie zu produzieren. Wenn im Inneren eines massereichen Sterns ein Eisenkern entsteht, kann nichts mehr die äußeren Schichten vom Kollaps abhalten. Dabei entsteht sehr schnell ein dichter, massereicher Kern, und eine Stoßwelle durchdringt den Stern nach außen. Dadurch wird das nachstürzende Material explosionsartig nach außen getrieben, und wir beobachten eine Supernova.

Supernova-Ausbrüche sind in der Tat sehr heftig. Noch extremer sind Hypernovae, die zwar auf die gleiche Weise entstehen, aber sehr massereiche Sterne betreffen. Dabei haben wir die Rekordhalter noch nicht wirklich beobachtet: die extremsten bekannten Explosionen, die wir als Gammastrahlen-Bursts registrieren.

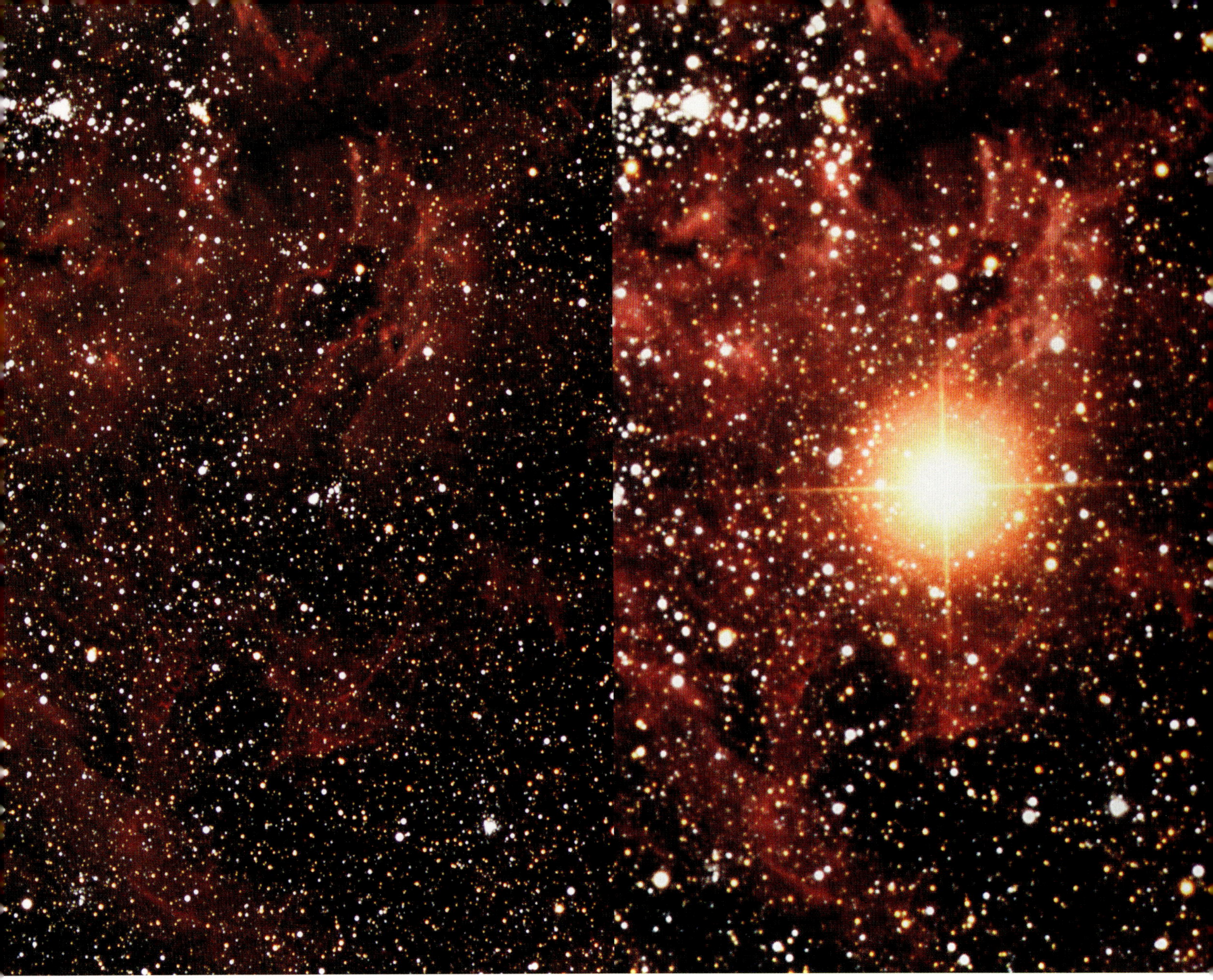

▲ **Supernova 1987A**
Vor der Explosion am 23.2.1987 (links) und zehn Tage nach der Explosion (rechts): Eine einzelne Supernova kann eine ganze Milchstraße überstrahlen.

Gammastrahlen-Bursts

Gammastrahlen sind die energiereichste Form der elektromagnetischen Strahlung. Sie haben sehr kurze Wellenlängen, kürzer noch als Röntgenstrahlen, mit Wellenlängen unterhalb von 0,01 Nanometer (ein Nanometer ist ein milliardstel Meter). Vor einem mehr oder minder gleichmäßigen Hintergrundleuchten des Himmels im Gammastrahlenbereich gibt es auch einige diskrete Quellen. Diese plötzlichen Strahlungsausbrüche dauern bis zu einigen Minuten, sind extrem energiereich und können noch am anderen Ende des überschaubaren Universums beobachtet werden. Dem anfänglichen Gammastrahlenausbruch folgt ein „Nachglühen" in anderen Spektralbereichen, und aus der Untersuchung dieser noch „rauchenden Colts" konnten die Astronomen die Entfernungen zu den ent-

Die Gammastrahlen-Story

Auf der Höhe des kalten Krieges wurden militärische Satelliten gestartet, die nach plötzlich Gammastrahlenausbrüchen Ausschau halten sollten – Hinweise auf Kernwaffentests. Die amerikanischen Satelliten registrierten tatsächlich solche Ausbrüche, die aber ganz anders „aussahen" als erwartet und zwischen wenigen Sekunden und mehreren Minuten andauerten. Sie mussten „von oben" kommen, denn sie waren mehr oder minder gleichmäßig am Himmel verteilt und nicht am Erdboden. Viele Jahre hindurch blieb allerdings unklar, ob es sich um relativ schwache, weil nahe Ausbrüche oder um sehr

sprechenden Gammaburstern ermitteln. Wir wissen heute, dass es sich in der Tat um sehr weit entfernte Objekte handelt. Die Energiemenge, die von einem einzigen Gammaburst ausgeht, ist unvorstellbar: Während ihrer gesamten Lebensdauer wird die Sonne nicht so viel Energie abgeben wie ein Gammaburst innerhalb weniger Minuten.

Obwohl unterschiedliche Gammabursts durchaus verschiedene Ursachen haben können, scheinen sie in vielen Fällen mit dem Ende eines extrem massereichen Sterns einherzugehen. Wenn ein solcher Stern seinen Kernbrennstoff aufgebraucht hat, wird die Strahlung aus dem Inneren zum Erliegen kommen, und die Schwerkraft gewinnt am Ende die Oberhand. Die äußeren Schichten des Sterns stürzen nach innen, und die Zentralregion kollabiert zu einem Schwarzen Loch. Unterdessen prallen die äußeren Schichten zurück und werden mit großer Geschwindigkeit weggeschleudert. Die Energie ist so groß, dass

▲ **Krabben-Nebel (M 1)**
Dies ist der Überrest einer berühmten Sternexplosion, die 1054 von chinesischen Astronomen beobachtet wurde. Innerhalb des Nebels lauert ein rasch rotierender Neutronenstern, der damals bei der Explosion des Sterns übrig geblieben ist.

starke, weil weit entfernte Ereignisse handelte. Heute nimmt man an, dass sie von Quellen stammen, die rund 1 Milliarde Lichtjahre entfernt sind. Sie müssen also sehr energiereich sein – vielleicht die heftigsten Ereignisse seit dem Urknall.

▶ Gammastrahlen-Ausbrüche

Eine Gesamthimmel-Karte der 2704 Gammastrahlen-Ausbrüche, die über einen Zeitraum von neun Jahren von dem Compton Gammastrahlen-Observatorium registriert wurden. Die Ebene der Milchstraße verläuft horizontal durch die Mitte der Karte, die dem Zentrum der Galaxis entspricht.

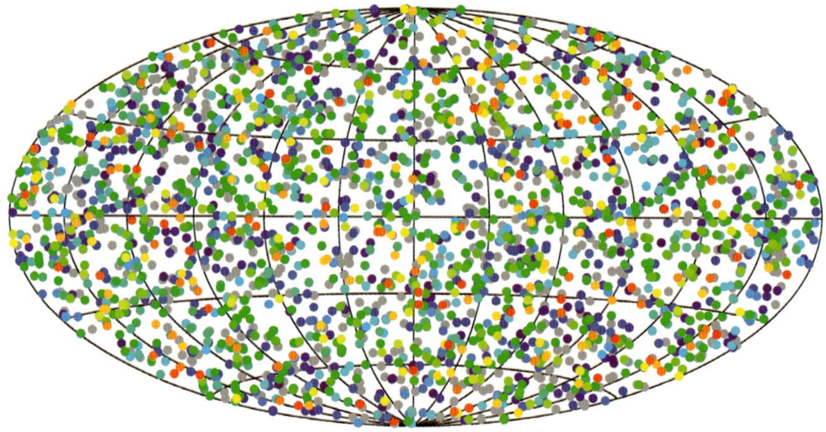

die Atomkerne, die während des gesamten Sternlebens „erbrütet" wurden, wieder zu Wasserstoffkernen zertrümmert werden. Im Zuge dieser Explosion steht so viel Energie bereit, dass aus viel schwerere Elemente als Eisen erzeugt werden können.

Wenn der beteiligte Stern so groß ist, wie man sich die Sterne der ersten Generation vorstellt, würde die dabei freigesetzte Energie reichen, um einen Gammastrahlen-Burst auszulösen. In unserer heutigen Umgebung des Universums erreichen die Sterne nur etwa 20- bis dreißigfache Sonnenmasse, und sie sterben als vergleichsweise moderate Supernovae. Dennoch kann bereits das Licht einer einzigen Supernovae die gesamte umgebende Galaxie überstrahlen; entsprechend sollte eine Hypernova quer durch das ganze überschaubare Universum zu beobachten sein.

Als Folge dieses heftigen Sterntodes breitete sich eine Stoßwelle mit nahezu Lichtgeschwindigkeit vom Ort der Explosion aus. Solche Stoßwellen sind auch auf Bildern des Hubble-Weltraumteleskops von nahen Supernovae zu erkennen. Diese sich ausbreitenden Stoßwellen heizten nicht nur das umgebende Gas auf, sondern schoben es auch wie ein Schneepflug zusammen und konnten so den Kollaps von Teilbereichen – und damit die Entstehung einer neuen Sterngeneration – auslösen. Als diese nächsten Sterne entstanden, konnten sie die von den Sternen der ersten Generation freigesetzten schwereren Elemente mit verwenden. Vor allem die Kohlenstoff- und Sauerstoffatome waren wirksame „Kühlelemente", die einen Großteil der aufgestauten Wärmeenergie der kollabierenden Gaswolke abstrahlen konnten. Dies ermöglichte eine weitere Kühlung und Unterteilung der Wolken, was zu Entstehung kleinerer Sterne führte. Entsprechend waren die Sterne der zweiten Generation schon sehr ähnlich zu denen, die wir heute sehen. Die Kleinsten von ihnen (jene mit der längsten Lebenserwartung) könnten durchaus heute noch strahlen, und möglicherweise haben wir einige von ihnen auch schon in unserer Galaxis beobachtet.

Die genaue Masse dieser Sterne hat entscheidenden Einfluss auf ihr Schicksal. Sterne mit einer Masse von mehr als 300 Sonnenmassen zum Beispiel würden sofort zu entsprechend großen Schwarzen Löchern kollabierenden, ohne Material wegzuschleudern oder Stoßwellen auszusenden. Ein Stern mit einer Masse zwischen 100 und 300 Sonnenmassen liefert eine so genannte Paar-Instabilitäts-Supernova. Dabei werden große Mengen von Positronen freigesetzt, den Antiteilchen des Elektrons. Wenn Teilchen und Antiteilchen zusammentreffen, zerstrahlen sie miteinander und produzieren eine Menge Energie, die ausreicht, um den Sternkern vor dem Kollaps zu bewahren. So entsteht weder ein Schwarzes Loch noch ein Neutronenstern, und die gesamte Materie wird nach draußen geschleudert, wo sie für die Entstehung der nächsten Sterngeneration genutzt werden kann. Man geht heute davon aus, dass im frühen Universum eine große Zahl von Sternen

▶▶ Supernova-Überrest

Die Hubble-Aufnahme des Supernova-Überrestes LMC N 49 zeigt die filigranen Gaswolken, die irgendwann in der Zukunft in die Entstehung neuer Sterne einbezogen werden.

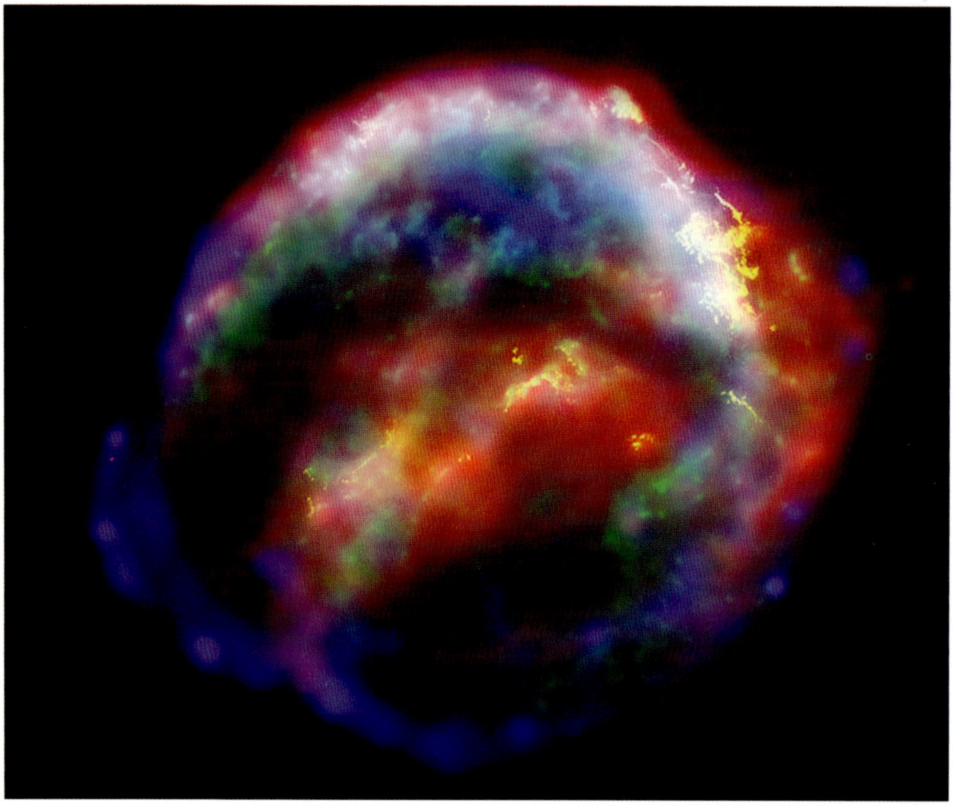

▶ **Keplers Supernova-Überrest**
Diese Überlagerung aus Daten im Röntgen-, Infrarot- und sichtbarem Licht zeigt den heutigen Anblick der 1604 von Kepler beobachteten Supernova. Eine vom Explosionsherd ausgehende, rasch expandierende Gashülle wird von einer Stoßfront eingehüllt, die Gas und Staub aus der Umgebung vor sich her schiebt.

dieses Massebereiches entstanden ist und so den Entwicklungsprozess der Sterngenerationen in Gang gesetzt hat.

Relativität – ein Wegweiser für Beobachter

Die Physik der Schwarzen Löcher wird normalerweise in der Sprache der allgemeinen Relativitätstheorie von Albert Einstein beschrieben, und es lohnt sich daher, diese Sprache ein wenig zu erlernen. Nach Albert Einstein laufen die Uhren in zwei relativ zueinander beschleunigten Bezugssystemen nicht synchron. Während der eine Beobachter zum Beispiel einen Zeitraum von zehn Sekunden misst, kann ein dazu beschleunigter Beobachter den gleichen Vorgang innerhalb von nur sechs Sekunden erleben.

Man wird zunächst geneigt sein zu fragen, wer von beiden Recht hat, und dann nach einer versteckten Ursache für den unterschiedlichen Uhrengang suchen. Die Relativitätstheorie macht aber deutlich, dass beide Beobachter „im Recht sind" und kein Trick notwendig ist, um die Zeitabläufe unterschiedlich schnell zu erleben. Dabei bleiben dennoch einige Grundregeln erhalten. So werden zwei Beobachter stets die gleiche Reihenfolge von Ereignissen feststellen können. Auch wenn ein Beobachter das Ereignis A eine Minute vor B sieht und ein anderer Beobachter A und B gleichzeitig erlebt, wird keiner B vor A beobachten können. Das Prinzip von Ursache und Wirkung bleibt also erhalten, aber viele andere grundlegende Prinzipien der Natur müssen aufgegeben werden.

Warum gehören solche scheinbaren Paradoxien nicht zu unserer Alltagserfahrung? Schließlich sehen wir Uhren stets im Gleichtakt laufen. Ein Grund dafür ist unter anderem, dass wir (zum Glück) nicht in der Nähe eines Schwarzen Loches wohnen. Ohne extreme Beschleunigungen oder Geschwindigkeiten nahe der Lichtgeschwindigkeit oder sehr extreme Massekonzentrationen sind die Effekte so klein, dass die Newtonschen Bewegungsgesetze ihre Gültigkeit behalten. Einstein hat nicht gezeigt, dass Newton mit seinen Gesetzen falsch lag, sondern er hat sie in Bereiche hinein erweitert, die Newton verschlossen waren.

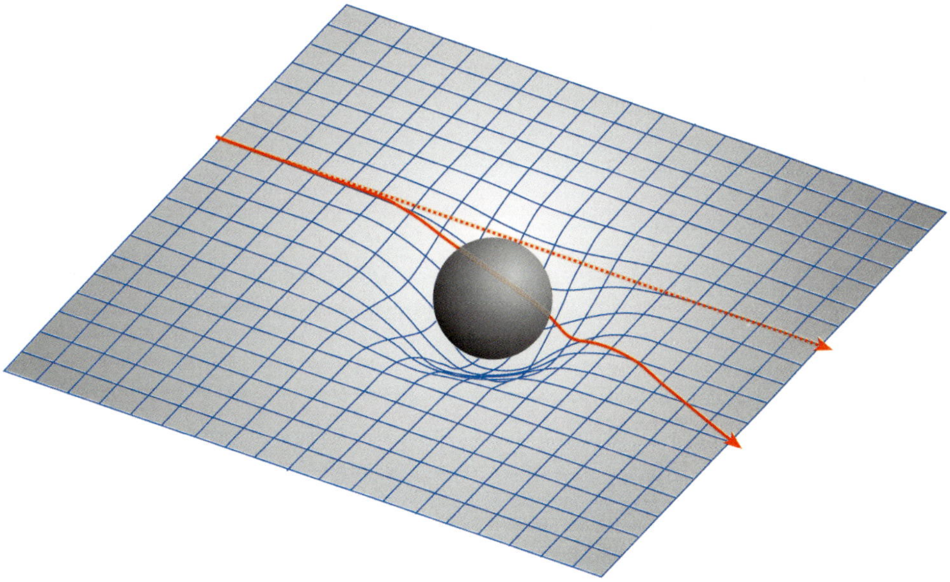

◀ Die Struktur der Raumzeit
Ein massereiches Objekt verändert Raum und Zeit in seiner Umgebung. Ein passierender Lichtstrahl wird abgelenkt und scheint hinterher aus einer anderen Richtung zu stammen als vorher. Die gestrichelte Linie zeigt den Verlauf des Lichtstrahls ohne störende Masse an, die durchgezogene Linie dagegen gibt den realen Lichtweg aufgrund der von der Masse verursachten Krümmung der Raumzeit an.

Die Relativitätstheorie sagt nicht nur etwas über den Ablauf der Zeit in der Umgebung eines Schwarzen Loches aus, sondern beschreibt auch, wie seine gewaltige Masse den Raum in seiner Umgebung verändert. Ein Grund dafür, dass die Relativitätstheorie schwer zu verstehen ist, ergibt sich aus der vierdimensionalen Mathematik zu ihrer Beschreibung – den drei Raumdimensionen plus der Zeit. Raum und Zeit existieren nicht länger unabhängig nebeneinander. Hermann Minkowski, der wesentliche Anteile an der mathematischen Darstellung der Relativitätstheorie hatte, formulierte dies in seinem berühmten Vortrag auf der Versammlung Deutscher Naturforscher und Ärzte am 21.9.1908 in Köln so: „Von Stund" an sollen Raum für sich und Zeit für sich völlig zu Schatten herabsinken, und nur noch eine Art Union der beiden soll Selbständigkeit bewahren."

Können Sie sich vorstellen, wie eine vierdimensionale Kugel aussieht? Wir auch nicht, aber wir können eine gewisse Vorstellungen ihrer Eigenschaften bekommen, wenn wir uns auf die Darstellung von zwei Dimensionen beschränken und die Raumzeit als ein aufgespanntes Betttuch betrachten. Wenn man dann einen Tennisball oder einen anderes Gewicht in die Mitte legt, wird sich das Betttuch verformen, gerade so, wie gemäß der Relativitätstheorie ein massereiches Objekt die Raumzeit verformt. Ein Lichtstrahl, der diesen Bereich der deformierten Raumzeit durchdringt, wird von seinem ursprünglichen Weg abgelenkt.

Wurmlöcher – Fakt oder Fiktion?

Über die Verhältnisse im Inneren eines Schwarzen Loches können wir nur spekulieren. Stiehlt sich der kollabierende Stern vollständig aus unserem Kosmos? Einige haben vorgeschlagen, dass Schwarze Löcher die Raumzeit so stark verändern, dass Tunnel zwischen verschiedenen Stellen des Universums – oder auch zwischen verschiedenen Universen – entstehen. Eine solche als „Wurmloch" bezeichnete Vorstellung gehört derzeit in den Bereich der Sciencefiction, wo es den Handelnden eine Reihe von Möglichkeiten eröffnet, die außerhalb der Gesetze der modernen Physik liegen. Trotzdem beschäftigen sich auch ernsthafte akademische Studien mit diesen Vorstellungen.

Vielleicht lässt sich die gegenwärtige Situation am besten dadurch beschreiben, dass keine der überprüften Theorien die Möglichkeit solcher Wurmlöcher ausschließt, aber es gibt auch keine Beweise für ihre Existenz. Es erscheint jedoch, dass im Inneren eines Schwarzen Loches die normalen Gesetze der Physik versagen.

KAPITEL 3 Das wachsende Universum

▲ **Die Milchstraße**
Diese künstlerische Darstellung zeigt unsere Galaxis, deren bläuliche, von zahllosen neu geborenen Sternen erfüllte Spiralarme aus dem gelblichen zentralen Wulst nach außen ragen. Neuere Beobachtungen ergaben, dass der zentrale Wulst einen Balken enthalten könnte, doch lässt sich dies von unserer Position am Rande eines der Spiralarme nur schwierig ermitteln.

▶▶ **Galaxien, so weit das Auge reicht**
Dieser mit weit entfernten Galaxien erfüllte Ausschnitt des Hubble-Ultra-Deep-Field zeigt nur einen kleinen Teil dieser weit reichenden Aufnahme, die ihrerseits nur einen winzigen Teil des Himmels erfasst, aber weit mehr als 10000 Galaxien enthält.

Nach zwei Kapiteln haben wir endlich den Zeitpunkt in der Geschichte des Universums erreicht, zu dem einzelne Objekte existierten, die wir beobachten können. Noch vor dem Aufscheinen der ersten Sterne hatte der Kollaps der Materie zur Entstehung von Galaxien eingesetzt, und die extrem lang belichteten Aufnahmen des Hubble-Weltraumteleskops zeigen Galaxien, die gerade einmal 700 Millionen Jahre nach dem Urknall existierten. Sie sehen nicht so aus wie die Galaxien in unserer Umgebung: Viele sind kleiner, und es gibt eine Vielzahl unterschiedlicher Formen. Einige bergen massereiche Schwarze Löcher. Dies sind die geheimnisvollen Quasare, die die Szene beherrschen. Heute wissen wir, dass diese Kraftwerke die Kernregionen von sehr aktiven Galaxien darstellen, deren Leuchtkräfte die einer normalen Galaxie mehrtausendfach übersteigen. Daher können sie über gewaltige Entfernungen und damit zu Zeiten beobachtet werden, in denen das Universum noch ziemlich jung war.

Extrem massereiche Schwarze Löcher

In den Zentren dieser Galaxien lauerten von Anfang an extrem massereiche Schwarze Löcher, die mehrere Millionen Sonnenmassen enthalten. Sie können entweder direkt aus dem Kollaps riesiger Gaswolken entstanden sein oder stellen die Überreste sehr massereicher Sterne dar, die nachträglich eine große Menge an zusätzlichem Material verschluckt haben. In jedem Fall übt ein Schwarzes Loch dieser Größe eine extreme Anziehungskraft aus, die große Mengen an Materie anziehen kann.

Es scheint, dass in den frühen Stadien der Galaxien große Mengen an Gas und Staub verfügbar waren, bevor die Sternentstehung einsetzte. Dieses Material fütterte das Schwarze Loch, in das es über eine so genannte Akkretionsscheibe stürzte. Dabei sandte sie Strahlung in zwei engen Strahlungskegeln aus, sodass wir beim Blick entlang eines solchen Strahlungskegels auf die grelle Quelle eines Quasars blicken. In dieser frühen Phase der Entwicklung des Universums müssen Kollisionen zwischen Galaxienbausteinen an der Tagesordnung gewesen sein. Wann immer zwei solcher Systeme miteinander verschmolzen, gelangte neues Material in die Schwarzen Löcher, die so neuen Nachschub erhielten. Es kann also gut sein, dass alle massereichen Galaxien, einschließlich unserer Milchstraße, in ihrer Entwicklung eine Quasarphase durchlebt haben, zumal einige unlängst untersuchte Quasare ansonsten normale Galaxien zu sein scheinen.

Wir können diese Entwicklungsphase des Universums erkunden, wenn wir auf die frühesten Galaxien blicken, die je beobachtet wurden – wie sie zum Beispiel im Hubble

▶ **Quasar 3C 175**
Der Begriff Quasar (als Kurzform für Quasistellare Radioquelle) wurde ursprünglich für eine Gruppe überraschend intensiver, punktförmiger Strahlungsquellen geprägt, die Anfang der 1960er Jahre entdeckt wurden. Heute verstehen wir darunter besonders aktive Galaxienkerne, die meist ein massereiches Schwarzes Loch enthalten. Ein solches Schwarzes Loch existiert zwar auch im Zentrum der Milchstraße, doch Quasare sind viele Millionen Mal energetischer als dieses und werden nur in größeren Entfernungen beobachtet, als das Universum noch jünger war als heute. Das Radiobild zeigt den Quasar als Punkt in der „Mitte“, von dem Jets energiereicher Teilchen ausgehen (nur einer der beiden Jets ist sichtbar), die mehr als eine Million Lichtjahre hinaus reichen. Dort, wo diese Teilchenströme auf umgebende Gaswolken treffen, lassen sie die beiden blasenförmigen Stoßfronten entstehen.

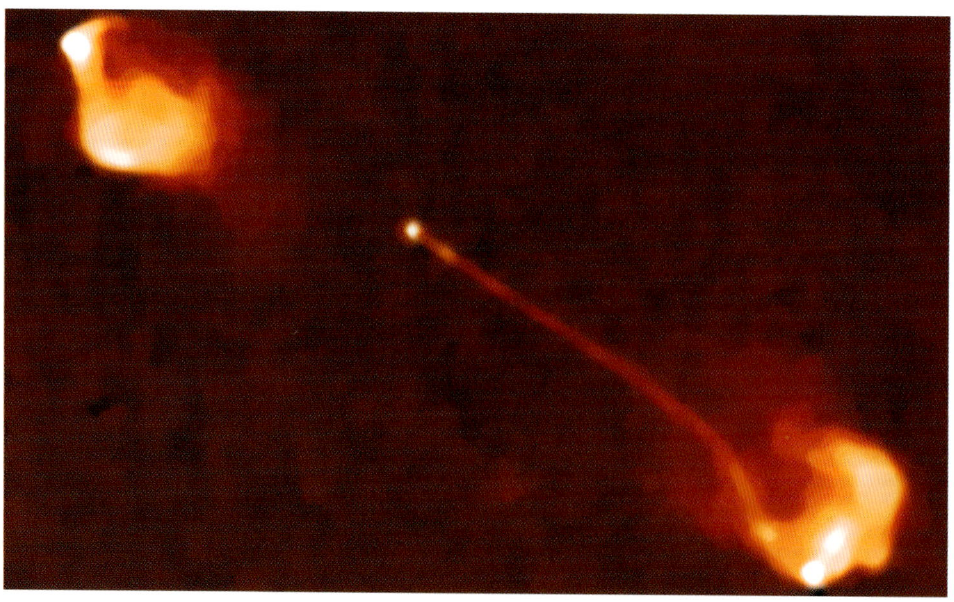

▲ **Centaurus A**

Elliptische Galaxie in 10 Millionen Lichtjahren Entfernung. Das Bild wurde aus Filteraufnahmen des Hubble-Weltraumteleskops im blauen, grünen und roten Licht so überlagert, dass es einem Echtfarbenbild entspricht. Ergänzende Infrarot-Aufnahmen haben gezeigt, dass im Zentrum versteckt Materiescheiben um ein gewaltiges Schwarzes Loch spiralisieren, das mehrere Milliarden Sonnenmassen enthält. Centaurus A scheint eine Spiralgalaxie verschluckt zu haben, deren Überreste noch von dem Schwarzen Loch „verzehrt" werden.

Ultra-Deep Field (UDF) zu finden sind. Das Weltraumteleskop wurde für eine Million Sekunden (etwas mehr als elf Tage) auf einen bestimmten Punkt am Himmel gerichtet, der gar keine interessanten Objekte zu enthalten schien. Mit dieser extrem langen Belichtungszeit wurden auch besonders lichtschwache Quellen noch erfasst, sodass in dem scheinbar leeren Himmelsfeld am Ende Tausende von Galaxien sichtbar wurden. Jeder Lichtpunkt auf diesem Bild ist kein Vordergrundstern, sondern eine weit entfernte Galaxie. Und obwohl einige wenige von ihnen vergleichsweise nahe stehen, sind die meisten viel kleiner, lichtschwächer und bizarrer. Schon beim bloßen Betrachten kann man erste Schlüsse aus diesen Bild ziehen. So sind zum Beispiel rot erscheinende Galaxien die entferntesten – aufgrund der damit verbundenen starken Rotverschiebung. Entsprechend können wir die gefundenen Objekte zu einer groben Entwicklungsreihe formieren.

Aus der Untersuchung dieser frühesten Galaxien und dem Versuch einer Analyse können wir Rückschlüsse auf die Entstehung der Galaxien ziehen, die wir heute in unserer Nähe sehen. Wir glauben nicht länger, dass jede Galaxie einsam und für sich entstanden ist. Wenn das so wäre, müsste man auf dem UDF eine kleine Zahl großer, „normaler" Galaxien finden. Die neue Vorstellung, die ursprünglich aus Simulationen abgeleitet wurde, geht davon aus, dass der ursprüngliche Kollaps zu kleinen Strukturen führte, die dann im Zuge von Kollisionen zu größeren Systemen verschmolzen. Der Nachweis der notwendigen „Bausteine" für diese Form der Entwicklung, die große Zahl kleiner Galaxien in den entferntesten Regionen des beobachtbaren Universums, stützt diese Theorie. Möglicherweise sehen wir im UDF die Bausteine für die vertrauteren Galaxien aus unserer Umgebung. Dieser Prozesses kann heute sogar noch andauern. In den letzten Jahren wurde deutlich, dass auch unsere Milchstraße dem Kannibalismus frönt, als Astronomen entdeckten, dass sie gerade mehrere Zwerggalaxien „zerpflückt".

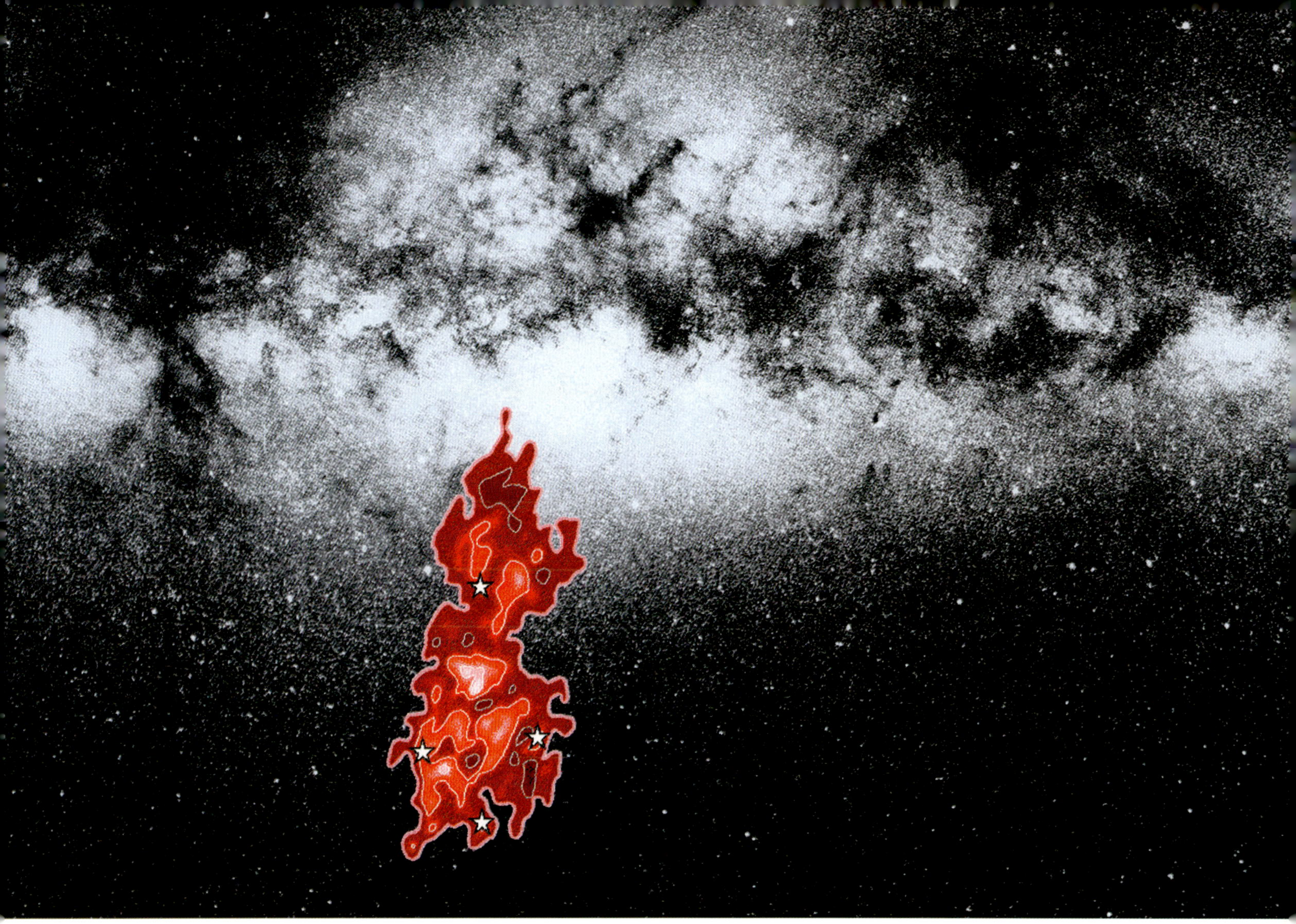

Diese kleineren Systeme umkreisen die große Galaxis, werden aber allmählich nach innen gezogen. Irgendwann werden ihre Bahnen so verändert sein, dass sie die Scheibe der Galaxis durchqueren müssen, und bei jeder dieser Passagen wird ein Teil der Gas- und Staubmassen von dem großen System zurückgehalten. Nach mehreren Passagen hat die kleinere Galaxie ihre Identität vollständig verloren und ist von dem großen System „verschluckt" worden – ein Schicksal, das auch den beiden größten Begleitern der Milchstraße, den beiden Magellanschen Wolken, drohen könnte.

Die exotisch gefärbten Galaxien im faszinierenden Ultra-Deep Field (siehe Seite 6/7), das bis zum Einsatz des Nachfolge-Teleskops vermutlich einmalig bleiben wird, erinnern uns in eindrucksvoller Weise daran, dass unser Universum wirklich expandiert. Die verschiedenen Farben dieser ungezählten Objekte stehen für unterschiedliche Rotverschiebungen: je roter ein Objekt erscheint, desto schneller entfernt es sich von uns, und desto weiter ist es bereits von uns entfernt. Das Licht, das wir heute von ihnen empfangen, stammt aus der Zeit um 700 Millionen Jahre nach dem Urknall – damals hatte das Universum gerade einmal fünf Prozent seines heutigen Alters. Dies ergibt sich aus der Analyse der Lage der Spektrallinien dieser Galaxien.

Zu jener Zeit führte der schwerkraftbedingte Kollaps der Materie immer noch zu neuen Strukturen, wie zuvor schon in der dunklen Phase des Universums. Darunter muss auch der „Keim" gewesen sein, der zur Entstehung der Milchstraße geführt hat, einer ziemlich, aber nicht außergewöhnlich großen Galaxie. Mit ihren geschätzten 100 Milliarden Sternen wird sie von der benachbarten Andromeda-Galaxie noch übertroffen. Auch die lokale Gruppe der Galaxien ist nichts Ungewöhnliches – andere Gruppen enthalten sehr viel mehr Galaxien. Der Virgo-Haufen in rund 60 Millionen Lichtjahren Entfernung umfasst zum Beispiel mehr als 1000 Galaxien.

▲ **Versteckter Begleiter**
Auf der gegenüberliegenden Seite der Milchstraße wurde eine weitere Zwerggalaxie gefunden, die Sagittarius Dwarf Spheroidal Galaxy, die einst unser engster Nachbar war, mittlerweile aber vom mächtigen Schwerefeld der viel größeren Milchstraße zerrissen wird. Entdeckt wurde dieser Galaxienzwerg, weil man in der Fülle der Sterne einige fand, die sich anders bewegten als erwartet. Das System ist rund 80000 Lichtjahre von der Sonne entfernt und hat etwa die Form, die in diesem Bild rot umrandet ist. Die Abbildung zeigt eine Radiokonturkarte mit Linien gleicher Radiostrahlungs-Intensität, einkopiert in eine Aufnahme der zentralen Milchstraßenregion.

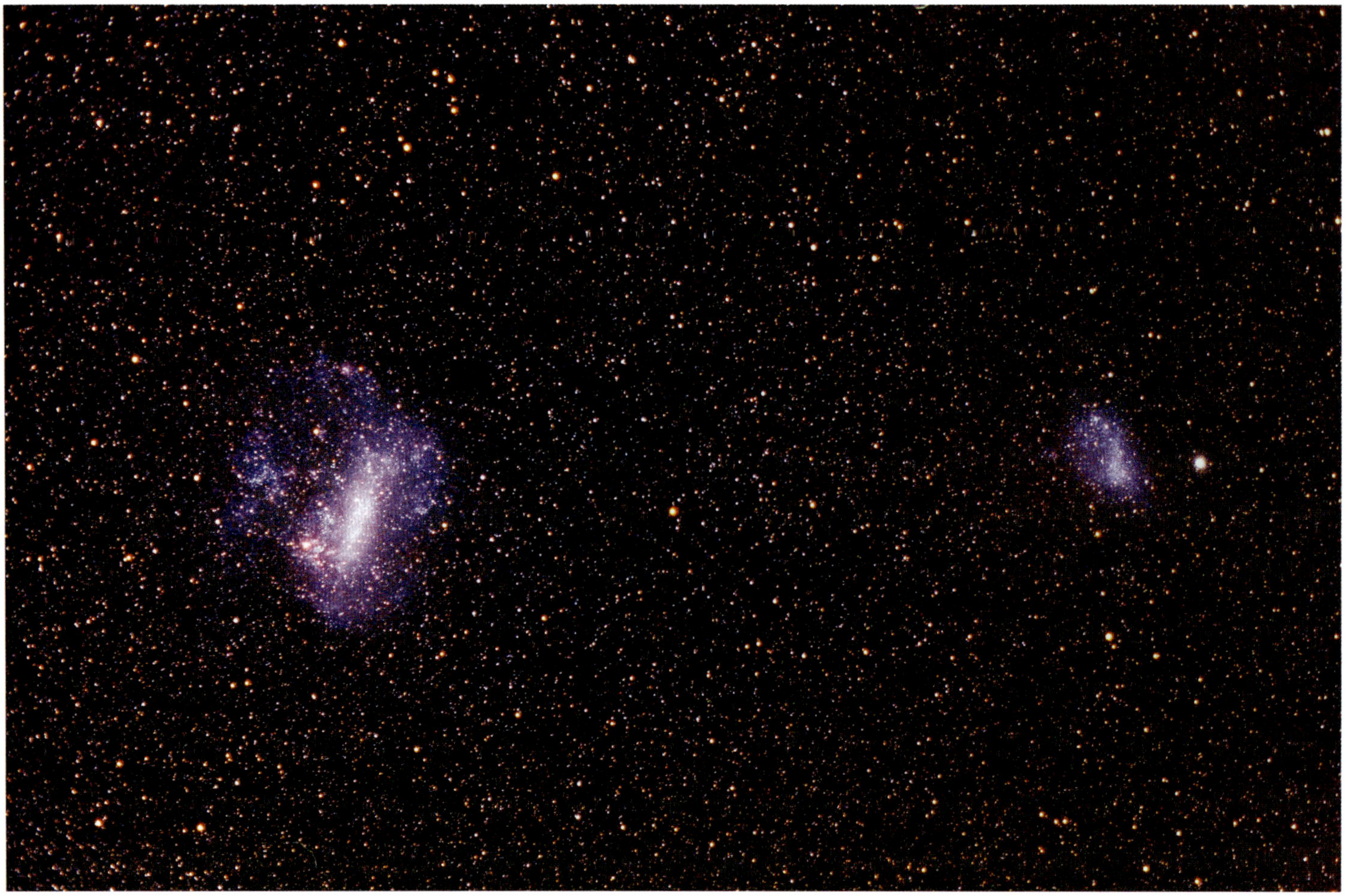

▲ **Magellansche Wolken**
Die Große und die Kleine Magellansche Wolke, die nur für Bewohner der Südhalbkugel gut sichtbar sind, gelten als unsere nächsten Nachbarn in 170000 und 210000 Lichtjahren Entfernung. Sie kreisen um das galaktische Zentrum und durchqueren dabei anscheinend regelmäßig die galaktische Scheibe, wodurch sie jedes Mal Sterne verlieren.

Unsere Galaxis, die Milchstraße

Junge Galaxien enthielten große Mengen an Gas und Staub, aus denen neue Sterne entstehen konnten. Ihr Aussehen wurde vermutlich von hellen, jungen, blauen Sternen geprägt, dürfte sonst aber dem unserer Milchstraße ähnlich gewesen sein – einer durchaus normalen Spiralgalaxie. Es lohnt sich, etwas genauer auf unsere Galaxis zu schauen, ehe wir uns den anderen Galaxien zuwenden. Wir wissen um ihre Spiralstruktur, und wir wissen, dass das galaktische Zentrum etwa 26000 Lichtjahre entfernt ist. Der gesamte

Die Entdeckung der Spiralen

Eine der wichtigsten Entdeckungen in der Geschichte der Astronomie war die Einsicht, dass die verschwommenen Spiralnebel in Wirklichkeit ferne Sterneninseln außerhalb der Milchstraße sind und sich im Zuge der allgemeinen Expansion des Universums von uns und untereinander entfernen. Diese Expansion begann mit dem Urknall, doch war ihr Tempo nicht immer gleich.

Die Entdeckung, dass viele der Galaxien eine Spiralform besitzen, gelang dem dritten Earl of Rosse, einem irischen Adligen, der auf Birr Castle in der Grafschaft Offaly ein Teleskop mit einem 1,82 Meter großen Metallspiegel errichten ließ. Mit diesem – damals größten – Teleskop studierte er die Nebel und fertigte unter anderem die nebenstehende Zeichnung von M 51 an, die erstaunlich genau ist, obwohl sie bereits 1845 erstellt wurde. Viele Jahre hindurch war das Teleskop später außer Betrieb, doch wurde es inzwischen wieder hergerichtet. Etwas Vergleichbares wurde weder vorher noch später noch einmal gebaut.

Durchmesser des Systems übertrifft 100 000 Lichtjahre, und von der Seite betrachtet erscheint es wie eine bikonvexe Linse oder – etwas profaner ausgedrückt – wie zwei gebratene Spiegeleier, die Rücken an Rücken aufeinander liegen. Wenn wir entlang der Milchstraßenebene blicken, sehen wir sehr viele Sterne in etwa gleicher Blickrichtung; deren gemeinsames Licht zaubert das prachtvolle Band der Milchstraße an den Himmel. Der Durchmesser des zentralen Wulstes (des doppelten „Eidotters") beträgt etwa 20 000 Lichtjahre. Außerhalb der Milchstraßenebene und abseits der galaktischen Scheibe finden wir große, dichte Sternansammlungen, so genannte kugelförmige Sternhaufen, sowie viele Feldsterne, die den galaktischen Halo bevölkern.

Das galaktische Zentrum ist nicht einfach zu beobachten, da viele vorgelagerte Staubwolken den Blick versperren. Für Radiowellen und Röntgenstrahlen sind diese Wolken dagegen kein Hindernis. Das Zentrum liegt hinter den Sternwolken im Sternbild Schütze (lateinisch: Sagittarius), und seine exakte Position ist durch eine starke Radioquelle markiert, die als Sagittarius A* (sprich: Sagittarius A-Stern) bezeichnet wird. Umgeben wird sie von herum wirbelnden Materiewolken und zahlreichen sehr hellen Sternen, und ganz nahe am wahren Zentrum sitzt ein Schwarzes Loch mit etwa 2,6 Millionen Sonnenmassen. Seine Existenz lässt sich aus der Bewegung eines Sterns mit der Katalognummer S21 erschließen, der etwa 15 Sonnenmassen in sich vereint. Langzeitbeobachtungen dieses Sterns haben gezeigt, dass er sich innerhalb von 15,2 Jahren um einen Zentralkörper bewegt und dabei bis auf bloße 17 Lichtstunden an das Objekt herankommt. Er schrammt gleichsam am Ereignishorizont des Schwarzen Loches vorbei, jener Grenze, deren Übertretung endgültig wäre. An dieser Stelle erreicht die Bahngeschwindigkeit

▲ **Das galaktische Zentrum**
Ein Infrarotbild von der Zentralregion unserer Galaxis aus dem 2 Mikron All Sky Survey (2MASS). Da wir mit unserem Sonnensystem nahezu in der Hauptebene des Systems angesiedelt sind, sehen wir die dichtesten Teile der Galaxie als das vertraute Milchstraßenband rund um den Himmel. Der hellste und dickste Bereich der Milchstraße fällt mit dem galaktischen Zentrum zusammen, das von uns aus gesehen in Richtung zum Sternbild Sagittarius liegt und am besten von der Südhalbkugel der Erde aus beobachtet werden kann.

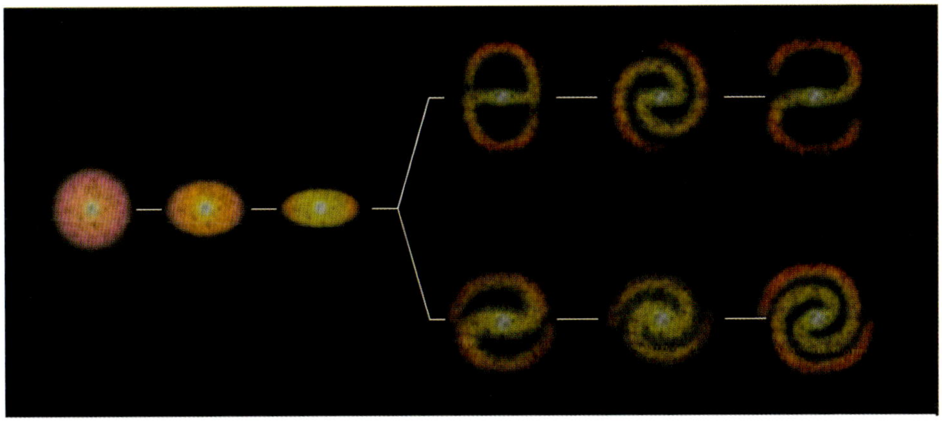

▲ **Galaxienklassifikation**
Edwin Hubble erstellte ein Klassifikationsschema für Galaxien, das als Stimmgabel-Diagramm bekannt wurde (siehe oben). Einige Galaxien zeigen eine elliptische Form, andere erscheinen spiralförmig, noch mehr aber erweisen sich als von unregelmäßiger Gestalt.

Die elliptischen Galaxien reichen von nahezu sphärischen E0-Systemen bis zu stark abgeplattet wirkenden E9-Galaxien. Bei Spiralgalaxien deutet der Index die Enge der Spiralwindungen an, von Sa (eng gewunden) über Sb (weniger stark gewickelt) bis Sc (locker gewunden). Einige Spiralgalaxien lassen einen zentralen Balken erkennen, an dessen Enden die Spiralarme ansetzen (SBa, SBb, SBc); auch unsere Milchstraße scheint eine solche Balkenspirale zu sein.

Ursprünglich hielt man das Stimmgabel-Diagramm für eine Entwicklungslinie, die aus einer elliptischen Galaxie eine Spiralgalaxie werden ließ oder umgekehrt. Heute geht man davon aus, dass die galaktische Struktur nur durch Kollisionen verändert werden kann.

▲ **Sombrero-Galaxie (M 104)**
Das Markenzeichen dieser nach dem berühmten mexikanischen Hut benannten Galaxie sind die Staubwolken in den eng gewunden erscheinenden Spiralarmen. Wir blicken unter einem Winkel von lediglich 6 Grad nahezu auf die Kante des Systems.

▶▶ **Im Uhrzeigersinn von oben: Strudelgalaxie (M 51)**
Dieses exotische Objekt umfasst eine große Spiralgalaxie und einen kleineren, eher amorphen Begleiter. Die perfekte Spiralstruktur der großen Galaxie könnte auf die Einflüsse des kleineren Systems zurückgehen. In dieser Galaxie konnte als erster einzelne Sterne erkannt werden.

Elliptische Riesengalaxie (NGC 1316)
Man erkennt ausgedehnte Staubwolken und sternähnliche Objekte in der Umgebung, die sich als kugelförmige Sternhaufen entpuppen – riesige Sternansammlungen mit einigen 10000 bis zu eine Million Sternen. Die meisten Sterne in solchen elliptischen Galaxien sind alt, vor mehr als zwei Milliarden Jahren entstanden.

Andromeda-Galaxie (M 31)
Unsere nächste große Nachbar-Galaxie. In dieser UV-Aufnahme erscheinen Sternentstehungsregionen weißlich, während ältere Sterne gelb und orange wiedergegeben werden.

bemerkenswerte 5000 Kilometer pro Sekunde! Aus solchen Daten lässt sich die Masse des Zentralkörpers bestimmen, und weil diese große Masse offenbar auf engstem Raum zusammen gepfercht ist, kann es sich nur um ein Schwarzes Loch handeln.

Die Milchstraße dreht sich. Die Sonne braucht etwa 225 Millionen Jahre, um einmal um das Zentrum herumgeführt zu werden; dieser Zeitraum wird gelegentlich auch „kosmisches Jahr" genannt. Vor einem kosmischen Jahr waren Amphibien die am weitesten entwickelte Lebensform; selbst die Dinosaurier hatten die Bühne noch nicht betreten. (Es ist reizvoll, darüber zu spekulieren, wie die Erde nach einem weiteren kosmischen Jahr aussehen könnte und welche Lebensformen dann vorherrschen.) Wir bewegen uns nicht weit von der galaktischen Ebene entfernt, dabei haben wir gerade einen der Spiralarme, den „Orion-Arm", verlassen und befinden uns entsprechend in einer relativ sternarmen Umgebung.

Spiralgalaxien

Viele Galaxien sind Spiralgalaxien, und mit einer erstaunlichen Ausnahme drehen sie sich alle so, dass sie die Spiralarme „nachziehen". Man nimmt heute an, dass diese Spiralarme die Folge von Dichtewellen sind, die durch die Gaswolken treiben. Dabei handelt es sich um Regionen, in denen die interstellare Materie dichter als in der Umgebung ist, sodass die Sternentstehung erleichtert wird. Die auffälligsten Sterne sind sehr massereich und kurzlebig – zumindest nach astronomischen Zeitmaßstäben. Ihre Leuchtkraft dominiert die sichtbare „Form" einer Galaxie, auch wenn sie vorzeitig altern und als Supernovae explodieren. Wenn die Dichtewelle weitergezogen ist, erlahmt die Entstehung neuer Sterne, und die Region fällt auf bloßes Mittelmaß zurück, zumal an anderer Stelle ein neuer Spiralarm entsteht. Wenn dieses Szenario zutrifft (und die meisten Astronomen sind davon überzeugt), dann werden die Spiralarme unserer Galaxis nach etlichen Millionen Jahren zwar andere Sterne enthalten und anders aussehen, aber die Spiralstruktur als solche wird erhalten bleiben.

Die Physik, die die Spiralarme unserer Galaxien prägt, beschreibt auch ein profaneres Problem: Verkehrsstaus. Dazu betrachte man zum Beispiel den Verkehr auf dem Berliner Autobahnring. Eigentlich sollten die Autos alle mit vergleichbarer Geschwindigkeit fah-

▲ Staubreiche Spiralgalaxie (NGC 4414)
Dieses schöne und detailreiche Bild des Hubble-Weltraumteleskops wurde aus 13 Einzelaufnahmen zusammengefügt. Ältere gelbe und rötliche Sterne bevölkern die Zentralregion, während die äußeren Spiralarme bläulich erscheinen. Die Entstehung junger, blauer Sterne in diesen Spiralarmen wird durch Druckwellen angeregt, die innerhalb der galaktischen Scheibe umherwandern.

▶▶ Zigarren-Galaxie (M 82)
Was hat diese irreguläre „Zigarren"-Galaxie angezündet? Eine relativ enge Begegnung mit der benachbarten Galaxie M 81; neuere Untersuchungen deuten darauf hin, dass das rote, expandierende Gas durch eine Überlagerung zahlreicher extremer Sternwinde, einen so genannten galaktischen Superwind, mitgerissen wird.

ren können, aber wenn bei dichtem Verkehr ein Fahrzeug etwas langsamer fährt als die anderen, kann sich hinter ihm schnell ein Rückstau entwickeln. Genau das passiert den Gas- und Staubwolken, die das Zentrum einer Galaxie umrunden und dabei in einen Spiralarm geraten. Einzelne Fahrzeuge bleiben dabei nur begrenzte Zeit im Stau „gefangen", da sie irgendwann zum Überholen ansetzen können, doch der Rückstau bleibt viel länger erhalten, weil ständig neue Fahrzeuge von hinten in den Stau geraten.

Wir haben die Rotation zahlreicher Galaxien messen können – hauptsächlich über den Doppler-Effekt. Wenn eine Spiralgalaxie rotiert, bewegt sich die Materie auf der einen Seite auf uns zu, auf der anderen Seite dagegen von uns weg. Diese Bewegung lässt sich an der Position oder der Breite der Spektrallinien ablesen, sodass man die Rotationsgeschwindigkeit messen kann. Allerdings zeigt sich dabei eine überraschende Abweichung von den Erwartungen.

Rätselhafte dunkle Materie

In unserem Sonnensystem nimmt die Bahngeschwindigkeit eines Planeten mit wachsendem Abstand von der Sonne ab, weil die Anziehungskraft der Sonne in größerer Entfernung kleiner wird. Vergleichbares sollte man bei rotierenden Galaxien erwarten: Sterne nahe dem Zentrum sollten sich viel schneller bewegen als solche weiter draußen. Doch die Astronomen haben zu ihrer Verwunderung gefunden, dass dies nicht zutrifft. Für weit entfernte Sterne nimmt die Umlaufgeschwindigkeit wesentlich weniger ab, als man erwarten würde.

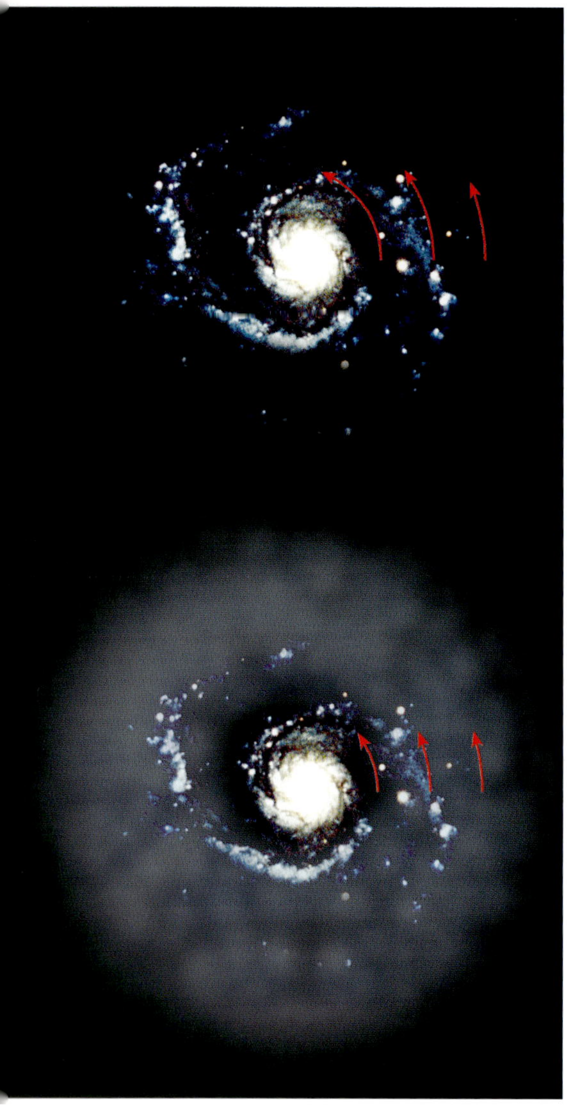

▲ **Dunkelmaterie**
Nach den Gesetzen der Himmelsmechanik sollten die Spiralarme einer Galaxie aufgrund der sichtbaren Materieverteilung innerhalb der Galaxie außen weniger schnell herum gewirbelt werden als weiter innen (oben). Statt dessen zeigen die Beobachtungen, dass die Drehgeschwindigkeit nach außen nahezu konstant bleibt (unten). Eine Erklärung dafür ist die Existenz eines Halos aus unsichtbarer, dunkler Materie.

Wenn die Masse einer Galaxie – ähnlich wie im Sonnensystem – im Zentrum konzentriert wäre, ließe sich dieses Verhalten überhaupt nicht erklären. Vielmehr muss die Masse über einen großen Raumbereich innerhalb der Galaxie verteilt sein, was durchaus auch zutrifft, da die Sterne ja nicht masselos sind. Wenn man allerdings die Masse der sichtbaren Sterne zusammenzählt, reicht das Ergebnis nicht, um die auch weit vom Zentrum entfernte noch rasche Umlaufbewegung zu verstehen. Die plausibelste Erklärung dafür ist die dunkle Materie, die im galaktischen Halo angesiedelt ist. Dunkle Materie ist völlig unsichtbar, verrät sich allerdings durch die Wirkung ihrer Schwerkraft.

Könnte die dunkle Materie etwas ganz Normales sein, zum Beispiel große Mengen an extrem massearmen Sternen, die man nur aus genügend kleiner Entfernung erkennen kann? Sicher gibt es eine sehr große Zahl von Sternen (neueste Schätzungen gehen für das beobachtbare Universum von $7 \cdot 10^{22}$ aus), doch scheint ihre gesamte Masse nicht im Entferntesten auszureichen, um die Menge an dunkler Materie zu erklären.

Könnte die dunkle Materie in Schwarzen Löchern „versteckt" sein? Wir können die Masse der uns bekannten Schwarzen Löcher bestimmen, und auch hier bleibt das Ergebnis weit hinter den Notwendigkeiten zurück. (Stephen Hawking hat zwar über die Existenz von kleinen, „erdmassegroßen" Schwarzen Löchern spekuliert, doch konnten die bislang nicht nachgewiesen werden.) Eine Lösung, die anfangs viel versprechender erschien, bezog Neutrinos ein, nahezu masselose, elektrisch neutrale Partikeln. Sie sind nicht einfach nachzuweisen, aber in sehr großer Zahl vorhanden, da sie im Zuge der Kernreaktionen im Inneren der Sterne ständig neu produziert werden. Entsprechend wird Ihr Körper in jeder Sekunde von vielen Milliarden Neutrinos aus dem Inneren der Sonne durchdrungen. Wenn Neutrinos auch nur eine sehr kleine Masse besitzen, könnten sie vielleicht die dunkle Materie aufwiegen? Wir wissen heute viel mehr über diese Teilchen als noch vor ein paar Jahren, und daher können wir heute mit Sicherheit sagen, dass die gesamte Masse der Neutrinos dazu nicht ausreicht.

So bleiben nur zwei Lösungsansätze. Entweder besteht die dunkle Materie aus noch unbekannten Elementarteilchen geringer Masse, die aber in sehr großer Zahl vorkommen; solche hypothetischen Teilchen werden als WIMPs bezeichnet, als Weakly Interacting Massive Particles (schwach wechselwirkende massereiche Teilchen), zu denen die Elementarteilchenphysik konkrete Vorhersagen machen kann. Oder dahinter verbirgt sich normale Materie, die in großen, aber sehr leuchtschwachen Objekten konzentriert ist – Planeten oder so genannten Braunen Zwergen. Entsprechende Suchprogramme nach diesen Objekten, die unter dem Begriff MACHO (für MAssive Compact Halo Object, massereiche und kompakte Objekte im galaktischen Halo) zusammengefasst werden, blieben bislang wenig erfolgreich. Aber es kommt noch schlimmer.

Gibt es eine Alternative zur dunklen Materie?

Wir würden an dieser Stelle gerne ein Entwicklungsmodell des Universums präsentieren, das durch die modernsten Beobachtungsdaten gestützt wird. Doch dieses Modell ist in vieler Hinsicht zutiefst unbefriedigend, da es dem Universum zwei bislang unbekannte Bestandteile zuordnet, die als dunkle Materie und dunkle Energie bezeichnet werden. Jede Alternative, die ohne solche Komponenten auskommt, verdient daher eine ernsthafte Prüfung. Dazu gehört ganz vorne die sogenannte „monD-Hypothese", die eine **p**odifizierte **n**ewtonsche **D**ynamik beschreibt und die dunkle Materie auf galaktischer Ebene durch eine kleine Veränderung der Gravitationskraft überflüssig macht. Allerdings lassen sich neueste Beobachtungen am Galaxienhaufen 1E 0657-56 („Gewehrkugel-Haufen") mit der monD-Hypothese ungleich schwerer erklären.

Die pinkfarbene Region in diesem Galaxienhaufen zeigt das Röntgenleuchten von heißem Gas zwischen den Galaxien an, das der NASA-Röntgensatellit Chandra aufgenommen hat. Die blauen Bereiche daneben markieren die Region, in der ein Großteil der Masse des Galaxienhaufens konzentriert ist – rekonstruiert aus der von ihr ausgehenden Ablenkung des Lichtes weiter entfernter Galaxien. Die „normale" Materie, die sich durch

die Röntgenstrahlung verrät, ist im Zentrum des Haufens verdichtet, während die Gesamtmasse wesentlich weiter verstreut ist. Das lässt sich nur verstehen, wenn der Löwenanteil aus kalter dunkler Materie besteht.

Man nimmt an, dass an dieser Stelle ursprünglich zwei Galaxienhaufen kollidiert sind. Die Illustration auf Seite 84 zeigt Einzelbilder aus einer NASA-Animation, die diese Kollision simuliert. In einem solchen Galaxienhaufen stellt das heiße Gas zwischen den Galaxien etwa die Hälfte der Gesamtmasse; die andere Hälfte bleibt im Röntgenlicht unsichtbar, so dass wir hier keine einzelnen Galaxien „sehen". Während der Kollision treiben die weit voneinander entfernten Galaxien ziemlich unbeschadet aneinander vorbei, während die heißen Gaspartikel im Bereich dazwischen durch ihre elektromagnetische Wechselwirkung miteinander reagieren und sich so gegenseitig abbremsen. Dieses Verhalten ist typisch für „normale" Materie, und es führt zu einer großen Verdichtung dieser baryonischen Materie im Zentrum (einschließlich der geschossähnlich geformten Ausbuchtung am rechten Rand, die aus der Stoßfront zwischen den beiden Gaswolken entstanden ist).

Ganz anders verhält sich die kalte dunkle Materie, die nur durch ihre Gravitation wechselwirkt und entsprechend keine Abbremsung durch Kollision erfährt. Im Verlauf der Kollision kann die dunkle Materie daher ihre Bewegung weitgehend unbeeinflusst fort-

▲ Der Gewehrkugel-Haufen
Dieses Kompositbild des Galaxienhaufen IE 0657-56 zeigt die einzelnen Galaxien im Bereich des sichtbaren Lichtes. Deren Gesamtmasse bleibt deutlich hinter der Masse der beiden pinkfarben wiedergegebenen Wolken heißen, röntgenleuchtenden Gases zwischen den Galaxien zurück. Noch mehr Masse ist in den beiden blau dargestellten Bereichen konzentriert, die offenbar große Mengen an dunkler Materie enthalten müssen; ihre Verteilung ist aus den Gravitationslinsen-Effekten rekonstruiert worden, die sie auf Galaxien im Hintergrund ausüben (siehe Seiten 87–89)

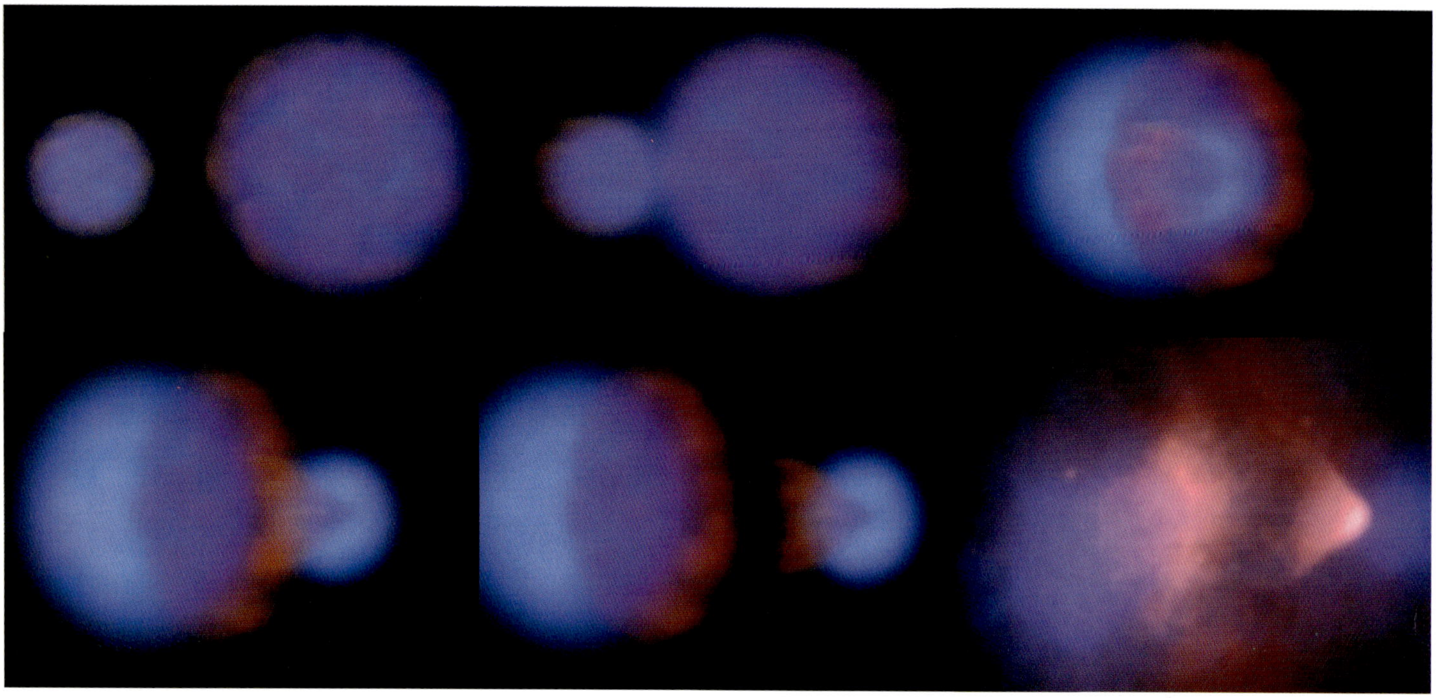

▲ **Kollidierende Galaxienhaufen**
Diese Bildsequenz zeigt von oben links nach unten rechts den Zusammenstoß zweier Galaxienhaufen. Die normale Materie in Gestalt von heißem Gas zwischen den Galaxien kollidiert und wird aufgrund ihrer elektromagnetischen Wechselwirkung abgebremst; dabei entsteht unter anderem das markante Stoßfront-Profil rechts. Die dunkle Materie, die sich durch ihre Gravitationslinseneffekte nachweisen lässt und hier blau wiedergegeben ist, reagiert dagegen nur über die wesentlich schwächere Gravitation, so dass sie sich weitgehend unbeeinflusst vom Ort der Kollision entfernen kann.

setzen und somit auch die Gasansammlung ungehindert durchdringen. Am Ende befindet sie sich beiderseits der zentralen Gaswolke.

Mit der reinen monD-Hypothese lässt sich dieses unterschiedliche Verhalten nicht erklären, denn danach sollten normale und dunkle Materie gleichermaßen von der gegenseitigen Gravitation gebremst werden – eine Trennung in normale und dunkle Materie sollte entsprechend nicht stattfinden.

Ist dies das Ende der monD-Hypothese? Nur vielleicht, denn eine Variante der monD-Hypothese kann auch das Erscheinungsbild dieses Galaxienhaufens erklären, sofern man eine weitere Form der dunklen Materie einführt. Wir müssten dann also nicht nur die Gravitation verändern, sondern auch schnelle Teilchen ähnlich den Neutrinos einführen. Bislang kennen wir drei Neutrino-Arten; sollte es noch eine vierte, schwerere Variante geben, könnte sie die monD-Hypothese retten.

Bis dahin steht dieser Galaxienhaufen als „leuchtendes Beispiel" dafür, dass das derzeitige Konzept der dunklen Materie überzeugende Erklärungen bereithält und daher längst nicht hinfällig ist. Obwohl über die wahre Natur dieser nicht-baryonischen Materie noch gestritten wird, ist deutlich geworden, dass selbst eine Veränderung des Gravitationsgesetzes nicht ausreicht, um Zweifel an der Existenz der dunklen Materie zu stärken, einer Materie, die wir wohl nie werden sehen können.

Warum dunkle Energie?

Neueste Abschätzungen ergaben, dass die sichtbare Materie im Universum zusammen lediglich etwa vier Prozent der Gesamtmasse des Universums stellt; weitere 23 Prozent steuert die dunkle Materie bei, und die restlichen 73 Prozent gehen auf das Konto einer geheimnisvollen dunklen Energie.

Bis zum „gegenwärtigen" Zeitpunkt, etwa 7 Milliarden Jahre nach dem Urknall, hat sich die Expansion des Universums unter dem Einfluss der Schwerkraft stetig verlangsamt. Die Gravitation ist die einzige Kraft, die über große Entfernungen wirken kann, und sie wirkt anziehend, möchte die Materie also zusammenbringen. Wir könnten deshalb annehmen, dass die Schwerkraft das zukünftige Schicksal des Universums allein bestimmt.

Das Universum hat sich bis zu jenem beschriebenen Zeitpunkt vor etwa 6,7 Milliarden Jahren ausgedehnt, und es dehnt sich auch heute noch aus. Aber wird diese Expansion immer weitergehen, oder werden die Galaxien eines fernen Tages innehalten und anschließend wieder „zurückstürzen", bis sie in frühestens 80 Milliarden Jahren in einem großen „Endkrach" vergehen? Alles hängt von der mittleren Materiedichte im Universum ab, die durch den griechischen Buchstaben Omega bezeichnet wird. Wenn Omega größer als 1 ist, bleibt die Gravitation die dominierende Kraft, und am Ende der Zeiten erwartet uns der finale Endkrach. Wenn Omega genau 1 ist, wird die Expansion immer langsamer werden, aber nie zu einem endgültigen Stillstand kommen – dies wird als „flaches" Universum bezeichnet. Sollte Omega unterhalb des kritischen Wertes liegen, bliebe die Expansion immer größer als null, und das Universum könnte sich endlos ausdehnen. Wie wir schon im Zusammenhang mit der Inflation gesehen haben, sprechen unsere Beobachtungen dafür, dass wir in einem flachen Universum leben. Allerdings zeigen uns Beobachtungen von Supernovae einer besonderen Art (Typ-Ia-Supernovae), dass die Dinge etwas komplizierter sein könnten.

Wenn wir nach solchen Supernovae Ausschau halten, können wir bis in die kritische Epoche zurückblicken, die etwa auf halber „Strecke" zwischen dem Urknall und der Gegenwart liegt. Warum sind diese Explosionen so besonders? Es stellt sich heraus, dass sie alle etwa die gleiche maximale Leuchtkraft erreichen und deswegen als so genannte Standardkerzen genutzt werden können, sodass man ihre Entfernung aus der gemessenen Helligkeit ableiten kann. Wir vergleichen ihre Sollhelligkeit mit der wirklich gemes senen Helligkeit am Nachthimmel und erfahren daraus, wie weit die Supernova entfernt ist. Supernovae, die heller erscheinen, müssen näher sein als dunklere.

Warum aber haben alle diese Supernovae die gleiche maximale Leuchtkraft? Man geht davon aus, dass eine Supernova dieser Art mit der vollkommenen Zerstörung eines Weißen Zwerges einhergeht, der Teil eines Doppelsternsystems war. Der kleine, dichte Zwergstern hat im Laufe der Zeit so viel Materie von seinem größeren Partner zu sich herüber gezogen, dass er schließlich instabil wird und in einer gewaltigen thermonuklearen Explosion völlig zerfetzt wird. Da eine solche Explosion immer beim Erreichen der selben kritischen Masse zündet, wird auch stets die gleiche maximale Leuchtkraft erreicht.

Wir haben zwei Möglichkeiten zur Entfernungsbestimmung der Galaxien, in denen solche Supernovae „hochgehen": aus der Rotverschiebung in ihren Spektren und aus der scheinbaren Helligkeit der Supernova – aber die Werte passen nicht zusammen. Die Supernovae erscheinen dunkler, als man auf Grund der aus der Rotverschiebung abgelei-

▼ Das Very Large Array

Dieses System aus 27 fahr- und schwenkbaren Radioteleskopen mit jeweils 25 Meter Antennendurchmesser steht auf einer Hochebene in New Mexico. Dieses leistungsstärkste Radioteleskop der Erde spielte eine „Hauptrolle" in dem Film *Contact*.

Astronomie des Unsichtbaren

Wir wissen heute, dass das sichtbare Licht nur ein kleiner Ausschnitt des elektromagnetischen Spektrums ist, aber erst nach dem Zweiten Weltkrieg waren wir in der Lage, zunehmend auch Detektoren und Teleskope für die unsichtbaren Bereiche des Spektrums zu bauen und zu betreiben.

Einige dieser Beobachtungen können auch vom Erdboden aus vorgenommen werden. Viele Leser werden das 100-Meter-Radioteleskop in Effelsberg kennen, das eine gewaltige, steuerbare Antenne darstellt (durch ein Radioteleskop kann man nichts „sehen"!).

Infrarot-Astronomie kann – zumindest begrenzt – ebenfalls vom Erdboden aus betrieben werden, doch wird ein Großteil der Infrarotstrahlung zusammen mit vielen anderen Teilbereichen des Spektrums von der Erdatmosphäre verschluckt, so dass ihre Beobachtung nur mit weltraumgestützten Teleskopen erfolgen kann. Das gilt vor allem für die Röntgenastronomie, die unter anderem mit dem europäischen XMM-Newton-Satelliten sehr erfolgreich ist.

Wären wir weiterhin nur auf das sichtbare Licht beschränkt, hieße dies, eine Sonate von Beethoven von einem Klavier hören zu müssen, das nicht einmal eine einzige volle Oktave umfasst.

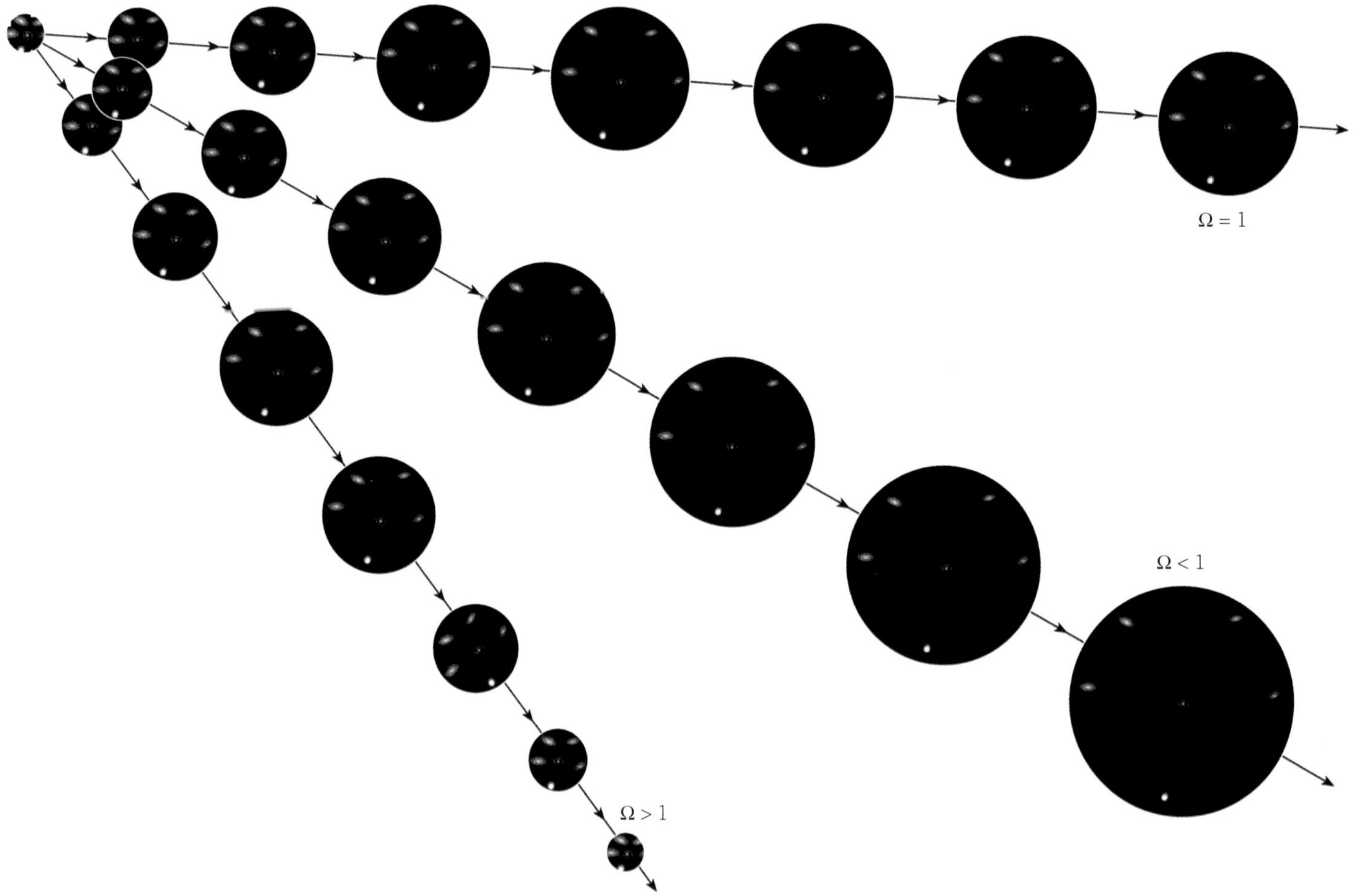

▲ **Das Schicksal des Universums**
Abhängig von der mittleren Materiedichte im Universum wird die Expansion entweder stoppen und dann wieder „umkippen" ($\Omega > 1$), für immer anhalten ($\Omega < 1$) oder ganz allmählich, aber nie wirklich vollständig, zum Stillstand kommen ($\Omega = 1$).

teten Entfernungen annehmen sollte, sie scheinen also weiter entfernt zu sein als erwartet. Dies war das Letzte, womit die Astronomen gerechnet hatten. Es scheint dafür nur eine denkbare Erklärung zu geben: das Universum muss sich heute schneller ausdehnen als früher – die Expansion beschleunigt sich also, statt langsamer zu werden. Die dafür notwendige Energie wird als „dunkle Energie" bezeichnet.

Die fünfte Kraft

Wie kann das sein? Während der gesamten Physikgeschichte schien man mit vier Kräften auszukommen, um die Wechselwirkungen zwischen Materieteilchen vollständig zu

Die „verbotene" Supernova

Die ersten Hinweise auf die rätselhafte Beschleunigung der Expansion kamen von Typ-Ia-Supernovae; sie gelten als „Standardkerzen", die immer gleich hell leuchten, egal wo im Kosmos sie aufblitzen. Seither sind die Beobachtungstechniken der Astronomen weiter verfeinert worden, und heute können die Astronomen die „Sollhelligkeit" auch aus Angaben über die Dauer des Helligkeitsanstiegs und -abfalls ableiten. Allerdings passte die Supernova 2006gy überhaupt nicht in dieses Bild. Sie war extrem hell, und alle Modellrechnungen zeigten, dass die an der Explosion beteiligte Masse deutlich über der Chandrasekhar-Grenze von 1,4 Sonnenmassen gelegen haben muss. Massereicher kann aber ein Weißer Zwerg nicht sein, so dass diese Supernova die bisherige Erklärung dieses Typs in Frage stellt. Auch die Lichtkurve war sehr ungewöhnlich, und so bleibt diese Supernova 2006gy vorerst ein Rätsel.

beschreiben: die elektromagnetische Kraft, die entgegengesetzte Ladungen sich anziehen lässt, die starke Kernkraft, die die Atomkerne zusammenhält, die schwache Kernkraft, die den radioaktiven Zerfall ermöglicht, und die Gravitation, die auch über kosmische Distanzen nur anziehend wirkt. Sie ist die bei weitem Schwächste unter den vier Kräften, aber sie beherrscht trotzdem das Universum, weil sie allein über große Distanzen wirksam ist. Ein beschleunigtes Universum würde dagegen eine fünfte Fundamentalkraft erfordern, die zuvor unbemerkt geblieben wäre.

Natürlich gibt es theoretische Spekulationen über eine Kraft, die diese Aufgabe erfüllen könnte, doch die meisten Vorschläge mussten schon bald wieder zurückgenommen werden. Sie führen uns in das bizarre Reich von Vakuumkräften und virtuellen Teilchen. Normalerweise stellen wir uns unter einem Vakuum das völlige Fehlen von Materie vor, doch in der Welt der Quantenphysik erweist sich dies als zu grobe Vereinfachung. Jedes Vakuum ist in Wirklichkeit angefüllt mit einem tosenden, „kochenden" Brei virtueller Teilchen, die stets als Teilchen-Antiteilchen-Paar auftreten. Diese Teilchenpaare heißen virtuell, weil sie in aller Regel weniger als 10^{-43} Sekunden oder eine Planckzeit existieren, ehe sie wieder miteinander kollidieren und zerstrahlen. Das Vakuum „leiht" sich gleichsam die notwendige Energie für die paarweise Erzeugung der virtuellen Teilchen bei der „Planck-Bank" und zahlt sie durch das Zerstrahlen der Teilchen wieder zurück, bevor das restliche Universum Notiz davon nehmen kann. Während ihrer kurzen Lebensdauer können diese Teilchenpaare aber durchaus Einfluss auf ihre Umgebung nehmen. Im Labor hat man nachweisen können, dass sie unter gewissen Umständen eine abstoßende Kraft erzeugen. Dies könnte genau das sein, nach dem wir suchen. Hinzu kommt, dass die Kraft umso größer wird, je größer das beteiligte Vakuum ist, und auch das würde genau zu unseren Beobachtungen passen.

Kosmische Zerrbilder

Weitere Hinweise auf die Existenz der dunklen Energie kommen aus einer ganz anderen, unerwarteten Richtung. Aus der Untersuchung der Formen einiger 100 000 Galaxien können die Astronomen die Expansion des Universums seit dem Zeitpunkt bestimmen, zu dem das Licht der einzelnen Galaxien ausgesandt wurde. Diese Methode nutzt einen im englischen Sprachraum als „cosmic shear" bezeichneten Effekt, der Ablenkung des Lichtes in der Umgebung großer Massen. Die spektakulärsten Beispiele dieser kosmischen Verzerrung werden als Einsteinringe bezeichnet, die entstehen, wenn das Licht einer weit entfernten Galaxie durch das Schwerefeld einer vorgelagerten Objektes großer Masse zu einem Ring um dieses Vordergrundobjekt verzerrt wird. Meist reicht es nur zu bogenförmigen Teilstücken, so genannten Lichtbögen. Doch der Verzerrungseffekt führt nicht nur zu solchen spektakulären Beispielen, sondern tritt bei jeder Galaxie auf, wenn auch nur in sehr geringem Maße. Auch dann gibt diese minimale Verzerrung Auskunft über die Menge an Materie, an der das Licht der verzerrten Galaxie auf dem Weg zu uns vorbeigekommen

▼ Albert Einstein
am 6. Dezember 1923 an der Wandtafel in Leiden (Niederlande)

Einsteins größte Eselei?

Albert Einstein glaubte 1917 wie alle übrigen Wissenschaftler jener Zeit, das Universum sei ein statisches Gebilde, doch seine Allgemeine Relativitätstheorie ließ ein solches statisches Universum nicht zu – ein Kollaps war unvermeidlich. Um diesen Kollaps auszuschließen, führte er eine später als „kosmologische Konstante" bezeichnete Größe ein, die der Schwerkraft des Universums die Waage hielt und so ein statisches Universum ermöglichte. Hätte er den Ergebnissen seiner eigenen Gleichungen mehr vertraut, so hätte er die fünf Jahre später von Edwin Hubble entdeckte Expansion des Universums voraussagen können. Als erst einmal feststand, dass das Universum nicht statisch ist, geriet die kosmologische Konstante in Vergessenheit, zumal Einstein sie später selbst als seine „größte Eselei" bezeichnete.

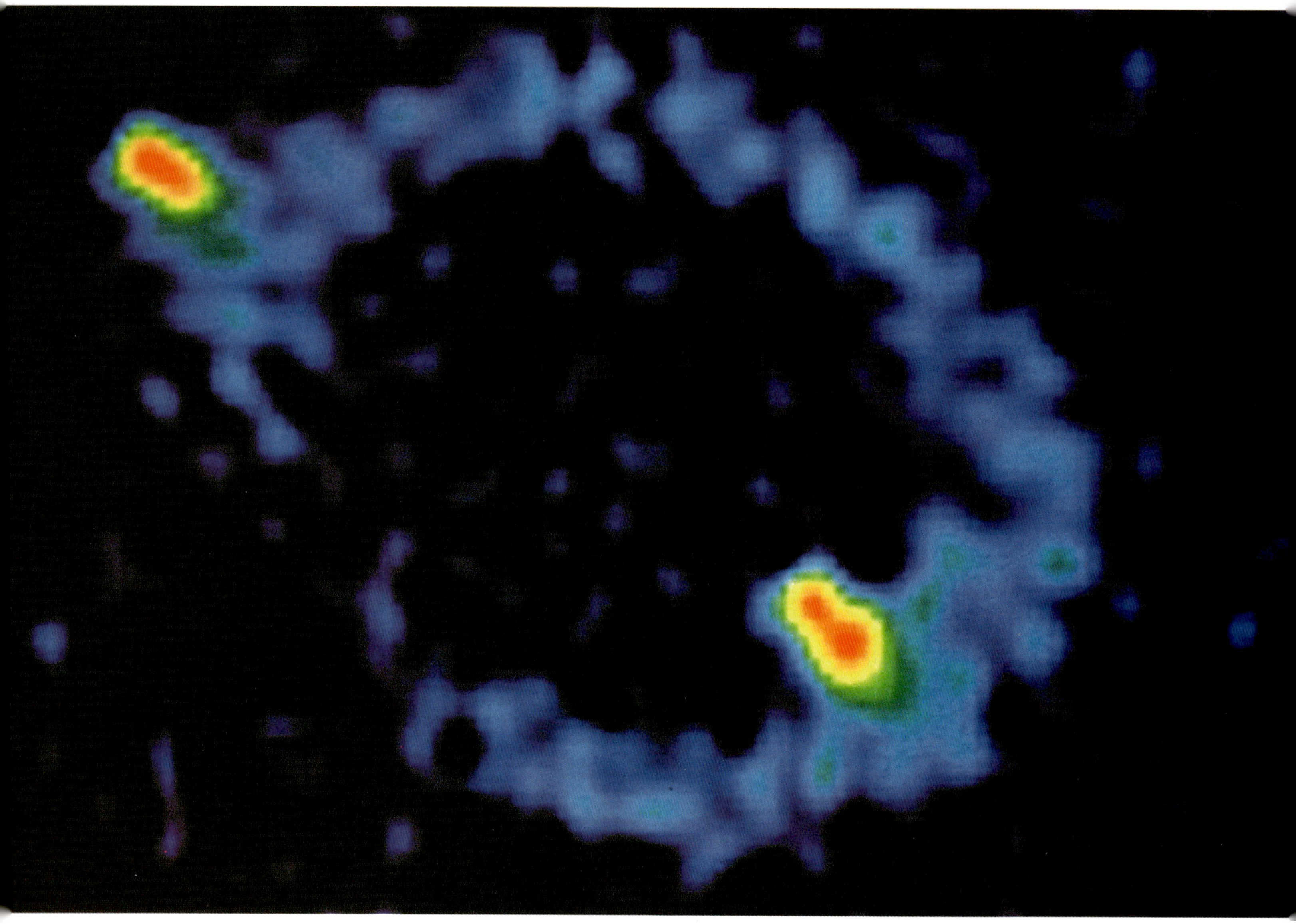

▲ Einstein-Ring

Das Strahlungsbild der weit entfernten Radioquelle 4C 05.51 weckt die Vermutung, dass die Radiowellen auf dem Weg zu uns von einem massereichen Objekt im Vordergrund – etwa einem Quasar – abgelenkt und zu einem symmetrisch erscheinenden Gravitationslinsen-Bild verformt wurden. Eine solche vollkommene Ausrichtung der beteiligten Objekte, von der Albert Einstein 1936 bei seiner Beschreibung des Gravitationslinsen-Effektes ausgegangen war, ist äußerst selten, so dass nur ein paar dieser Einstein-Ringe bekannt ist.

ist. In den meisten Fällen bleibt der Effekt allerdings so klein, dass er sich allenfalls in einer winzigen Drehung der Ausrichtung der Galaxie am Himmel bemerkbar macht. Trotzdem bleibt ein Problem. Wir sehen die Galaxie nur so, wie sie nach dieser Drehung aussieht; um dagegen das Ausmaß der Drehung bestimmen zu können, müssten wir dieses Bild mit der ursprünglichen Ausrichtung der Galaxie vergleichen können. Für einzelne, bestimmte Galaxien ist dies unmöglich, aber aus der großen Zahl an Galaxien, die den Astronomen dank moderner Himmelsdurchmusterungen zur Auswertung „zur Verfügung steht", lassen sich statistische Durchschnittswerte ableiten, die zu den gewünschten Aussagen führen. Die Ergebnisse sind eindeutig: Nur eine beschleunigte Expansion kann die Wege erklären, die das Licht der entfernten Galaxien zu uns genommen hat.

Einen entscheidenden Schönheitsfehler hat die Sache allerdings. Vor der Entdeckung der Beschleunigung des Universums hatten die Elementarteilchenphysiker eine Vielzahl von Gründen aufgelistet, warum dieser Effekt, der von vielen ihrer Theorien vorhergesagt worden war, in unserem Universum nicht zu beobachten sei. Mit anderen Worten können wir heute zum einen erklären, warum es gar keine abstoßende Kraft geben kann, zugleich aber auch begründen, warum dieser Effekt sehr groß sein muss. Leider steckt

hinter all den Beobachtungen nur eine sehr schwache Kraft (wenngleich sie sich über das gesamte Universum zu überdeutlichen Auswirkungen summiert), und so bleibt eine große Diskrepanz: Der Unterschied zwischen den astronomischen Beobachtungen einerseits und den besten theoretischen Modellen andererseits entspricht einem Faktor von zehn hoch 120! Eine solch große Abweichung zwischen Theorie und Experiment hat es zuvor noch in keiner Wissenschaft gegeben.

Die Situation kann sogar noch komplizierter sein. Bislang haben wir stillschweigend angenommen, dass die abstoßende Kraft durch die Zeit hinweg unverändert bleibt, aber dafür gibt es keinen wirklichen Grund außer unserem Wunsch, die Sache nicht noch zu erschweren. Einige Kosmologen glauben dagegen, dass sich die Stärke der abstoßenden Kraft, die für die Beschleunigung der Expansion zuständig ist, im Laufe der Zeit verändert.

Diese Fragen sollten möglichst bald gelöst werden können, mit weiteren Beobachtungen, die für die nächsten zwei Jahrzehnte geplant sind. Dennoch können wir heute mit Fug und Recht sagen, dass wir buchstäblich „im Dunkeln tappen"!

▲ Eine gewaltige Gravitationslinse
Dieses beeindruckende Foto des Hubble-Weltraumteleskops erstaunte bei seiner Veröffentlichung selbst erfahrene Astronomen, ist es doch eine für Jedermann erkennbare Bestätigung der Allgemeinen Relativitätstheorie Einsteins, die vorhersagt, dass Licht im Schwerefeld massereicher Objekte abgelenkt wird. Die gemeinsame Masse aller Galaxien dieses Haufens mit der Bezeichnung Abell 2218 produziert eine sehr ungleichmäßig arbeitende „Linse", die das Licht eines viel weiter entfernten Galaxienhaufens zu einer Vielzahl von Lichtbögen verformt.

9 BIS 9,2 MILLIARDEN JAHRE N. B.

KAPITEL 4 Sterne und Planeten

▲ Die Entstehung des Sonnensystems
Materie, die bei der Entstehung der Sonne übrig geblieben ist, hatte sich in einer Scheibe um den jungen Stern konzentriert, dessen kräftige Materiejets ebenfalls erkennbar sind. Aus den Kollisionen kleinerer Brocken entstanden schließlich die Planeten (unten rechts).

▶▶ Gigantische Sternentstehungsregion (NGC 604)
Diese riesige Materiewolke in der nahen Galaxie M 33 birgt zahlreiche neu entstehende Sterne. Viele der jungen Sterne sind nicht nur direkt sichtbar, sondern regen mit ihrer energiereichen Strahlung auch noch die umgebenden Gaswolken zum Leuchten an.

In den vorausgegangenen Kapiteln haben wir gesehen, wie das Universum vom Licht der ersten Sterne erhellt wurde und wie die ersten Galaxien heranwuchsen. Inzwischen, etwa neun Milliarden Jahre nach dem Urknall, sieht das Universum bereits ganz ähnlich aus wie heute. Die Galaxien sind von Sternen der zweiten Generation bevölkert, und es ist an der Zeit, mehr über die Entwicklung der Sterne zu erfahren. Wir haben bereits etwas über die ersten Sterne gehört, doch wurde dabei ihre Entstehung übersprungen, weil uns ihre Bedeutung für das Universum mehr interessierte. Wir haben gesehen, dass ihr kurzes Leben in Supernovaexplosionen endete, bei denen große Mengen an schweren Elementen verteilt wurden. Außerdem lösten die damit verbundenen Stoßwellen die Entstehung neuer Sterne in den benachbarten Gaswolken aus.

Lange Zeit hindurch waren die Quasare die auffälligsten Objekte, da die Schwarzen Löcher in ihren Zentren große Mengen der reichlich vorhandenen Gas- und Staubwolken verschluckten und dabei riesige Mengen an Energie freisetzten. Nachdem diese Vorräte aufgebraucht waren, verblassten die Quasare allmählich, und zurück blieb ein Universum mit weitgehend „normalen" Galaxien. Vor etwa fünf Milliarden Jahren stieg die Rate, mit der Gas in neue Sterne überführt wurde, allmählich an, und das Universum wurde zunehmend heller. Doch schon bald, vor mehr als vier Milliarden Jahren jedenfalls, wurde auch hier der Nachschub knapp, und es starben mehr Sterne, als neue hinzukamen. Just zu dieser Zeit entstand in einer der zahllosen Spiralgalaxien auch unsere Sonne, und so wollen wir uns nun den Prozess der Sternentstehung etwas mehr im Detail anschauen.

Die Geburt eines neuen Sternes

Die Sternentstehung verläuft in den Galaxien nicht gleichförmig. Der Kollaps der Materie kann durch die Verhältnisse in der Umgebung begünstigt werden, so zum Beispiel im Bereich der Arme einer Spiralgalaxie. Schon ein kurzer Blick auf das optische Bild irgendeiner Spiralgalaxie zeigt, dass die Sterne in den Spiralarmen bläulich weiß erscheinen, in den zentralen Regionen dagegen eher gelborange. Die heißen, massereichen blauen Sterne in den Spiralarmen leben nach kosmischen Maßstäben nur kurz, gerade einmal einige zehn Millionen Jahre. Das bedeutet, dass wir überall dort, wo wir blaue Sterne sehen, mit Sicherheit in eine Region blicken, in der die Sterne erst vor vergleichsweise kurzer Zeit entstanden sind. Folgerichtig müssen wir davon ausgehen, dass die Sternentstehung in den Spiralgalaxien im wesentlichen in den Spiralarmen stattfindet.

Alle Sterne, einschließlich unserer Sonne, sind in den riesigen kosmischen „Brutkästen" entstanden, die wir Nebel nennen und die als gewaltige Reservoirs von Gas und Staub angesehen werden können. Im Inneren eines Nebels ist die Materie von der intensiven

▶ Dunkle Wolken werden Sterne
Die Bok Globule B 68 zeichnet sich im sichtbaren Licht (links) gegen den Hintergrund vieler Sterne ab; solche Gas- und Staubwolken können zu Geburtsstätten neuer Sterne werden. Im infraroten Licht können die Astronomen zumindest teilweise durch die Wolke hindurchsehen (rechts) und lokale Verdichtungen erkennen, in denen die Kontraktion bereits begonnen hat.

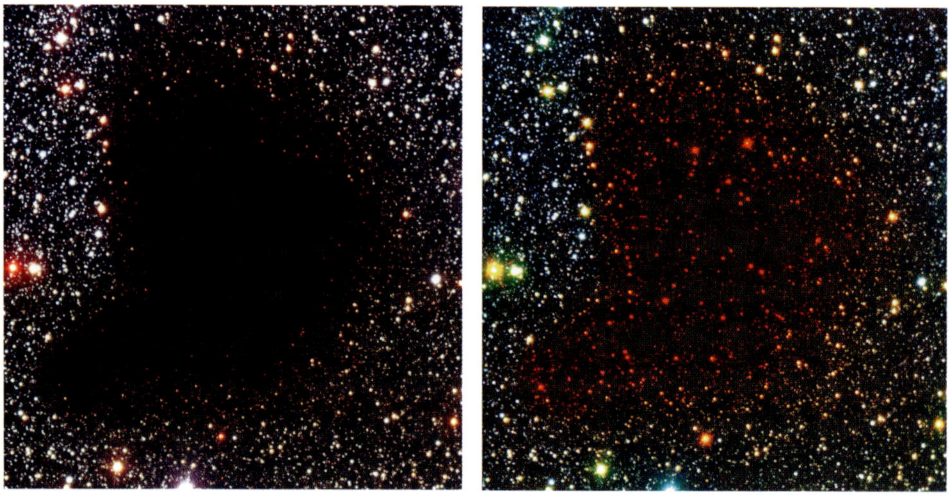

Strahlung abgeschirmt, die das restliche Universum erfüllt, und so kann sich die Materie bis auf sehr geringe Temperaturen abkühlen. Dieser Prozess ist entscheidend für die gesamte Sternentstehung. Anfangs basiert die Kühlung auf der Tatsache, dass die Wasserstoffmoleküle Energie abstrahlen können. Dieser Energieverlust kühlt die Wolke, und die Temperatur sinkt. Später wird die Kühlung von Kohlenstoff- oder Sauerstoffatomen übernommen und funktioniert dann wesentlich effizienter. Der Kollaps solcher Wolken unter dem Einfluss der eigenen Anziehungskraft wird durch die zufällige Bewegung der Teilchen erschwert. Wenn diese Teilchen sich zu schnell bewegen, können sie dem „Würgegriff" der Schwerkraft entkommen, und die Wolke wird nie zu einem Stern kollabieren. Neuere Beobachtungen von Sternentstehungsregionen weisen daraufhin, dass dies ein andauernder Wechselprozess ist, bei dem immer wieder Wolkenteile mit dem Kollaps beginnen, dann aber auseinander getrieben werden. Dabei hängt die Geschwindigkeit der Teilchen von ihrer Temperatur ab. Je niedriger die Temperatur, desto langsamer werden sich die Teilchen bewegen. Wenn sich das Gas weit genug abgekühlt hat, wird die Schwerkraft die Oberhand gewinnen und einen Teil dieser Wolke zusammenstürzen lassen.

Wenn ein solcher Kollaps einen kritischen Punkt überschritten hat, gibt es kein Zurück mehr: dann ist ein protostellarer Kern entstanden. Ein solches Objekt wird sehr viele kleine Teilchen enthalten, die von den Astronomen als Staub bezeichnet werden; sie sind kaum größer als Sandkörner und bestehen hauptsächlich aus Kohlenstoff- oder Siliziumverbindungen. Diese Staubteilchen machen die Untersuchung der Sternentstehung so schwierig, vor allem im Bereich der sichtbaren Wellenlängen, weil sie diese Strahlung weitgehend verschlucken. Mit Infrarotbeobachtungen können wir zwar warme Staubregionen beobachten, doch die frühesten Phasen der Sternentstehung laufen bei Temperaturen bis herunter zu zehn Kelvin ab, und da versagt selbst die Infrarotstrahlung. Wenn wir diese kältesten Orte im Universum beobachten wollen, müssen wir auf die Submillimeter-Strahlung ausweichen.

Die Temperatur im Inneren der Nebel ist so niedrig, dass Gas an den Staubteilchen ausfriert. Dabei handelt es sich hauptsächlich um Wasserstoff, doch sind auch einfache Verbindungen wie zum Beispiel Kohlenstoffmonoxid darunter. Jede Molekülsorte bildet eine eigene Eisschicht. Allerdings haben neuere Untersuchungen gezeigt, dass die Vorstellung einer reinen Schichtstruktur womöglich zu einfach ist und dass die „Eise" Mischungen aus verschiedenen Molekülen sein können.

▼ Strudelgalaxie (M 51)
Die Spiralarme dieser wohl geformten Galaxie sind Geburtsstätten massereicher und entsprechend leuchtkräftiger Sterne. Die linke Aufnahme stammt vom Hubble-Weltraumteleskop, während das rechte Bild Daten der Submillimeter-Beobachtungen wiedergibt und Sternentstehungsgebiete an Stellen aufzeigt, die im optischen Bild durch Staubwolken verdeckt sind.

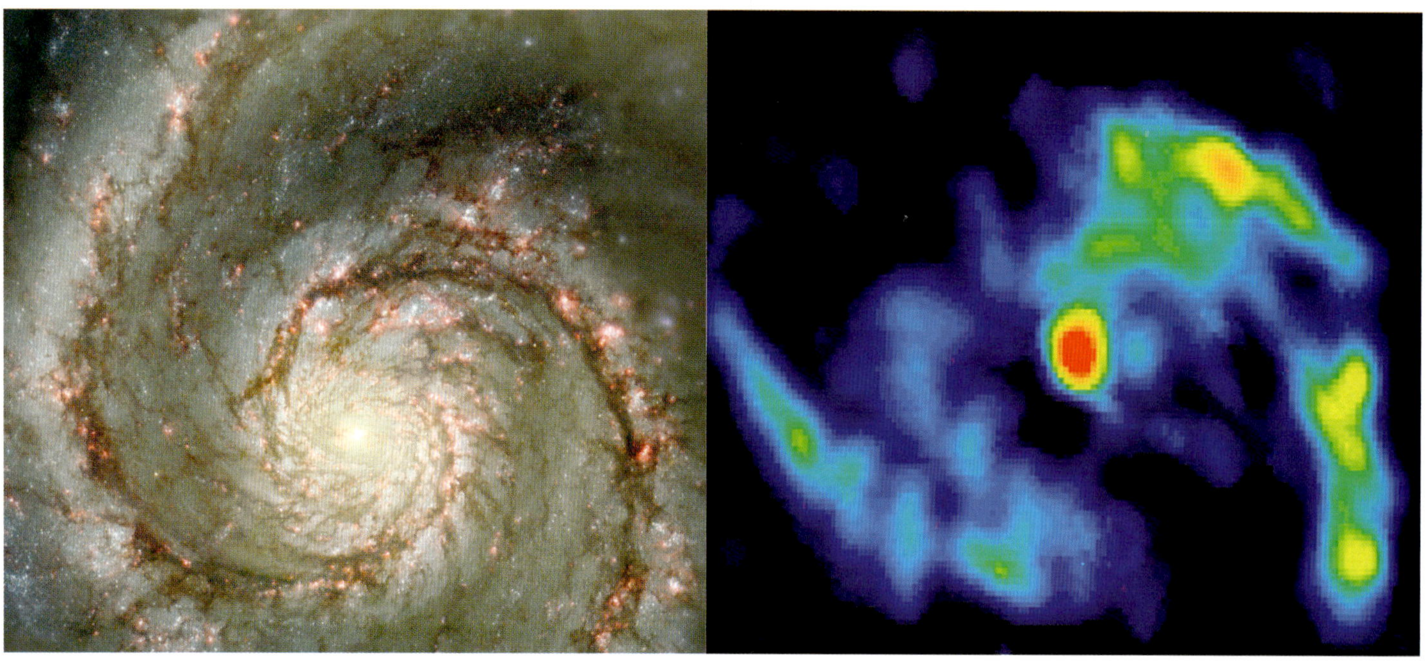

▲ **Säulen der Schöpfung**
Das vielleicht bekannteste Bild des Hubble-Weltraumteleskops zeigt stark strukturierte „Säulen" aus verdichtetem Gas und Staub, in denen neue Sterne heranwachsen können.

Gase bewegen sich bei solch niedrigen Temperaturen sehr langsam. Zusammen mit der unvorstellbar geringen Dichte heißt dies, dass Kollisionen zwischen einzelnen Molekülen sehr selten sein müssen und dann nur sehr wenig Energie freisetzen. Man sollte an dieser Stelle nicht vergessen, dass die „dichten" Gaswolken der Astronomen auf der Erde als sehr gutes Labor-Vakuum bezeichnet würden. Entsprechend wenige chemische Reaktionen laufen dort ab.

Sobald sich die Moleküle auf den Oberflächen der Staubkörner niedergeschlagen haben, verändert sich die Situation. Jetzt finden die einzelnen Moleküle mögliche Reaktionspartner in ihrer Nähe; es wurde sogar spekuliert, dass zumindest die leichteren Atome auf der Oberfläche der Staubkörner „herumwandern" können. So kommt es bei entsprechenden Begegnungen jetzt sehr rasch zu chemischen Reaktionen, bei denen durchaus auch komplexere Moleküle aus zehn und mehr Atomen entstehen können, ohne dass die Astronomen etwas davon mit bekämen. Dieser Prozess ist für die weitere Entwicklung sehr wichtig, bedeutet er doch, dass die Bildung komplexerer Moleküle eine ganz normale Begleiterscheinung der Sternentstehung ist und diese Moleküle schon vorhanden sind, wenn aus den Resten der Sternentstehung Planeten heranwachsen.

Unterdessen setzt sich der Kollaps des Protosterns fort, und seine Dichte steigt immer weiter an. Sein Durchmesser ist inzwischen auf einige Lichtwochen oder rund den hundertfachen Durchmesser der Neptunbahn geschrumpft. Im Innern erreicht die Dichte Werte, die ausreichen, dass Wasserstoffatome zu Helium verschmelzen können: Tief im Innern der kollabierenden Wolke ist der neue Stern aufgeflammt, aber er ist noch nicht sichtbar, weil er noch unter den umgebenden dichten Staubwolken verborgen bleibt.

Doch der neue Stern heizt das Gas und den Staub in seiner Umgebung rasch auf, und so entsteht ein so genannter heißer Kern; allerdings ist dieser Begriff irreführend, da die Temperatur allenfalls bei rund 300 Kelvin liegt und damit knapp an irdische Sommertemperaturen herankommt. Trotzdem schmilzt das Eis auf den Staubkörnern, und die komplexen chemischen Verbindungen mischen sich unter die Gasmoleküle, wo sie nun auch mit den empfindlichen Detektoren moderner Submillimeter-Radioteleskope nachgewiesen werden können. Diese Phase dauert kaum mehr als vielleicht 10 000 Jahre – was nach astronomischen Maßstäben äußerst kurz ist.

Die Chemie des Lebens

Mehr als 100 verschiedene Molekülsorten sind bislang in diesen warmen Regionen entdeckt worden. Viele von ihnen sind uns im Zusammenhang mit irdischen Lebensformen bekannt, so zum Beispiel die Alkohole Methanol und Ethanol. Möglicherweise haben wir auch die Bausteine einfacher Aminosäuren gefunden, die als Bausteine der Proteine die Basis für alles Leben auf der Erde bilden. Wenn solch komplexe Molekülverbindungen überall dort entstehen, wo Sterne heranwachsen, und in dem Material verbleiben, aus dem sich Planeten bilden, könnte dies die Entstehung von Leben begünstigen.

Es gibt noch weitere Hinweise, wenn auch nur am Rande, für den außerirdischen Ursprung der Biochemie auf unserem Planeten. So weit wir wissen, basiert das Leben auf der Erde und anderen Planeten hauptsächlich auf einem Element, dem Kohlenstoff. Jedes Kohlenstoffatom kann bis zu vier stabile Verbindungen mit einer Vielzahl anderer Atome und Moleküle eingehen, und gerade diese Bindungsfähigkeit mit exakt vier Molekülen führt zu einer Eigenschaft, die als Chiralität oder Händigkeit bezeichnet wird. Kein anderes Atome besitzt diese Fähigkeit; einzig Silizium kommt ihm sehr nahe, doch kennen wir Leben auf der Basis von Silizium bislang nur aus der Sciencefiction-Literatur.

Wenn man ein Kohlenstoffatom, das mit vier unterschiedlichen Molekülen verbunden ist, darstellen möchten, gibt es zwei Möglichkeiten, die einander spiegelbildlich gleichen. Man spricht in diesem Zusammenhang von einer linkshändigen und einer rechtshändigen Variante. Beide besitzen die gleiche chemische Formel und bestehen aus den gleichen fünf Komponenten, und trotzdem haben sie leicht voneinander abweichende chemische und physikalische Eigenschaften. Alle einfachen chemischen Prozesse sollten gleichviel links- und rechtshändige Moleküle liefern.

Wie hell ist ein Stern?

Die Sternhelligkeiten werden in Größenklassen angegeben. Das System ist ähnlich aufgebaut wie die Schulnoten, denn hellere Sterne haben kleinere Größenklassen als wenige helle: Ein Stern der ersten Größe ist etwa 2,5-mal heller als ein Stern der zweiten Größe, der wiederum etwa 2,5-mal heller als ein Stern dritter Größe ist, und so weiter. An einem dunklen Himmel kann man mit bloßem Auge Sterne bis zur sechsten Größe erkennen, die leistungsstärksten Teleskope erreichen dagegen noch Objekte der 30. Größe. Am anderen Ende der Skala kommt man zu negativen Werten: Sirius zum Beispiel, der hellste Fixstern, hat eine Größe von –1,5, die Venus kann –4 noch übertreffen, und die Sonne hat eine Helligkeit von –26,7 Größenklassen.

Bei komplexeren chemischen Prozessen, wie sie zum Beispiel im Innern von Lebewesen ablaufen, spielt die Händigkeit dagegen eine Rolle. Dabei fällt auf, dass das Leben offenbar überall auf der Erde die gleiche Wahl getroffen hat: Alle biochemischen Prozesse benutzen nur linkshändige Moleküle. Warum sollte das so sein? Und wie entstand aus einer Gleichverteilung von rechts- und linkshändigen Molekülen eine Auswahl zu Gunsten nur einer Sorte? Es zeigt sich, dass Licht, das von Staubmolekülen in den Sternenentstehungsnebeln gestreut wird, auf Grund der dabei übernommenen zirkularen Polarisation in der Lage ist, rechtshändige Moleküle zu zerstören, während linkshändige Moleküle unangetastet bleiben. Die Entscheidung zwischen links- und rechtshändigen Molekülen könnte also schon in der kontrahierenden Gas- und Staubwolke gefallen sein.

So viel zu der Materie, die um den Protostern herum zurückbleibt – wir werden ihr Schicksal im Zusammenhang mit der Entstehung von Planeten weiterverfolgen. Was aber passiert mit dem neu entstandenen Stern selbst? Vorerst bleibt er noch hinter einem dichten Vorhang aus Gas und Staub verborgen, aber mit einem heftigen „Sternwind" verhindert er, dass weiteres Material auf ihn herabstürzt. Der noch junge Stern muss zunächst seine innere Stabilität finden und ist entsprechend „unruhig". Dazu kann auch die Aussendung von Materiejets über den Polen gehören, die einen Großteil der umgebenden Wolke davon treiben können. Etwa eine Million Jahre nach dem Beginn der ursprünglichen Kontraktion hat der Stern die so genannte T Tauri-Phase erreicht. Er schrumpft noch immer weiter und flackert unregelmäßig. Umgeben wird er nun zusätzlich von einer Gas- und Staubscheibe, die von knapp oberhalb der Sternoberfläche bis hin zu einigen hundert astronomischen Einheiten reicht. Im Laufe der nächsten vielleicht zehn Millionen Jahre werden die Reste der Wolke „vertrieben" worden sein, sodass nur noch der Stern und seine Scheibe zurückbleiben. Das beste Beispiel für dieses Stadium ist der Stern Beta Pictoris am Südhimmel, wo die Scheibe mit Hilfe eines Koronographen, der das eigentliche Sternlicht ausblendet, beobachtet werden kann.

Sterne in den besten Jahren

Inzwischen hat der Stern seine endgültige Größe erreicht und eine lange und ruhige Lebensphase begonnen. Für die Astronomen befindet er sich nun auf der so genannten Hauptreihe. Die Kernreaktionen im Innern des Sterns liefern mittlerweile genügend Energie, um die Last der äußeren Schichten abzufangen: Der Stern wird durch den Druck der heißen

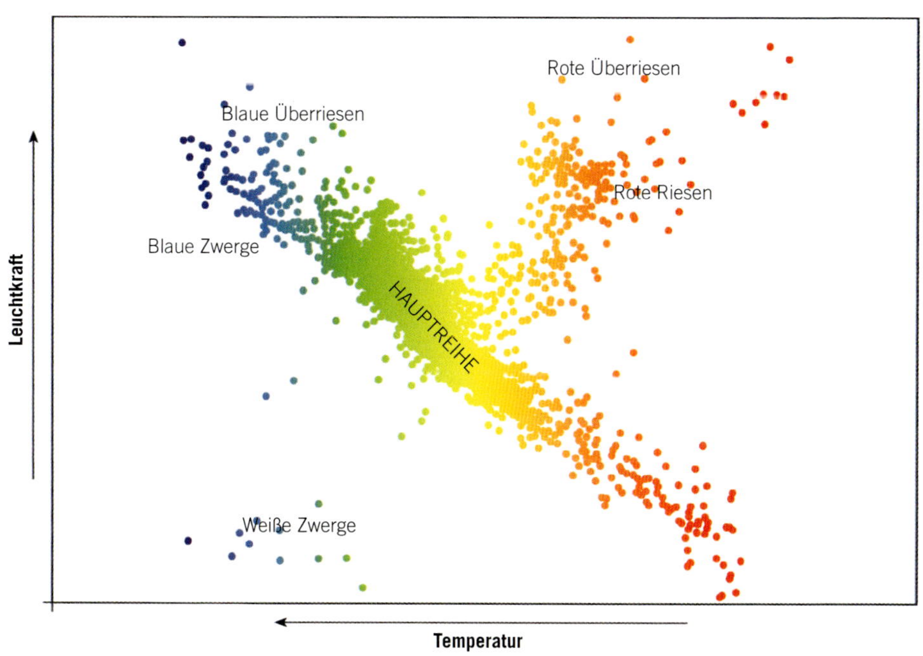

◀ **Das Hertzsprung-Russell-Diagramm**
Das Hertzsprung-Russell-Diagramm (HRD) stellt die Leuchtkraft der Sterne abhängig von ihrer Temperatur dar und zeigt so physikalische Zusammenhänge zwischen verschiedenen Eigenschaften der Sterne auf. Die meisten Sterne befinden sich auf oder in der Nähe der Hauptreihe, die von den heißen, leuchtkräftigen blauen Sternen links oben diagonal nach rechts unten zu den kühlen, leuchtschwachen roten Sternen verläuft. Gegen Ende ihrer Entwicklung entfernen sich die meisten Sterne von der Hauptreihe und werden zu Roten Riesen, die rechts oben im Diagramm zu finden sind. Weil die Lebenserwartung eines Sterns von seiner Masse abhängt, entfernen sich in einer Gruppe gleichaltriger Sterne zuerst die massereicheren Objekte, dann die sonnenähnlichen Sterne und zuletzt die massearmen Zwergsterne von der Hauptreihe. Entsprechend kann man aus der „Restlänge" der Hauptreihe auf das Alter eines Sternhaufens schließen.

▶ Entstehung eines anderen Planetensystems?
Der Stern Beta Pictoris, hier auf einer Infrarot-Aufnahme, ist von einer warmen Staubscheibe umgeben, bei der wir nahezu auf die Kante blicken; das Licht des Sterns selbst ist durch eine zentrale Scheibe abgedeckt. So könnte auch unser Sonnensystem in der Frühphase seiner Entstehung ausgesehen haben.

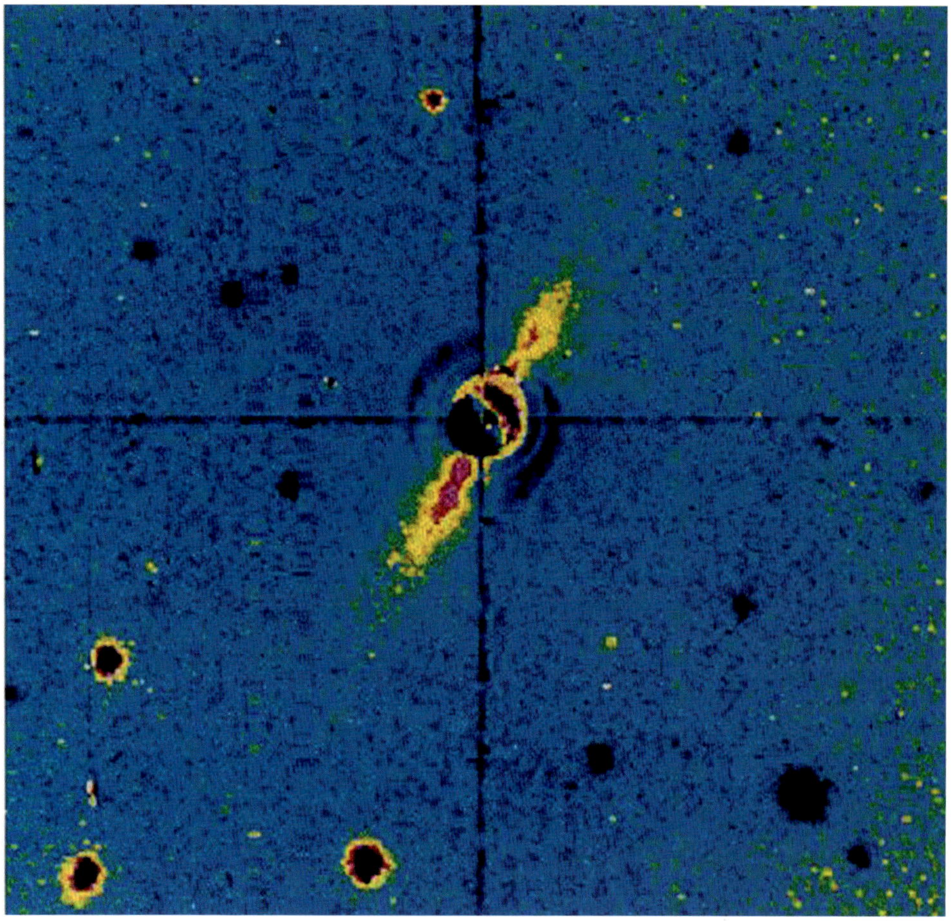

Gase und der im Innern produzierten Strahlung stabilisiert. Die Sterne sind so groß, dass ein einzelnes Photon sehr lange braucht, um vom Zentrum zur Oberfläche zu gelangen – bei der Sonne kann dies eine Million Jahre und länger dauern. Der ganze Prozess wird durch eine Art natürlichen Thermostaten geregelt: Wenn der Stern unter dem Einfluss der eigenen Gravitation schrumpfen will, steigt die Temperatur im Innern an, und damit laufen die Kernreaktionen in größerer Zahl ab, produzieren mehr Energie, und der Stern wird wieder auseinander getrieben. Ein Gleichgewichtszustand ist erreicht, bei dem Schwerkraft und Druck einander die Waage halten. In diesem „Hauptreihen-Stadium" kann der Stern – abhängig von seiner Masse – viele Millionen bis Milliarden Jahre in Ruhe existieren.

Wir waren davon ausgegangen, dass Sterne in großen Gaswolken heranwachsen, und haben uns dann auf die Entstehung eines einzelnen Sterns beschränkt. Dies vermittelt einen leicht unvollständigen Eindruck, da in jedem Sternentstehungsgebiet immer viele Sterne gleichzeitig gebildet werden. Entsprechend beginnen die meisten Sterne ihr Leben in einem Sternhaufen. Ein schönes Beispiel dafür ist der Trapez-Haufen aus vier hellen, jungen Sternen im Orion-Nebel, einem der nächstgelegenen Sternentstehungsgebiete. Die meisten sonnenähnlichen Sterne finden sich in Doppel- oder Mehrfachsternsystemen wieder, in denen zwei oder mehr Sterne einander nahe genug stehen, um sich gegenseitig zu umlaufen. Solche Systeme können instabil sein, und vor allem in Dreifachsystemen kommt es oft zu einem „Rauswurf" des masseärmsten Partners; die Auswurfgeschwindigkeit ist in der Regel ziemlich groß. Ähnliches passiert bei Sternhaufen, die einzelne Mitglieder mit hoher Geschwindigkeit „ausstoßen". Weil sie dabei immer auch Bewegungsenergie verlieren, werden die verbleibenden Mitglieder des Sternhaufens immer enger aneinander gebunden. Auf jeden Fall sind Mehrfachsternsysteme eher der Normalfall; die Einzelsternnatur der Sonne ist eine der wenigen Besonderheiten unseres Sterns.

▶▶ Trapez-Haufen
Eine berühmte Gruppe heller Sterne, die im Zentrum des Orion-Nebels liegt.
In dieser Gegend wurden zahlreiche protoplanetare Scheiben entdeckt, aus denen sich Planetensysteme entwickeln könnten.

▲ **Das Sonnensystem**
Künstlerische Darstellung des Sonnensystems, vom Neptun aus gesehen. Obwohl die Durchmesser der Planeten stark vergrößert sind, ist von den sonnennahen Planeten nicht viel zu erkennen. In der Realität würden alle Planeten natürlich nur als mehr oder minder blasse Lichtpunkte neben der hellen, aber sternförmigen Sonne erscheinen.

▶▶ **Venus**
Großes Bild: Die Raumsonde Magellan kartierte 1990 die Oberfläche der Venus mit einer Radarantenne. Dies ist ein Blick auf Eistla Regio mit Gula Mons im Hintergrund, einem etwa 6 Kilometer hohen Vulkan.
Unten: Da Venus sich innerhalb der Erdbahn um die Sonne bewegt, zeigt sie uns Phasen wie der Mond. In der dichten Atmosphäre sind lediglich ein paar schwache Markierungen zu erkennen.

▼ **Die Südhalbkugel des Merkur**
Mariner 10 hat 1974/75 den Merkur dreimal passiert und zahlreiche Aufnahmen einer kraterübersäten Landschaft zur Erde übermittel.

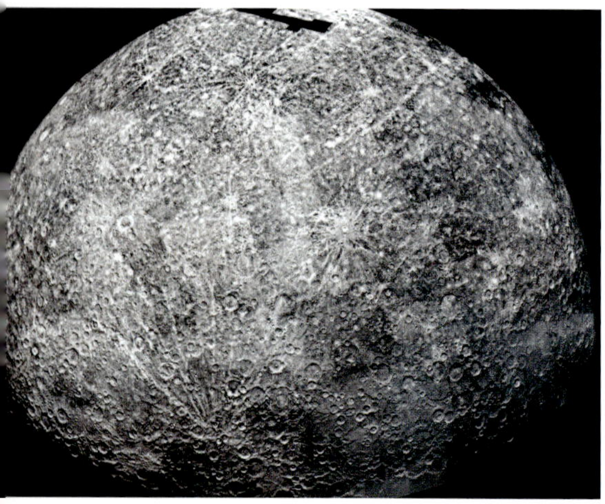

Die Entstehung des Sonnensystems

Um die Protosonne herum finden wir eine flache, rotierende Scheibe. Sie ist der Grund dafür, dass die Bahnebenen der Planeten einander so ähnlich sind. Relativ zur Erdbahnebene ist die Bahn des Merkur nur um etwa sieben Grad geneigt, während die der übrigen Planeten weniger als vier Grad von ihr abweichen. Die Rotation dieser Scheibe erklärt auch, warum sich alle Planeten einschließlich der Erde im gleichen Sinne um die Sonne bewegen. Könnten wir von oben auf das Sonnensystem schauen, sähen wir alle Planeten entgegen dem Uhrzeigersinn um die Sonne ziehen.

Selbst die Asteroiden und die Mitglieder des Kuipergürtels, jene Objekte jenseits der Neptunbahn also, die Pluto die Planetenexistenz streitig gemacht haben, folgen in diesen Regeln. Es gibt keine Asteroiden oder Transneptun-Objekte, die wie Geisterfahrer durch das Sonnensystem treiben, und von den ersten hundert Asteroiden, die im 19. Jahrhundert gefunden wurden, besitzen nur vier Bahnneigungen größer als 20 Grad. Bei den Kometen sieht die Sache etwas anders aus, weil sie auf Grund ihrer geringen Massen leicht zu Spielbällen der Planeten werden können; entsprechend findet man hier stark elliptische und geneigte Bahnen, und nicht selten bewegen Kometen sich auch entgegen der allgemein üblichen Richtung, vor allem dann, wenn sie – wie der Komet Halley – eine lange Umlaufzeit haben.

Die Wissenschaftler haben detaillierte Modelle dazu entwickelt, wie die bei jungen Sternen beobachteten Staubscheiben sich zu Planetensystemen entwickeln können. Danach formen sich kleine Gesteinsplaneten in der Nähe des Sterns, während Wasserstoff und andere leichte Gase durch den Sternwind nach außen getrieben werden. In unserem Sonnensystem treffen wir in diesem inneren Bereich auf Merkur, Venus, Erde und Mars und noch weiter draußen auf den Asteroidengürtel, der zwischen Mars- und Jupiterbahn angesiedelt ist. Vermutlich hat Jupiter die Entstehung eines „normalen" Planeten an dieser Stelle durch seine störende Schwerkraft verhindert.

Weiter draußen sind die Verhältnisse anders. Hier sind die leichten Gase erhalten geblieben, sodass ein kleiner Gesteinsplanet hier schnell von großen Mengen an Gasen umgeben wurde und als Gesteinskern unter einer mächtigen Atmosphäre „begraben" wurde. Jupiter und Saturn sind die besten Beispiele dafür. Bei ihnen blicken wir nicht auf eine feste Oberfläche, sondern auf die obersten Wolkenschichten einer dichten Atmosphäre; Entsprechendes gilt auch für die kleineren Gasriesen Uranus und Neptun.

Weiter draußen treffen wir auf wesentlich kleinere Objekte. Die Vorräte an Material waren hier nicht mehr so reichhaltig, und so wurde die kritische Masse für den Einfang einer Atmosphäre von keinem Objekt erreicht. Dies ist die Zone des Kuipergürtels, dessen bekanntestes Mitglied der „ehemalige" Planet und heutige Zwergplanet Pluto ist: Mit einem Durchmesser von rund 2 400 Kilometern ist er deutlich kleiner als der Erdmond. Während Pluto bereits 1930 entdeckt wurde, dauerte es bis 1992, ehe weitere Mitglieder des Kuipergürtels aufgespürt werden konnten; inzwischen sind an die tausend Mitglieder bekannt. Außerdem trifft man hier auf Objekte, die fast aus dem Sonnensystem herausgeschleudert worden wären. Zu ihnen gehören auch Quaoar und Sedna, die beide ähnlich groß wie Pluto sind.

Dieses grobe Bild ist zwar im wesentlichen korrekt, aber noch nicht das Ende der Geschichte. Als die Gasriesen etwa in der Mitte der Scheibe entstanden, rissen sie Lücken

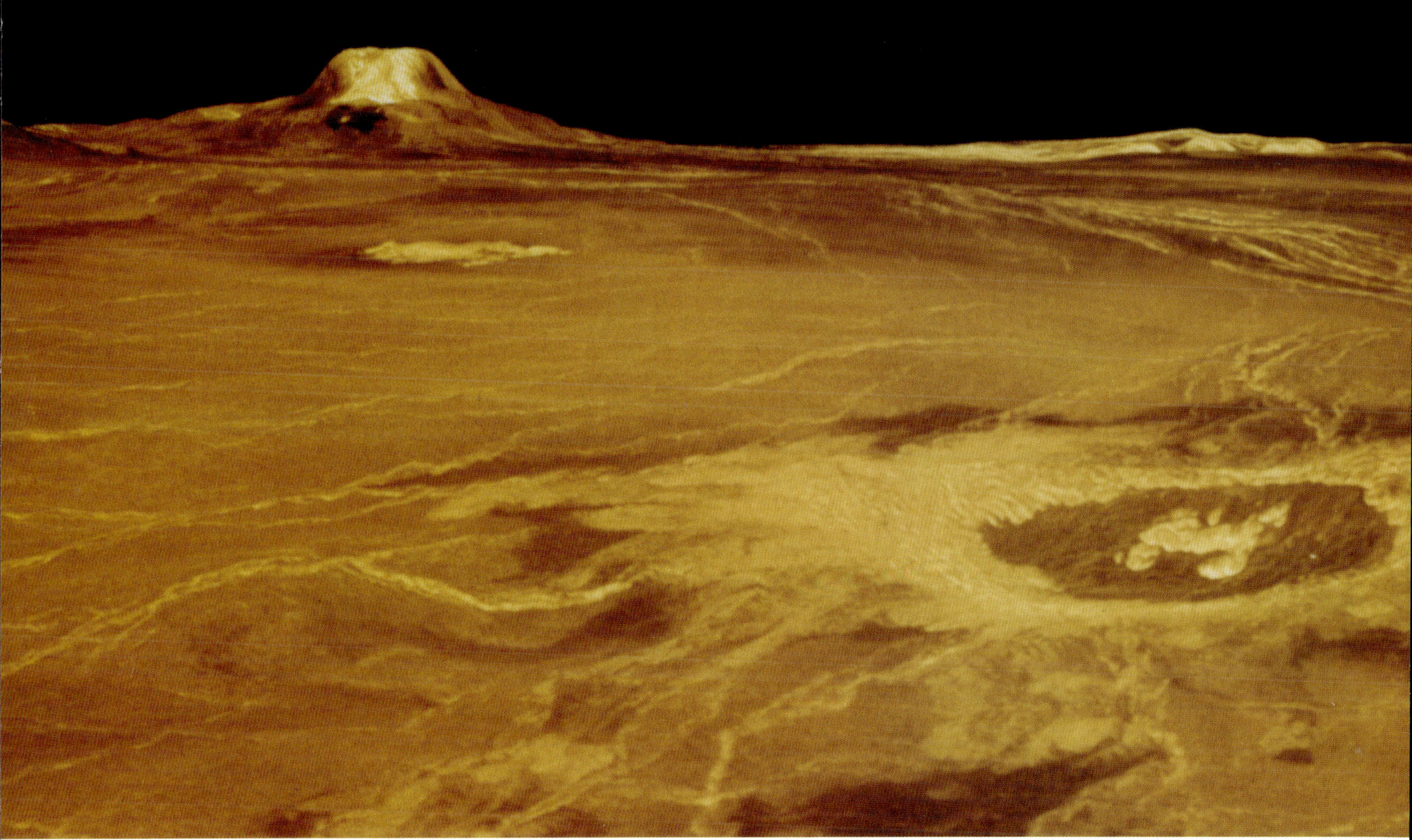

in die Materiescheibe, weil sie sich große Mengen dieser Materie einverleibten. Diesen Prozess können wir bei heutigen Materiescheiben indirekt beobachten: bei einigen dieser Scheiben sind entsprechende Lücken zu finden. In einer solchen Situation entwickelt sich ein richtiger „Machtkampf" zwischen dem Planeten und der Scheibe. Der Planet versucht sich auf Kosten der Scheibe zu vergrößern, doch die Scheibe „schlägt zurück": Sie zerrt an dem Planeten und bremst ihn dadurch ab, sodass er langsam aber sicher auf einer Spiralbahn nach innen driftet.

Wenn ein Gasriese erst einmal seine Wanderung nach innen begonnen hat, ist er kaum mehr zu bremsen. So erweist es sich als schwierig, ein Modell zu entwickeln, das einen Gasriesen zwar nach innen treibt, ihn zugleich aber davor bewahrt, am Ende in den Stern zu stürzen. Es gibt zwar auch Hinweise darauf, dass genau dies in einzelnen Systemen passiert ist und noch beobachtbare sternnahe Gasriesen auf dem besten Wege sind, ihren Vorläufern zu folgen. Neuere Untersuchungen lassen aber erkennen, dass die Riesenplaneten den Wettstreit mit der Materiescheibe auch gewinnen und soviel Material aufsaugen können, dass sie keine weitere Abbremsung mehr zu fürchten brauchen. Dann nämlich wird die Wanderung nach innen gestoppt, und der Planet hat seine endgültige Umlaufbahn erreicht.

Unser Sonnensystem scheint von diesen chaotischen Verhältnissen verschont geblieben zu sein, aber das muss nicht bedeuten, dass alles von Anfang an stabil geblieben ist. Natürlich können auch bei uns Gasriesen entstanden und nach innen gedriftet sein, wo

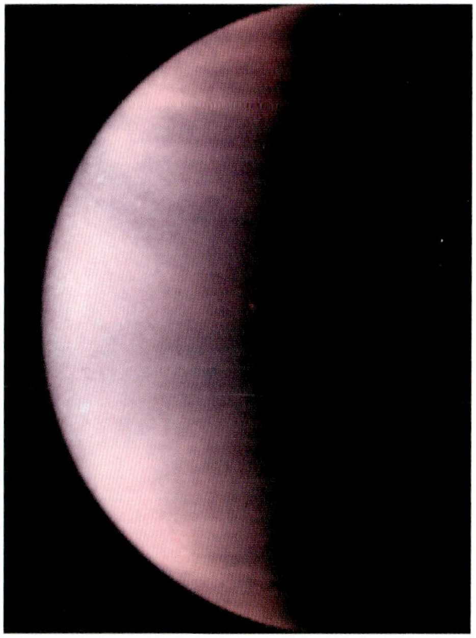

▶▶ Eis auf dem Mars

Die hochauflösende Stereokamera an Bord der europäischen Sonde Mars Express fotografierte diesen teilweise von einer Wassereisschicht bedeckten Krater in der Nähe des Mars-Nordpols. Unter der Marsoberfläche werden große Mengen an gefrorene Wasser vermutet, die Lebensraum für einfachste Lebensformen bieten könnten.

sie schließlich von der Sonne verschluckt wurden. Am Ende jedenfalls entstanden (noch einmal) zwei größere Klumpen, die große Mengen an Wasserstoff anlagern konnten und rasch zu den heutigen Planeten Jupiter und Saturn heranwuchsen. (Saturns markanteste Struktur, das Ringsystem, kann erst während der letzten Millionen Jahre entstanden sein, vermutlich aus den Trümmern eines Mondes, der einer verhängnisvollen Kollision zum Opfer fiel. Wir wissen heute, dass es sich um ein äußerst instabiles Gebilde handelt, das kaum länger als eine weitere Million Jahre existieren wird – wir dürfen uns also glücklich schätzen, dass die Saturnringe gerade jetzt zu sehen sind.)

Unweit des Proto-Saturns entstanden unterdessen zwei kleinere Klumpen, die zwar auch etwas von dem umgebenden Gas aufsammeln konnten, aber mit deutlich geringerem Erfolg. Uranus und Neptun, die aus diesen Konzentrationen heranwuchsen, hatten die kritische Grenze zwischen Gesteins- und Gasplaneten nur knapp überschritten. Anfangs waren beide Planeten deutlich näher an der Sonne als heute, doch die Kombination aus den Störeinflüssen von Jupiter und der Materiescheibe trieben beide schließlich weiter nach draußen. Das hatte dramatische Konsequenzen. Große Teile des Materials, das weiter draußen verblieben war und das zu kalt und zu weit verstreut war, um selbst größere Planeten zu bilden, gerieten nun in den Einflussbereich von Uranus und Neptun und wurden aus ihren zuvor stabilen Bahnen geworfen. So wurden diese Objekte entweder ganz aus dem Sonnensystem herausgeschleudert oder aber in seine entferntesten Winkel „verbannt", wo sie als Oortsche Wolke eine äußere Hülle des Sonnensystems bilden – fernab der störenden Einflüsse der Planeten im inneren Sonnensystem.

Hin und wieder unterliegen diese Brocken aber trotzdem äußeren Störungen – sei es durch gegenseitige Einflüsse oder aber durch benachbarte Sterne, die der Sonne zu nahe kommen und dabei die Oortsche Wolke durchdringen. Dann stürzen sie zurück ins innere Sonnensystem, wo sie uns als Kometen erscheinen und ihr Gas und ihren Staub verteilen. Heute sind solche Ereignisse selten geworden, doch in der Phase, die wir gerade beschreiben, haben Uranus und Neptun auch zahlreiche dieser Brocken direkt nach innen statt nach außen geschleudert. Wir sehen die Spuren dieses „großen Bombardements" als Krater auf dem Mond und auf Merkur; sie zeigen uns, dass das innere Sonnensystem damals einem regelrechten Meteoritenhagel ausgesetzt war, der auch die Erde nicht verschont haben kann; bei uns sind die Spuren inzwischen allerdings weitgehend verwischt.

▼ Blick auf die Erde

Wolken im Sonnenlicht über dem Indischen Ozean, aufgenommen 1999 aus dem Space Shuttle Discovery.

Das Sonnensystem heute

Obwohl unser Sonnensystem kaum einmalig ist, mag es doch ziemlich einzigartig sein, und so sollten wir es uns etwas genauer anschauen. Neben Planeten, Monden und Asteroiden enthält es auch Kometen, die ungeachtet ihrer mitunter beeindruckenden Erscheinung zu den kleineren Himmelskörpern zählen. Die eigentlichen Kometenkerne bestehen aus gefrorenen Gasen mit eingelagerten Staubkörnern und sind bereits mit schmutzigen Eisbergen verglichen worden. Wenn sich ein solches Objekt der Sonne nähert, verdampft das oberflächennahe Eis, und der Komet entwickelt eine Koma (den Kometen„kopf“) und einen mehr oder minder langen Gasschweif. Die dabei freigesetzten Staubkörner bilden einen eigenen Schweif und können, wenn sie mit der Erde zusammenstoßen, beim Verglühen in der oberen Atmosphäre die bekannten Sternschnuppen aufleuchten lassen.

Größere Brocken dringen dagegen weitgehend unbeschadet bis zum Erdboden vor und werden als Meteoriten aufgelesen. Allerdings handelt es sich dabei nicht einfach nur um größere Sternschnuppen, sondern um ganz andere Objekte, die aus dem Asteroidengürtel zu uns gelangen und mit den Kometen wenig bis gar nichts zu tun haben. Die Planeten bewegen sich auf ziemlich kreisförmigen Bahnen um die Sonne, die meisten Kometen dagegen ziehen auf stark elliptischem Kurs durch das Sonnensystem. Die Umlaufzeiten der Planeten liegen zwischen 88 Tagen beim Merkur und 165 Jahren bei Neptun.

▼ Mars

Auf dieser Mars-Aufnahme des Hubble-Weltraumteleskops sind neben den Polkappen auch Wolken zu erkennen. Die dunklen Gebiete, die ursprünglich für Vegetationszonen gehalten wurden, konnten inzwischen als ziemlich staubfreie Gebiete verstanden werden.

▲ Jupiter
Der Große Rote Fleck auf Jupiter wird schon seit Jahrhunderten beobachtet. Der riesige Sturm, der größer als die Erde ist, wurde hier von der Raumsonde Cassini auf ihrem Weg zu Saturn aufgenommen.

◀ Saturn
Der schönste unter den Planeten, vor allem wegen seines prächtigen Ringsystems. Diese Aufnahme, die durch Patrick Moores Teleskop gelang, zeigt darüber hinaus zahlreiche Bänder in den Wolken der Saturnatmosphäre.

Der bekannteste Komet, der Komet Halley, braucht rund 76 Jahre für einen Umlauf; er wird das nächste Mal 2061 in Sonnennähe erwartet. Derzeit bewegt er sich noch auf den sonnenfernsten Punkt zu und ist dabei so lichtschwach, dass er nicht beobachtet werden kann. Mit Sicherheit wird man ihn aber lange vor 2061 wieder entdecken. Die wirklich hellen Kometen, die von Zeit zu Zeit auftauchen (Hale Bopp 1997, McNaught 2007) haben noch viel längere Umlaufzeiten. Außerdem verteilt sich eine Menge an interplanetarem Staub über das Sonnensystem.

Unter den vier Gesteinsplaneten sind Erde und Venus nahezu gleich groß, und obwohl sie sich hinsichtlich Größe und Masse sehr ähneln, handelt es sich nicht um wirkliche Zwillinge. Die dichte Venusatmosphäre ist sehr trocken und besteht vorwiegend aus Kohlenstoffdioxid, und ihre Wolken enthalten Schwefelsäuretröpfchen. An der Oberfläche herrscht eine Temperatur von fast 500 Grad Celsius. Erdähnliches Leben hätte auf diesem Planeten keine Überlebenschance. Merkur, der innerste Planet, ist zu klein, um eine nennenswerte Atmosphäre festhalten zu können. Außerhalb der Erdbahn umrundet Mars die Sonne. Er wurde schon von zahlreichen Raumsonden erkundet, und es gibt bereits Pläne für bemannte Missionen dorthin; deren Umsetzung wird allerdings noch länger auf sich warten lassen.

Die Gasriesen unterscheiden sich grundlegend von den kleinen Gesteinsplaneten im inneren Sonnensystem. Sie entstanden in deutlich größerer Entfernung zur Sonne und konnten sich daher auch leichte Gase, hauptsächlich Wasserstoff, einverleiben. Sehr wahrscheinlich verfügen sie über heiße, flüssige Gesteinskerne, die von Schichten aus flüssigem Wasserstoff umgeben sind, ehe sich die von außen sichtbare Atmosphäre anschließt. Uranus und Neptun sind keine „Zwergriesen" – sie werden besser als Eisriesen denn als Gasriesen bezeichnet. Jupiter allein vereint übrigens mehr Masse in sich als alle übrigen Planeten zusammen – so kann man etwas überspitzt auch sagen, das Sonnensystem bestehe nur aus der Sonne, dem Jupiter und sortiertem Schutt.

Unter den Monden der Planeten spielt der Erdmond eine besondere Rolle, weil er im Vergleich zur Erde auffallend groß ist. Dagegen wird Mars von zwei nur sehr kleinen Monden (Phobos und Deimos) umrundet, die sicher ursprünglich als Asteroiden um die

Sonne kreisten. Jupiter verfügt über vier große Monde und eine Vielzahl kleinerer Trabanten, während Saturn neben einem großen Mond eine Reihe mittelgroßer sowie viele kleine Satelliten besitzt. Bei Uranus kennen wir fünf mittelgroße Monde und bei Neptun einen (Triton), dazu jeweils eine Reihe von kleinen Monden. Einzig Titan, der größte Saturnmond, hat eine dichte Atmosphäre. Venus und Merkur umrunden die Sonne als echte Einzelgänger.

▼ Uranus
Der siebte Planet bot der Raumsonde Voyager 2 bei deren Vorbeiflug einen ziemlich langweiligen Anblick.

▲ Neptun
Die auffälligste Struktur in der Atmosphäre des Neptun war während des Vorbeifluges der Raumsonde Voyager 2 ein Großer Dunkler Fleck, der aber mittlerweile verschwunden ist.

Plutos „Absturz"

1930 fand Clyde Tombaugh am Lowell Observatorium in Flagstaff ein neues Mitglied der Sonnenfamilie, das sich jenseits der Neptunbahn befand. Es erhielt den Namen Pluto und wurde anfangs auf Erdgröße geschätzt. Auf seiner auffallend elliptischen Bahn, die Pluto in 248 Jahren einmal um die Sonne führt, kreuzt er sogar die Bahn des Neptun; wegen der großen Bahnneigung (17 Grad) kann es dabei aber zu keiner Kollision kommen. Natürlich wurde er als Planet eingestuft, wiewohl schon bald Zweifel auftauchten, zumal er sich als deutlich kleiner als die Erde und schließlich auch der Mond erwies. Sein Durchmesser wird heute mit 2390 km angegeben. 1978 wurde darüber hinaus Charon, ein Plutomond gefunden, der etwa halb so groß wie Pluto ist und ihn „plutostationär" umrundet.

1992 fand man einen zweiten Körper (1992 QB1) jenseits der Neptunbahn; weitere Transneptun-Objekte folgten, manche davon ähnlich groß wie Pluto, einer (Eris) sogar größer als jener. Schon vor Jahrzehnten hatte Gerard Kuiper die Existenz eines Asteroidengürtels jenseits der Neptunbahn vorausgesagt, und in diesem heute so genannten Kuiper-Gürtel spielt Pluto keine herausragende Rolle mehr, so dass er nicht länger als Planet eingestuft werden konnte. 2006 erhielt er statt dessen die Asteroidennummer 134340 und wurde von der Internationalen Astronomischen Union zusammen mit Eris und Ceres, dem größten Hauptgürtel-Asteroiden, der neu geschaffenen Klasse der Zwergplaneten zugeordnet.

▲ **Komet McNaught**
Der große Komet tauchte Anfang 2007 über der Südhalbkugel auf. Sein breit gefächerter Schweif ähnelte einem Polarlicht.

▼ **Komet Tempel 1**
Dieses detailreiche Bild wurde von Brian May aus Bildern der Sonde Deep Space gewonnen, die im Juli 2005 an dem Kometen vorbeiflog und einen Metallbrocken auf dem Kern zum Absturz brachte; dabei wurden rund 250 000 Tonnen Wassereis freigesetzt.

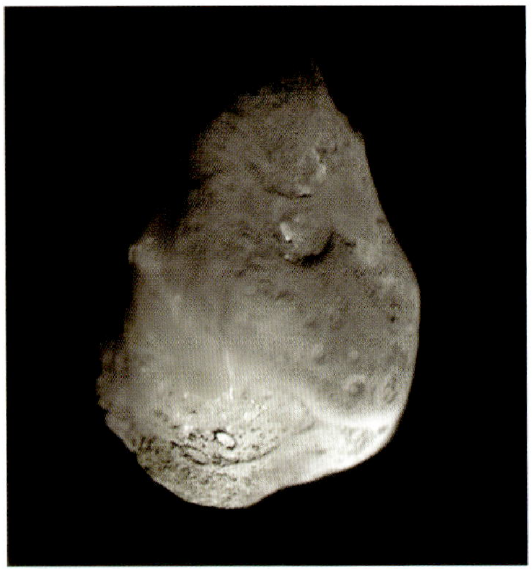

Titan

Titan ist der einzige Satellit im Sonnensystem mit einer nennenswerten Atmosphäre aus Stickstoff (98,4 %) und Methan (1,6 %). Er ist größer als Merkur und kann einen heißen Kern besitzen; vermutlich besteht der Mond je zur Hälfte aus Eis und Gestein. Die Oberflächentemperatur liegt bei –179 Grad Celsius, und die Landschaft erscheint ziemlich flach – mit nur wenigen Kratern. Auf der Südhalbkugel hat die Cassini-Sonde einen immerhin rund 150 Kilometer langen Höhenzug entdeckt, dessen eisige Gipfel mit Methanschnee bedeckt sind. Helle und dunklere Regionen wechseln sich ab; die helle Xanadu-Region scheint höher gelegen zu sein. Daneben sind auch „radarglatte" Flächen entdeckt worden, Seen aus Kohlenwasserstoffen mit langen Zuflusskanälen. Man nimmt an, dass es immer wieder zu Methanniederschlägen kommt, vielleicht sogar in Form eines beständigen Rieseln.

Am 14. Januar 2005 landete die europäische Huygens-Sonde weich am östlichsten Rand einer helleren Region, die jetzt Adiri heißt. Sie setzte in einer dunklen, von kiesel- und felsbrockengroßen Eisklumpen bedeckten Ebene auf. Die umgebende Landschaft zeigte Ähnlichkeiten mit irdischen Küstenregionen. Auf Titan übernimmt Methan vielleicht die gleiche Rolle wie das Wasser auf der Erde. Natürlich können wir die Existenz von Leben auf Titan nicht völlig ausschließen, aber sie erscheint doch eher reichlich unwahrscheinlich.

Enceladus

Enceladus gehört zu den kleineren Saturnmonden, mit einem Durchmesser von rund 500 Kilometern, und ist doch ein faszinierender Himmelskörper. Seine Eisoberfläche enthält Gebiete, die weitgehend kraterfrei sind und daher sehr jung sein dürften. Enceladus ist nach der Erde, Io und Triton das vierte als aktiv erkannte Mitglied der Sonnenfamilie: Über der Südpolregion wurde eine Wasserdampfwolke beobachtet. Das Wasser stammt vermutlich aus einem Ozean oder See unter der Eisoberfläche, doch die Existenz von flüssigem Wasser auf einem solch kleinen Objekt ist überraschend. Auf jeden Fall spielt Enceladus eine wichtige Rolle im Saturnsystem, zumal er auch als Nachschubquelle für einige der zarteren, äußeren Saturnringe gilt.

Gesteinsplaneten

Falls die gefährliche „Binnenwanderung" der Gasriesen zum Standardprogramm gehört, sinken unsere Chancen erheblich, erdähnliche Gesteinsplaneten bei anderen Sternen zu finden. Selbst wenn sie sich anfangs gebildet haben sollten, dürften sie den Vorbeizug eines jupiterähnlichen Gasriesen kaum überstanden haben, sondern wurden entweder eingefangen oder aus dem System herausgeschleudert. Die heutige Existenz der Erde scheint dann nur dem glücklichen Umstand zu verdanken sein, dass Jupiter aus noch unverstandenen Gründen annähernd dort geblieben ist, wo er entstand. Dagegen weist die überwiegende Mehrzahl der bislang bekannten Planeten„systeme" um andere Sterne jupiterähnliche Gasriesen in sehr geringer Sternentfernung auf. Es stimmt zwar, dass mit unseren bisherigen Nachweismethoden die Entdeckung solcher Planeten besonders einfach ist, so dass zukünftige Untersuchungen auch Systeme mit kleineren Planeten in Sternnähe und große Planeten in größerem Abstand zu Tage fördern könnten, wodurch unser Planetensystem dann weniger exotisch erschiene als gegenwärtig. Dies ist jedenfalls eine fundamentale Frage, die innerhalb der nächsten zehn Jahre beantwortet werden sollte – entsprechende Raumsonden-Missionen sind zumindest geplant.

Hin und wieder gelingt es aber auch heute schon, den Vorübergang eines Planeten vor seinem Stern zu beobachten. Aus unserem Sonnensystem kennen wir solche als Transits bezeichneten Passagen vor der Sonne von Merkur und – seltener – der Venus. Der letzte Venusdurchgang konnte am 8. Juni 2004 beobachtet werden, der nächste steht im Juni 2012 auf dem Programm; danach folgt eine mehr als 100-jährige Pause, ehe wieder zwei Transits im Abstand von acht Jahren aufeinander folgen. Exoplaneten umrunden Sterne, die viel zu weit entfernt sind, als dass wir sie mehr als nur punktförmig sehen. Wenn dort ein Planet vorüber zieht, können wir allenfalls eine geringe Helligkeitsabnahme registrieren, weil der Planet während dieser Zeit einen Teil des Sternlichtes ausblendet. Trotzdem verspricht die Suche nach Transits einigen Erfolg, weil viele zehntausend Sterne gleichzeitig überwacht werden können; jeder verdächtige Helligkeitseinbruch eines Sterns kann dann im Detail beobachtet werden. Diese Art von astronomischer Forschung bleibt dann nicht mehr den Berufsastronomen mit ihren Großteleskopen vorbehalten, sondern lässt sich auch von Amateurastronomen erfolgreich durchführen.

Exoplaneten

Wir kennen inzwischen mehr als 275 Exoplaneten, und ihre Zahl steigt weiter. Sie wurden mit unterschiedlichen Methoden aufgespürt, wobei die bislang erfolgreichste nach erzwungenen Bewegungen des jeweiligen Zentralsterns Ausschau hält. Obwohl die Zentralsterne wie in unserem Sonnensystem, wo die Sonne mehr als 99 Prozent der Gesamtmasse in sich vereint, stets viel massereicher sind als die Planeten, zwingt die Umlaufbewegung eines Planeten seinen Zentralstern zu einer winzigen Ausgleichbewegung, die umso größer ausfällt, je massereicher und/oder näher der Planet seinem Stern ist. Auf diese Weise lässt sich auch die Planetenmasse abschätzen. Natürlich lassen sich sternnahe, massereiche Exoplaneten mit dieser Methode ebenso wie mit der Transitmethode leichter nachweisen als massearme, sternferne Objekte, und so sind sie vorerst in der Überzahl.

Dennoch ermöglicht die steigende Zahl von bekannten Exoplaneten eine zunehmend bessere Abschätzung ihrer Zahl in der Galaxis. Sie erscheinen auffallend weit verbreitet und sind nicht nur in den Spiralarmen, sondern selbst im Bereich des galaktischen Wulstes zu finden; das lässt die Zahl der möglichen Exoplaneten in die Millionen, wenn nicht Milliarden steigen. Man hat sie auch nicht nur um sonnenähnliche Sterne gefunden. Ursprünglich hielt man Planeten in Doppelsternen für unvorstellbar, aber dann fand

▲ Die Fontänen von Enceladus
Im Gegenlicht treten die hoch aufragenden Fontänen, die aus flüssigem Wasser zu bestehen scheinen, über der Südpolregion von Enceladus deutlich hervor.

▼ Beobachtung des Venus-Transits
Mit einer einfachen Selbstbau-Konstruktion schuf Brian May sich eine sichere Beobachtungsmöglichkeit für den Venus-Transit vor der Sonne am 8. Juni 2004: Zwei umgebogene Kleiderbügel aus Metalldraht halten ein Stück weißen Karton als Projektionsschirm für das Fernrohrokular, das die Sonne – mit dem kleinen schwarzen Venus-Scheibchen – darauf abbildet. Ein direkter, ungeschützter (weil ungefilterter) Teleskopblick auf die Sonne wäre dagegen äußerst gefährlich, weil er Augenschäden bis hin zur Erblindung auslösen würde. Ausführliche Tipps zur sicheren Sonnenbeobachtung gibt es auf Seite 160.

man sie auch um den 35 Lichtjahre entfernten Doppelstern Gliese 86. Und selbst massearme Sterne können Planeten besitzen, wie das Beispiel von Gliese 581 in einer Entfernung von 20 Lichtjahren zeigt, bei dem sogar drei Planeten bekannt sind.

Wie sehen diese Planeten aus? Es ist äußerst schwierig, das Licht eines Planeten aus dem wesentlich helleren Licht seines Zentralsterns „herauszufiltern", aber die ersten Untersuchungen der Atmosphären von „heißen Jupitern" liegen vor. Das am intensivsten erforschte Objekt, HD209458b, gehört zu den Transitplaneten; hier kann man das Spektrum des Sterns aufnehmen, wenn der Planet hinter dem Stern verborgen ist, und dies vom Gesamtspektrum aus Sternen- und Planetenlicht abziehen. Dann wird deutlich, dass dieser Planet mit nichts in unserem Sonnensystem vergleichbar ist: Die starke UV-Strahlung des Sterns heizt die Atmosphäre auf, so dass sie ständig Gas an die Umgebung verliert – etwa 10 000 Tonnen pro Sekunde (dreimal soviel, wie in der gleichen Zeit die Niagarafälle herabstürzt). In seinem Spektrum fand man Hinweise auf die Existenz von Silikaten – Moleküle also, die Staubkörner bilden können und entsprechend den Blick in tiefere Atmosphäreschichten verhindern würden. Kürzlich gelang auch der Nachweis von Wasser und Methan in der Atmosphäre des bislang erdnächsten bekannten Transitplaneten HD189733b, der etwa 60 Lichtjahre entfernt ist.

Natürlich stecken solche Untersuchungen notwendigerweise noch in den Anfängen, und so erlauben die genannten Ergebnisse noch keine allgemeingültigen Aussagen, zumal sie sich erst auf ganz wenige Planeten beziehen. Innerhalb des nächsten Jahrzehnts sollte es auch gelingen, die ersten „erdähnlichen" Planeten nachzuweisen, und spätestens mit den projektierten neuen Großteleskopen sollte es dann auch gelingen, deren Atmosphären zu untersuchen. Vielleicht treffen wir dann irgendwo auch auf einen auffallend hohen Gehalt an Sauerstoff, der als deutlicher Hinweis auf die Existenz von Lebensformen auf diesem Planeten angesehen werden könnte.

Leuchtschwache Braune Zwerge

Zwischen einem Planeten und selbst dem kühlsten Braunen Zwerg gibt es einen entscheidenden Unterschied. Um ein „echter" Stern zu werden, bedarf es einer Mindestmasse von etwa acht Prozent der Sonnenmasse, was etwa der 80-fachen Jupitermasse entspricht; bei einer geringeren Masse reichen Druck und Temperatur im Zentrum nicht aus, um die Kernreaktionen in Gang zu setzen. Trotzdem gibt es auch masseärmere Objekte, die sich während der vorausgegangenen Kontraktion aufgeheizt haben und nun langsam auskühlen, wobei sie ebenso langsam weiter schrumpfen. Sie werden als Braune Zwerge bezeichnet und leuchten äußerst schwach, so dass sie nicht leicht zu finden sind. Ein erster zweifelsfreier Nachweis gelang erst 1995, doch kennt man inzwischen eine ganze Reihe. Die meisten sind Teil eines Doppel- oder Mehrfachsternsystems, was damit zusammenhängen könnte, dass einzeln stehende Braune Zwerge noch schwieriger nachzuweisen sind. Der leuchtschwächste derzeit bekannte Braune Zwerg trägt die Bezeichnung Gliese 570D, ist 19 Lichtjahre entfernt und an der Oberfläche gerade einmal rund 750 Grad warm; er gehört zu einem Dreifachsystem und dürfte etwa den Durchmesser von Jupiter aufweisen, doch er vereint rund 50 Jupitermassen in sich und ist damit definitiv zu schwer für einen Planeten (hier wird die Obergrenze bei etwa 13 Jupitermassen angesetzt). Dass es kein echter Stern sein kann, verrät sein Spektrum, in dem Spuren von Lithium nachgewiesen wurden – und das würde bei den Temperaturen eines normalen Sterns zerstört. Dennoch zeigt der Braune Zwerg ein schwaches Eigenleuchten, während ein Planet lediglich das auftreffende Sternlicht reflektiert.

Es gibt auch eine Reihe isolierter Brauner Zwerge, die nicht um normale Sterne kreisen. Ihre Herkunft ist allerdings noch nicht vollständig geklärt. Etliche können durch gravitative Wechselwirkungen aus ihrem ursprünglichen Mehrfachsystem herausgeschleudert worden sein, doch scheint ihre Gesamtzahl wesentlich größer zu sein als die erwartete Zahl solcher „vertriebener" Objekte.

Die stetig wachsende Zahl der Exoplaneten gibt Anlass zu der Vermutung, dass erdähnliche Planeten in unserer Galaxis keine Seltenheit sind, zumindest in der Umgebung von Einzelsternen. Bei Doppelsternen fällt es dagegen schwer, sich vorzustellen, wie ein kleiner Planet sich dort lange halten kann, ohne aus dem System herausgeworfen zu werden. Trotzdem kennen wir bereits eine Ausnahme, wo ein massereicher Planet einen sonnenähnlichen Stern in einem Dreifachsystem umrundet.

Ungeachtet der Faszination, die diese immer längere Liste von Exoplanetensystemen haben mag, sind wir natürlich viel stärker an einem ganz bestimmten System interessiert, das einen kleinen, teilweise mit Wasser bedeckten Gesteinsplaneten enthält. Deshalb wollen wir uns nun der mittlerweile fertigen, noch jungen Erde zuwenden.

▲ Der Pferdekopf-Nebel

Der berühmte Pferdekopf-Nebel im Sternbild Orion ist eine Region, in der neue Sterne und Planeten entstehen. Die dunkle, staubreiche Wolke zeichnet sich vor dem Hintergrund eines leuchtenden Emissionsnebels als Silhouette eines (See)Pferdchen-Kopfes ab.

9,2 MILLIARDEN JAHRE N. B. BIS HEUTE (13,7 MILLIARDEN JAHRE N. B.)

KAPITEL 5

Die Geschichte des Lebens

Vor rund 4,6 Milliarden Jahren war die Erde schließlich fertig geformt, aber noch glutflüssig, und noch ehe sich die Oberfläche abkühlen und verfestigen konnte, geschah etwas unvorstellbar Dramatisches, das zur Entstehung des Mondes führte. Nach heutiger Kenntnis war dies der Zusammenstoß mit einem etwa marsgroßen Asteroiden, bei dem ein Teil der herausgeschleuderten Trümmer den Mond formte. Die Tatsache, dass der Mond weniger dicht als die Erde ist, lässt darauf schließen, dass die Kernregionen beider „Elternteile" kaum oder gar nicht betroffen waren, sondern miteinander zum heutigen Erdkern verschmelzen konnten.

▲ Stromatoliten
Fast könnte man sie als lebende Steine bezeichnen: Stromatoliten, die Millionen mikroskopisch dünner Schichten aus den Überresten von Bakterien enthalten. In der australischen Haifischbucht kann man diese lebenden Fossilien heute noch beobachten.

▶▶ Totale Mondfinsternis
Die totale Mondfinsternis vom 3./4. März 2007 war auch von England aus gut zu sehen. Dieses Bild aus Selsey zeigt den Mond im Erdschatten. Weil der Saum der Erdatmosphäre das streifende Sonnenlicht in den Erdschatten streut, erscheint der Mond dunkelrot.

▼ Die Entstehung des Mondes
Beim Zusammenstoß der Erde mit einem kleineren Himmelskörper verschmolzen die beiden Metallkerne, während ein Teil der herausgeschleuderten Steintrümmer sich zum Mond verbanden.

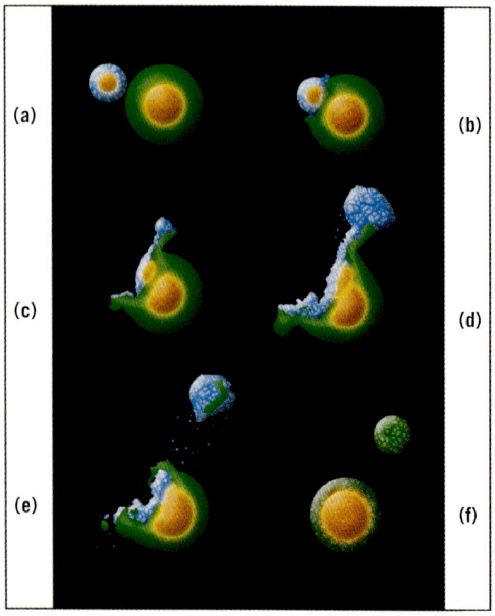

Die Rolle des Mondes

Unser Mond spielt für das Leben auf der Erde eine entscheidende Rolle, denn er stabilisiert die Neigung der Erdachse, die gegenwärtig etwa 23,45 Grad beträgt und lediglich um etwa ein Grad nach oben und unten schwanken kann. Ohne die „stützende" Wirkung des Mondes wäre die Schwankungsbreite viel größer, mit allen denkbaren Folgen für die Stabilität des Klimas. Ein Vergleich mit dem Mars macht den Unterschied deutlich. Seine beiden Begleiter Phobos und Deimos sind sehr klein, und so haben sie keinen Einfluss auf die Neigung der Mars-Rotationsachse, die deswegen innerhalb von etwa 100 000 Jahren zwischen 11 und 35 Grad schwanken kann. Die Entwicklung des Lebens wird durch eine generelle Stabilität des Klimas sicher gefördert. Wenn daher auch die Erdachse über ähnlich kurze Zeiträume vergleichbar starke Schwankungen gezeigt hätte, wäre diese Stabilität nicht vorhanden gewesen, und das Leben hätte sich möglicherweise gar nicht oder nur sehr viel langsamer entwickelt. Eigentlich sollten wir dem Mond also dankbar sein …

Der Einfluss des Mondes auf die Erde zeigt sich am deutlichsten in den Gezeiten, dem regelmäßigen Wechsel von Ebbe und Flut. Die damit verbundene Reibung führt zu einer allmählichen Abbremsung der Erddrehung, was umgekehrt eine langsame Zunahme der Entfernung Erde-Mond um etwa vier Zentimeter pro Jahr hervorruft.

Umgekehrt hat die Erde natürlich auch einen Einfluss auf den Mond, der wegen der viel größeren Erdmasse auch entsprechend größer ist. So hat die Gezeitenwirkung der Erde die Monddrehung schon vor langer Zeit so weit abgebremst, dass der Mond uns immer die gleiche Seite zuwendet. Dies gilt natürlich nicht für seine Ausrichtung zur Sonne, wie man am Wechsel der Mondphasen leicht erkennen kann: eine permanent dunkle Seite des Mondes, wie sie von einer bekannten englischen Rockband besungen wurde, gibt es also gar nicht – schließlich sehen wir die Hell-Dunkel-Grenze, den Terminator, regelmäßig über die sichtbare Mondhälfte hinwegziehen.

Die Rotationsgeschwindigkeit des Mondes ist zwar weitgehend konstant, aber die Geschwindigkeit des Mondes auf seiner elliptischen Bahn um die Erde nicht: Die allgemeinen Verkehrsregeln der Himmelsmechanik zwingen den Mond in Erdnähe (dem Perigäum) zu einer größeren Geschwindigkeit als in Erdferne (dem Apogäum). So geraten Rotation und Bahnbewegung immer wieder aus dem Tritt, und der Mond scheint während eines Umlaufes regelmäßig leicht mit den Hüften zu wackeln. So können wir mal auf der einen Seite einen schmalen Streifen der rückwärtigen Mondhälfte erkennen, mal auf der anderen Seite. Diese als Libration bezeichnete Schwingung des Mondes, die in ähnlicher Form auch am oberen beziehungsweise unteren Rand beobachtet werden kann, lässt uns nacheinander auf insgesamt 59 Prozent der Mondoberfläche blicken – nur 41 Prozent bleiben uns immer verborgen.

Die Erde – Wiege des Lebens

Am Anfang war die Erde glutflüssig und damit viel zu heiß für die Entwicklung von Leben. Erst im Laufe von einigen hundert Millionen Jahren bildete sich eine tragfähige Kruste aus. Die ursprüngliche Atmosphäre dürfte hauptsächlich aus Wasserstoff bestanden haben, konnte aber nicht lange Bestand haben. Die aufgeheizten Atome entwichen schon bald in den umgebenden Weltraum, weil das Schwerefeld der Erde zu schwach war (und ist), um sie zurück zu halten. So kann die Erde eine Zeitlang sogar gar keine Atmo-

sphäre besessen haben, bis schließlich vulkanische Aktivitäten, die anfangs viel heftiger und häufiger gewesen sein dürften als heute, große Mengen an Gasen freisetzten – genug jedenfalls für die Bildung einer neuen Atmosphäre. Sie war natürlich ganz anders zusammengesetzt als heute, vor allem ohne Sauerstoff. Mit zunehmender Abkühlung kondensierte das Wasser in dieser Atmosphäre, und der „Große Regen“ setzte ein, der schließlich die tiefer liegenden Regionen zu Ozeanen werden ließ.

Beim großen Bombardement, dessen Folgen wir am Mond so gut erkennen können, blieb die Erde sicher nicht ausgespart. Allerdings sind die Spuren der kosmischen Einschläge hier durch die Erosion von Wind und Wasser und durch tektonische Aktivitäten längst verwischt worden. Ohne solche tektonischen Prozesse, die ständig neues Krustenmaterial aufsteigen lassen, Krustenplatten gegeneinander verschieben, Gebirge auffalten und an anderer Stelle Teile der Oberfläche wieder versinken lassen, wäre unsere – dann gleichmäßig glatte – Erde überall von einem mehrere Kilometer dicken Ozean bedeckt. Angetrieben wird diese tektonische Aktivität von der Wärme, die beim radioaktiven Zerfall von Uran und anderen instabilen Elementen tief im Innern der Erde freigesetzt wird. Solche Atome müssen zuvor bei katastrophalen Sternexplosionen entstanden sein – ein Beweis mehr dafür, wie sehr (und wie anders) die Sterne das Leben auf der Erde beeinflusst, ja überhaupt erst ermöglicht haben.

Das Leben dürfte viel früher als allgemein angenommen auf der Erde Fuß gefasst haben. Die ersten Organismen, die sich selbst reproduzieren konnten, tauchten vermutlich vor etwa 4,3 Milliarden Jahren auf. Der früheste Hinweis auf Leben, mag es auch noch so primitiv gewesen sein, ist ein erkennbarer Anstieg der Sauerstoffkonzentration in der Erdatmosphäre. Dieser Zusammenhang, der eine deutliche Sauerstoffkonzentration als unmissverständlichen Hinweis auf die Existenz von Leben ausweist, stärkt die Hoffnung, Leben auch auf fernen, erdähnlichen Exoplaneten aufspüren zu können. Interstellare Reisen werden sicher noch länger auf sich warten lassen, aber mit dieser Verknüpfung sollten Lebensformen allgemein auch über große Distanzen nachweisbar sein. Die ältesten bekannten Hinweise für Leben auf der Erde stammen aus 3,8 Milliarden Jahre alten Gesteinsschichten, die auf der westgrönländischen Insel Akilia gefunden wurden.

Wie genau das Leben auf der Erde entstanden ist, bleibt weiter unklar. Entgegen einer weit verbreiteten Annahme ist es bislang nicht gelungen, diesen Schritt in einem Laboratorium nachzuvollziehen. Die (noch unbestätigte) Theorie geht davon aus, dass durch Blitze oder die Ultraviolettstrahlung der Sonne chemische Reaktionen in Gang gesetzt wurden, die im Laufe der Zeit zu immer komplexeren Molekülen führten, bis schließlich die Fähigkeit der Selbstreproduktion erreicht wurde; diese Fähigkeit ist Voraussetzung für alles, was wir unter Leben verstehen. Offenbar war diese Reproduktion aber nicht perfekt, so dass in jeder neuen „Generation“ zufällige Veränderungen auftreten konnten – Kopierfehler sozusagen. Einige dieser Zufalls-Mutationen, wie sie genannt werden, können „erfolgreicher“ gewesen sein als andere, etwa in dem sie sich schneller „vermehrten“ oder länger Bestand hatten und sich entsprechend häufiger reproduzieren konnten. Sie und ihre „Nachkommen“ waren in der nächsten Generation in der Überzahl. Und damit begann der Wettstreit zwischen leicht unterschiedlichen Formen, die Grundlage der Evo-

Panspermie

Fred Hoyle und sein Kollege Chandra Wickramasinghe hielten bis zuletzt an der Vermutung fest, dass – in Anlehnung an eine Hypothese des schwedischen Wissenschaftlers Svantje Arrhenius – Kometen großen Mengen Viren auf die Erde bringen könnten, wodurch ausgedehnte Epidemien ausgelöst würden (Viren sind RNA- oder DNA-Stränge, die Wirtszellen umprogrammieren und zum Bau eigener Kopien anregen können. Allerdings streiten sich die Forscher darüber, ob Viren überhaupt als Lebensformen im klassischen Sinn angesehen werden dürfen). Allerdings war diese Hypothese stets äußerst umstritten und wurde von Medizinern nicht ernsthaft weiter verfolgt.

Die vielleicht überraschendste ernsthafte Überlegung im Zusammenhang mit „Leben aus dem Weltraum“ stammt von Francis Crick, Mitentdecker der

▲ **Vulkane**
Die frühe, sauerstofffreie Atmosphäre der Erde entstand vermutlich im Zuge einer lang anhaltenden Periode heftiger vulkanischer Aktivitäten durch Freisetzen eingeschlossener Gase.

lution, bei der nur die „Fittesten" überleben. Der Startschuss für den langen Marsch von den komplexen, zur bloßen Selbstreproduktion fähigen Molekülen hin zur unvorstellbar großen Vielfalt heutiger Lebensformen war gefallen.

Die ältesten bekannten Fossilien stammen von Bakterien. Diese Organismen lebten vermutlich in den heißen Ozeanen, die damals die Erde bedeckten. Ihr Alter können wir ziemlich sicher angeben, weil sich das Alter der sie enthaltenden Gesteinsschichten mit geologischen Methoden zuverlässig bestimmen lässt. In den Gesteinsschichten dieser Zeit finden wir auch so genannte Stromatolithen, gesteinsähnliche Strukturen, die von als Blaualgen bekannten Cyanobakterien gebildet wurden. Das Alter dieser Stromatolithen lässt sich zu etwa 3,5 Milliarden Jahren bestimmen, aber wir treffen diese Lebensform auch

Doppelhelix-Struktur der Erbsubstanz. Zusammen mit dem Chemiker Leslie Orgel propagierte er den Gedanken einer „gelenkten Panspermie", wonach das Leben absichtlich von einer fortgeschrittenen technisierten Zivilisation anderswo in der Galaxis auf die Erde gebracht wurde. Beide wiesen darauf hin, dass die Chancen für Mikro-Organismen, eine zufällige, passive Reise über interstellare Distanzen anzutreten und zu überstehen, eher gering seien, aber durch gezielte Vorbereitungen stark vergrößert werden könnten. So könne man in einer Raumsonde auch unterschiedliche Lebensformen gemeinsam transportieren und am Zielplaneten absetzen, wo sie sich dann weiter entwickeln könnten. Allerdings stieß auch diese Hypothese nicht gerade auf viel Gegenliebe, sondern eher auf Unglauben, doch lassen sich solche Vorstellungen natürlich sehr schwer widerlegen.

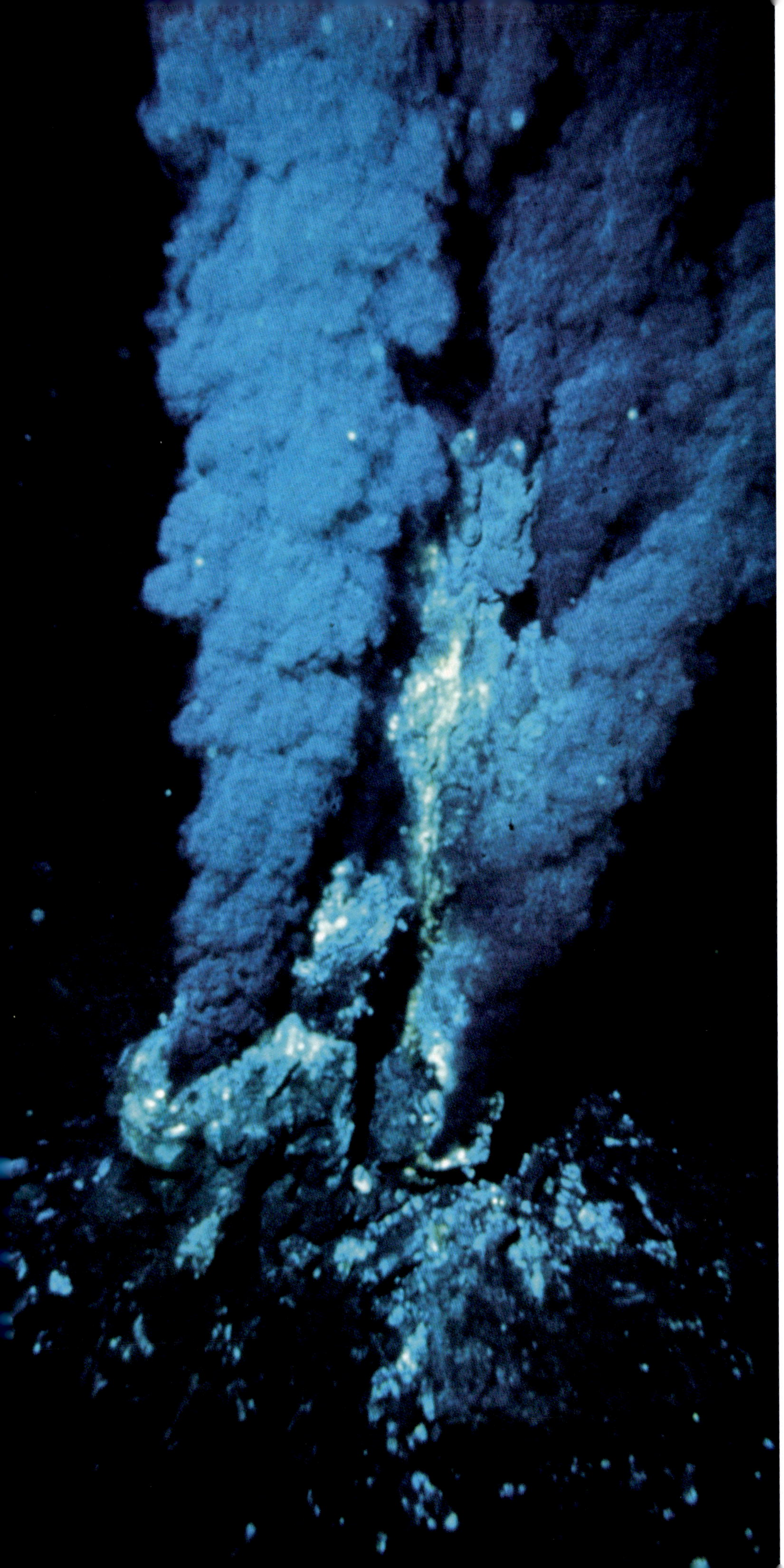

◄ **Schwarze Raucher**

Solche im Fachjargon als hydrothermale Quellen bezeichneten Öffnungen im Meeresboden, durch die überhitzte Gase austreten, liegen zumeist mehrere Kilometer unter der Meeresoberfläche im Bereich der mittelozeanischen Gebirgsrücken. In ihrem Umfeld wurde eine überraschende Vielfalt von Organismen entdeckt, die mit den hohen Temperaturen ebenso zurecht kommen wie mit einem hohen Säuregehalt des Wassers und dem völligen Fehlen von Sonnenlicht. Diese Lebewesen bilden eine eigenständige Nahrungskette, die unabhängig von der Energie des Sonnenlichtes ist und sich statt dessen auf chemische Verbindungen stützt, die von den Schwarzen Rauchern freigesetzt werden.

◀ **Röhrenwürmer-Kolonie**
Verwandte dieser Spezies leben in der Umgebung Schwarzer Raucher unter extrem „lebensfeindlichen“ Bedingungen. Sie besitzen weder Mund noch Magen und „ernähren“ sich über die Aufnahme von Energie tragenden Molekülen durch die Haut.

heute noch an, vor allem in Teilen des Northern Territory in Australien. In der Frühphase der Erdgeschichte waren die Cyanobakterien die Ersten, die größere Mengen an freiem Sauerstoff produzierten und damit die Grundlage für unsere heutige Atemluft schufen.

Wir wissen heute, dass das Leben sehr vielseitig und anpassungsfähig ist und selbst unwirtliche Lebensräume besiedeln kann. Möglicherweise tauchten die ersten Lebensformen im Umfeld so genannter hydrothermaler Quellen auf, die auch als schwarze Raucher bezeichnet werden. Dabei handelt es sich um Risse und Spalten im Meeresgrund, aus denen heißes, mineral- und säurereiches Wasser aus der Tiefe sprudelt. Aufgrund der mitgeführten Minerale und Schwebstoffe erscheint das austretende Wasser im Licht der Scheinwerfer von Tauchbooten tiefschwarz, was den erwähnten Spitznamen erklärt. Die Temperatur des austretenden Wassers kann bis zu 400 Grad Celsius betragen; dies wird durch den hohen Wasserdruck in mehr als 2500 Metern Tiefe möglich. Solche „Quellen“ sind wie Oasen am Meeresgrund, bevölkert von riesigen Kolonien hochspezialisierter Lebensformen wie Röhrenwürmern, Krabben und sogar Muscheln. Sie alle überleben in einer „essigsauren“ Umgebung, die für die meisten anderen Meeresbewohner tödlich wäre, ohne je einen Sonnenstrahl und dessen Energie „erblickt“ beziehungsweise genutzt zu haben.

▲ Inspirierende Vergangenheit

Brian May hat über ein Buch von Patrick Moore, auf das er in der Schülerbücherei gestoßen war, erstmals von der wunderbaren Welt der Trilobiten erfahren, was sein Interesse an der Astronomie weckte. Einst gab es rund 15 000 Arten dieser Klasse, die rund 300 Millionen Jahre hindurch die Erde bevölkerte und am Ende des Perm vor rund 250 Millionen Jahren ausgelöscht wurde. Menschen der Art homo sapiens leben dagegen erst seit rund 200 000 Jahren auf unserem Planeten. Die nächsten, heute noch lebenden Verwandten der Trilobiten sind die Pfeilschwanzkrebse.

Dieses gut erhaltene Fossil wurde in einem „Naturladen“ in New York inmitten von Meteoriten, Dinosaurierknochen und anderen Erinnerungsstücken an unsere Vergangenheit zum Verkauf angeboten.

Die Fossilien, die überall auf unserem Planeten gefunden werden, liefern ein steinernes Protokoll der Evolution. Daraus lässt sich ableiten, dass die Entwicklung zunächst nur sehr langsam voran kam. Über lange Zeit hinweg war das Leben auf die Ozeane beschränkt, und erst vor rund 400 Millionen Jahren, im Erdzeitalter des Devon, breitete es sich langsam auf die Landflächen aus. Den Anfang machten die Pflanzen, denen die so genannten Gliederfüßer (Insekten, Spinnen und Krustentiere) und schließlich auch die Wirbeltiere folgten. Die Pflanzen trugen maßgeblich zur Veränderung unserer Atmosphäre bei: Mit ihrer Photosynthese wandeln sie Kohlenstoffdioxid aus der Umgebungsluft mit Hilfe der Energie des Sonnenlichtes in Zuckermoleküle und Sauerstoff um, der dann wieder an die Umgebung entlassen wird.

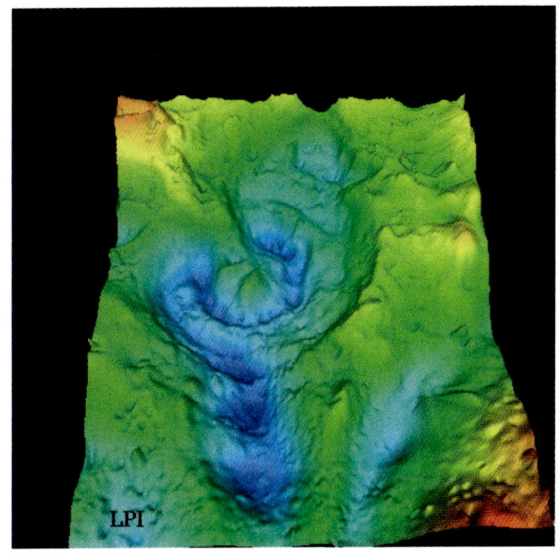

▲ Chicxulub-Krater
Der Chicxulub-Krater in Mexico wird mit dem Einschlag vor 65 Millionen Jahren in Verbindung gebracht, der das Ende der Dinosaurier besiegelte.

Saurierfriedhof

Die größte Katastrophe ereilte das Leben gegen Ende der so genannten Permzeit vor etwa 250 Millionen Jahren. Das Perm hatte etwa 60 Millionen Jahre gedauert und war anscheinend eine Zeit mit ausgedehnten Wüsten. Die meisten Landflächen der Erde waren damals zu einem riesigen Kontinent vereint, der Pangaea genannt wird. Es sieht so aus, dass diese Katastrophe am Ende des Perm, die oft als das „Große Sterben" bezeichnet wird, das größte Massensterben in der Erdgeschichte war, durch das die meisten Lebensformen ausgelöscht wurden. Dies zumindest lässt sich aus den fossilen Aufzeichnungen ableiten, auch, wenn wir bislang keinen Krater gefunden haben, der zeitlich mit diesem Massensterben in Verbindung gebracht werden könnte. Dafür liefern uns spezielle Kohlenstoffmoleküle einen wichtigen Hinweis, so genannte Fullerene. Diese Moleküle bilden eine Art Käfig, der meist kugelartig geformt ist und Platz für einzelne nichtreaktive Atome (Edelgase) bietet, die zur Zeit der Molekülentstehung eingeschlossen wurden. Die Fullerene aus der Endzeit des Perm enthalten Helium- und Argonatome, die aus dem Kosmos zu stammen scheinen, Atome, die im Innern eines Sterns gebildet wurden, der als Supernova explodierte, noch bevor die Sonne entstand. Diese Fullerene könnten zusammen mit einem riesigen Meteoriten aus der Anfangszeit des Sonnensystems auf die Erde geprallt sein. Manche Wissenschaftler vermuten, dass als Konsequenz dieses gewaltigen Einschlags eine Phase starker globaler vulkanischer Aktivität einsetzte, bei der die gesamte Landmasse mit einer bis zu drei Meter dicken Lavaschicht bedeckt wurde. Unter diesen Umständen wäre es nicht wirklich überraschend, dass 90 Prozent aller marinen Lebensformen und 70 Prozent der Wirbeltiere an Land diese Zeit nicht überlebten.

Bereits während des Perm waren die Reptilien aufgetaucht, und so schloss sich nun das Zeitalter der Dinosaurier an. Einige von ihnen wurden riesig, andere blieben klein, einige entwickelten sich zu gefährlichen Raubtieren, andere zu friedlichen Pflanzenfressern. Einer der kleineren Dinos, kaum größer als ein Kanarienvogel und harmlos dazu, erhielt den Spitznamen Zwitschersaurus.

Die Dinosaurier „beherrschten" die Erde für nahezu 200 Millionen Jahre (dagegen gibt es moderne Menschen erst seit nicht einmal 200 000 Jahren), doch am Ende der geologischen Kreidezeit, vor rund 65 Millionen Jahren, verschwanden sie ziemlich plötzlich von der Bildfläche. Allerdings war diese Auslöschung möglicherweise nicht vollständig. Vielleicht überlebten einige kleinere Arten bis heute in Gestalt ihrer mittlerweile mit Federn ausgestatteten Nachkommen, der Vögel. Der Abgang der Dinosaurier war aus unserem Blickwinkel sicher positiv, denn nun konnten die Säugetiere den frei gewordenen Lebensraum erobern und ihre heutige große Vielfalt erreichen. Die Affen, die sich im so genannten Miozän (das von etwa 25 Millionen Jahren bis 5 Millionen Jahre vor heute dauerte) entwickelten, sind unsere direkten Vorfahren.

Die Studien zur Ursache solcher Massensterben ähneln einem Wettrennen mit wechselnden Favoriten. Was das Ende der Dinosaurier angeht, so wird derzeit die Vorstellung diskutiert, dass ein großer Meteorit die Erde traf und dabei eine riesige Menge an Staub aufgewirbelt wurde, der dann zu einer langen Kälte- und Dunkelperiode führte – selbst den Ort des entscheidenden Aufpralls will man bereits identifiziert haben: den gewaltigen

▲ **Die Erforschung der Marsoberfläche**
In dieser Fotomontage wurde der Mars-Rover Spirit in ein Panorama des Husband Hill einkopiert. Dieser Geologie-Roboter hat zusammen mit seinem „Kollegen" Opportunity die bislang stärksten Hinweise auf eine frühere Existenz von flüssigem Wasser auf der Marsoberfläche geliefert.

Chicxulub-Krater vor der Küste Mexikos, der unter dem Meeresboden verborgen liegt. Ein entscheidendes Argument für dieses Szenario ist der erhöhte Iridium-Gehalt in den Gesteinsschichten aus jener Zeit, der an vielen Stellen auf der Erde nachgewiesen werden kann; Iridium ist auf der Erde eher selten, in Meteoriten dagegen ein durchaus häufiges Element. Wir können nicht sicher sein, dass dieser Einschlag wirklich das Ende der Dinosaurier bedeutete, wiewohl vieles dafür spricht, dass er es zumindest eingeleitet oder beschleunigt hat.

Nach diesem kurzen Rückblick auf die Geschichte des irdischen Lebens stellt sich natürlich die Frage, ob eine ähnliche Entwicklung auch anderswo abgelaufen ist. Tatsächlich wird vermutet, dass auf einem möglichen erdähnlichen Planeten um einen anderen sonnenähnlichen Stern ebenfalls Leben existiert, obwohl wir noch nicht wissen, wie das

Mars Express

Viele Jahre hindurch haben die Menschen über Leben auf dem Mars spekuliert, dem einzigen Planeten im Sonnensystem, der eine gewisse Ähnlichkeit mit der Erde besitzt. Er ist viel kleiner und dürfte daher den größten Teil seiner Atmosphäre verloren haben, und er ist kälter, weil er fast 80 Millionen Kilometer weiter von der Sonne entfernt ist, aber dafür gibt es dort keine giftigen Gase oder tödlichen Strahlungszonen. Daten der beiden Mars-Rover Spirit und Opportunity sowie der europäischen Mars Express-Sonde haben seit 2004 gezeigt, dass früher einmal Salzwasserseen an der Oberfläche existiert haben müssen, die die Entstehung von Leben ermöglicht haben könnten. Daraus haben sich zwar nicht die Mars-Ingenieure entwi-

Leben entstanden ist. Allerdings werden wir in diesem Zusammenhang so lange keine Gewissheit haben, bis wir Signale von anderen Zivilisationen empfangen. Bislang ist die Suche nach solchen Signalen, die unter dem Namen SETI (Search for Extra-Terrestrial Intelligence, Suche nach extraterrestrischer Intelligenz) läuft, erfolglos geblieben.

Leben auf dem Mars?

Welche Faktoren müssen wir berücksichtigen, wenn wir die Erfolgschancen für unsere Suche abschätzen wollen? Eines müssen wir von vornherein klarstellen: Wir sprechen über Leben, wie wir es kennen. Es basiert auf der Kohlenstoffchemie, da nur Kohlenstoffatome in der Lage sind, sich mit genügend anderen Atomen zur Bildung komplexer Moleküle zu verbinden, die das Leben benötigt. Mit anderen Worten suchen wir auf dem

▼ Mars Express
Die europäische Mars Express-Sonde führt eine Stereokamera mit, die detailreiche 3D-Bilder der Marsoberfläche liefern kann.

ckelt, über die Percival Lowell und andere vor mehr als 100 Jahren als den Erbauern der legendären Marskanäle spekulierten, aber einfachste Lebensformen könnten dort heute noch existieren. Vor einigen Jahren stieß man in einem Meteoriten vom Mars auf Spuren, die als Hinweise auf die Existenz solcher Lebensformen gedeutet werden könnten – doch ist diese Deutung durchaus umstritten. Endgültige Klarheit wird man erst bekommen, wenn zur Erde gebrachte Marsproben in irdischen Labors untersucht werden können. Sollten sich dabei Lebensspuren finden, wäre dies ein Hinweis darauf, dass Leben überall dort, wo es möglich ist, Fuß fassen kann.

▲ **Fakten und Fiktionen**
Patrick Moore hat nicht nur populärwissenschaftliche Texte zur Astronomie geschrieben, sondern auch manche Sciencefiction-Novelle.

Mars oder auf einem fernen Planeten in der Galaxis nach Leben auf der Basis von Kohlenstoff. Atmosphärelose Himmelskörper wie den Mond können wir gleich ausschließen. In unserem Sonnensystem hat möglicherweise nur die Erde die Voraussetzungen zur Entstehung komplexer, intelligenter Lebensformen bereit gestellt. Dem kann man natürlich entgegen halten, dass wir völlig daneben liegen und dass es auch intelligentes Leben geben könnte, das auf der Basis von Goldatomen beruhe und Schwefelsäure atme. Solche Wesen, im englischen Sprachbereich als BEMs (Bug-Eyed Monster, Käferaugenmonster) bezeichnet, werden seit Herbert George Wells gerne von Sciencefiction-Autoren „belebt", aber wenn sie wirklich existieren sollten, wäre unsere ganze moderne Wissenschaft auf diesem Sektor falsch, und das dürfte reichlich unwahrscheinlich sein.

Wir haben immerhin schon einmal herausgefunden, dass viele Sterne über Planetensysteme verfügen, aber damit ein solcher Planet auch Leben tragen kann, müssen einige zusätzliche Voraussetzungen erfüllt sein. (Auch hierbei beschränken wir uns wieder auf Leben, wie wir es kennen, weil wir ansonsten ins Reich der endlosen Spekulationen geraten.) Der Planet muss eine Atmosphäre besitzen, die genügend freien Sauerstoff enthält; er muss über eine feste (oder von einer Flüssigkeit bedeckte) Oberfläche verfügen und genügend Wasser bereithalten, eine erträgliche Temperatur bieten und all diese Voraussetzungen auch über lange Zeit ohne größere Schwankungen bereithalten. Die Summe dieser Forderungen wird im Sonnensystem nur von der Erde erfüllt.

Daneben gibt es noch weitere, weniger auffällige Gesichtspunkte. Ein regelmäßiger Wechsel zwischen Tag und Nacht dürfte vorteilhaft sein. Wenn eine Seite des Planeten ständig seinem Zentralstern zugewandt ist, während die andere in dauerhafter Finsternis liegt, gäbe es ständig heftige Windströmungen, aber keinen Regen, und die Temperaturen wären auch nicht gerade lebensfördernd – eine extreme Sauna auf der einen Seite, eine Tiefkühltruhe auf der anderen; allenfalls im Bereich des Terminators (der Grenze zwischen Tag und Nacht) könnte es eine schmale, lebensfreundliche Zone geben.

Die Temperaturfrage sollten wir etwas genauer analysieren. Um jeden Stern kann man eine bewohnbare Zone definieren, die so genannte Ökosphäre, in der ein Planet weder zu heiß noch zu kalt für Leben ist. In der Ökosphäre der Sonne liegt nur die Erde, nicht aber die Venus und auch nicht der Mars. Die Venus kreist zu nahe an der Sonne und ist entsprechend zu heiß, Mars dagegen ist zu weit von ihr entfernt und zu kalt.

Bei einem Stern, der weniger Energie abstrahlt als die Sonne, liegt die Ökosphäre wei-

▶ **Weihnachten auf einer fremden Welt**
So stellte sich Gertrude Moore, die Mutter von Patrick Moore, das Leben auf einer fremden Welt vor.

ter innen und ist noch schmaler, bei einem heißeren Stern dagegen rückt sie weiter nach draußen und wird zugleich etwas breiter. Die Temperatur-Forderung schließt also viele Sterne aus, vor allem auch die veränderlichen Sterne, die von sich aus keine dauerhafte Stabilität des Klimas gewährleisten.

Wir haben bereits gesehen, dass unsere Galaxis etwa 100 Milliarden Sterne enthält – ein guter Durchschnitt für eine große Galaxie. Wenn wir optimistisch davon ausgehen, dass jeder Einzelstern ein Planetensystem besitzt (und unsere Beobachtungen scheinen dies zu stützen), bleiben 40 Milliarden Sterne mit Planetensystemen. Wie viele davon enthalten einen Planeten in der Ökosphäre? Ausgehend von unserem Sonnensystem können wir annehmen, dass jeweils ein Planet in dieser „grünen" Zone existiert. Schließen wir aber die stark veränderlichen Sterne aus, bleiben vielleicht 20 Milliarden „richtig" platzierte Planeten übrig. Wie viele davon sind Gesteinsplaneten? Das ist eine neue Hürde, denn wir haben gesehen, dass bei anderen Sternen sehr oft Gasriesen nahe am Stern zu finden sind und entsprechend auf ihrer vermuteten Drift nach innen die Ökosphäre „leergefegt" haben dürften. Nur bei rund einem Viertel der bislang gefundenen Exoplanetensysteme fehlen diese sternnahen Gasriesen, so dass vielleicht fünf Milliarden Gesteinsplaneten übrig bleiben. Auf wie vielen von ihnen hat das Leben Fuß gefasst? Um diese Frage – vermutlich die schwierigste bei der ganzen Überlegung – beantworten zu können, müssten wir den Prozess der Lebensentstehung kennen und verstehen. Die Biologen haben aber

▲ **Candor Chasma**
Diese kontrastverstärkte Farbaufnahme des Mars Reconnaissance Orbiter zeigt Sanddünen und Zeugenberge im Candor Chasma, das zu den Valles Marineris gehört. Die Bilder der HiRise-Kamera enthüllen Details, die kein Kamerasystem zuvor erfassen konnte.

bislang keine experimentell überprüften oder gar bestätigten Theorien dazu, so dass wir an dieser Stelle keine gesicherte Zahl nennen können. Wenn die Wahrscheinlichkeit nur bei 1 zu 1 Billion läge, müssten wir uns über uns selbst wundern. Liegt sie dagegen näher bei 1 zu 100, was manche Forscher für realistischer halten, gäbe es etliche Millionen vielversprechender Kandidaten. In unserem Sonnensystem ist Mars der aussichtsreichste Kandidat, da er in vieler Hinsicht erdähnlich ist. Er besitzt eine – wenngleich dünne – Atmosphäre, seine Rotation dauert nur 40 Minuten länger als bei uns, und die Oberflächentemperatur ist nicht unerträglich. Problematisch ist der fehlende Schutzschild gegen die gefährliche Strahlung aus dem Weltall. Wenn es dort Leben geben sollte, wäre es wohl unter der Oberfläche zu finden. Aber auch längst ausgestorbenes Leben auf dem Mars wäre eine äußerst wichtige Entdeckung.

Ursprünglich dürfte Mars eine wärmere und feuchtere Umgebung geboten haben als heute. Die beiden Marsrover Spirit und Opportunity haben Hinweise auf alte, ausgedehnte Seen gefunden. Damals war Mars ein lebensfreundlicher Planet. Es gibt auch Hinweise darauf, dass flüssiges Wasser noch heute unter der Marsoberfläche existiert, vielleicht sogar gelegentlich austritt und dabei sichtbare Spuren hinterlässt. Wenn Astronauten eines Tages auf dem Mars landen, können sie möglicherweise Marsfossilien finden – der Traum eines jeden Paläontologen.

Damit könnte Mars die Antwort auf eine der Hauptfragen in diesem Zusammenhang liefern. Wenn wir irgendeine Spur von vergangenem oder gar noch existierendem Leben finden, egal wie wenig oder hoch entwickelt, wäre dies ein untrügliches Zeichen dafür, dass Leben überall dort entsteht, wo die Bedingungen auch nur einigermaßen günstig sind, und sich bis an die Grenzen seiner Möglichkeiten entfaltet. Dann könnten wir mit Fug und Recht auch anderswo in der Galaxis Leben erwarten. Doch wäre das noch nicht das Ende unserer Suche.

Einige Biologen glauben zwar, dass Leben automatisch auch zu intelligenten Lebensformen führt – andere argumentieren genauso überzeugend dagegen und halten diese Entwicklung für einmalig. Wie viele intelligente Lebensformen können wir nachweisen? Sie müssen zumindest unseren Grad an Technisierung von vor 100 Jahren erreicht haben, und dann stellt sich die Frage, wieviel Zeit einer solchen Zivilisation für die interstellare Kommunikation bleibt, ehe sie durch Umweltkatastrophen oder ihr eigenes Zutun zerstört wird; in unserem eigenen Fall erscheint die zweite Form des Untergangs derzeit wahrscheinlicher. Und bislang haben wir nur unsere Galaxis betrachtet – eine von vielen Milliarden. Sollten wir in diesen unvorstellbaren Weiten wirklich alleine sein?

▼ Green Bank Telescope

Das neue Green Bank Telescope hat zwar die gleiche Empfangsfläche wie das 100-Meter-Radioteleskop in Effelsberg, aufgrund seiner elliptischen Antennenform aber zumindest in einer Richtung einen etwas größeren Durchmesser.

Tau Ceti und epsilon Eridani

Zwei Nachbarsterne der Sonne könnten sehr wohl Planetensysteme besitzen: Tau Ceti und epsilon Eridani, die beide auch mit bloßem Auge zu sehen sind. Beide Sterne sind sonnenähnlich, aber weniger hell als die Sonne. Tau Ceti in knapp 12 Lichtjahren Entfernung bringt es auf 40 Prozent der Sonnenleuchtkraft, epsilon Eridani in rund 10,7 Lichtjahren auf 30 Prozent. Beide Sterne wurden 1960 von Frank Drake im Rahmen des ersten SETI-Experimentes bei einer Wellenlänge von 21 cm (oder 1420 Megahertz) „abgehört"; bei dieser Wellenlänge strahlt auch der neutrale Wasserstoff. Drake formulierte später die berühmte „Drake-Gleichung" zur Abschätzung der Wahrscheinlichkeit, dass irgendwo anders im Kosmos Leben existiert. Allerdings wies Drake selbst darauf hin, dass diese Formel zu viele Unbekannte enthielt, um klare Ergebnisse zu liefern. Das Experiment trug den Namen Projekt Ozma, nach dem angeblichen Zauberer in Frank Baums bekanntem Kinderbuch *Der Zauberer von Oz*.

Tau Ceti hat sich inzwischen als eine Enttäuschung der besonderen Art erwiesen. Er besitzt zwar rund 80 Prozent der Sonnenmasse, und seine Ökosphäre reicht von etwa 0,6 bis 0,9 AE (1 AE entspricht der Entfernung Erde-Sonne); übertragen auf das Sonnensystem würde also die Venus innerhalb dieses Zone existieren. Neuere Beobachtungen mit

◀ **Jodrell Bank**
Die 76-Meter-Antenne von Jodrell Bank wurde 1957 von Bernard Lovell gebaut und wurde auch im Rahmen des SETI-Projektes mehrfach eingesetzt.

Wenn es irgendwo anders intelligente Wesen gibt, gäbe es dann eine realistische Chance der Begegnung? Unsere modernsten Raumfahrzeuge können wir in diesem Zusammenhang vergessen. Selbst wenn wir mit Lichtgeschwindigkeit reisen könnten, würde es Jahre dauern, ehe wir auch nur die nächsten bekannten Exoplanetensysteme erreichten; gemäß der Relativitätstheorie Albert Einsteins würde dies aber eine unendlich große Energiemenge verschlingen – was nichts anderes heißt, als dass lichtschnelle Reisen unmöglich sind. Also doch auf herkömmliche Raketen zurückgreifen und Zehntausende von Jahren unterwegs sein? Raumschiffe, die Herberge für viele aufeinanderfolgende Generationen sind, ehe sie ihr Ziel erreichen, bleiben vorerst der Sciencefiction-Literatur vorbehalten. Interstellare Reisen erfordern einen technischen Durchbruch, der natürlich

dem James Clerk Maxwell Teleskop auf Hawaii ergaben jedoch, dass tau Ceti von einer Schuttwolke umgeben ist und mögliche Planeten einem ständigen Bombardement ausgesetzt wären. Unter solchen widrigen Umständen ist eine sichere Entwicklung hin zu höheren Lebensformen eher unwahrscheinlich.

Epsilon Eridani konnte dagegen als Zentralstern eines Planetensystems bestätigt werden. 1998 fand man auch um diesen Stern eine Schuttwolke, die aber jenseits von 30 AE mehrere Verdichtungen aufzuweisen scheint – Hinweise auf die mögliche Existenz eines Planeten. Im Jahr 2000 wurde weiter innen ein zweiter Planet aufgrund seiner Einflüsse auf die Bewegung des Zentralsterns gefunden, der mehr als doppelte Jupitermasse in sich vereint und den Stern offenbar auf einer stark elliptischen Bahn umrundet, und mittlerweile wird weiter draußen noch ein dritter Planet vermutet. Sie alle wären für Leben wenig geeignet, aber da die unmittelbare Umgebung des Sterns staubfrei zu sein scheint, vermuten machen Forscher, dass dort erdähnliche Planeten am Werke waren, die anderweitig (noch) nicht nachweisbar sind. Die Ökosphäre von epsilon Eridani liegt etwa bei einer halben AE.

▶ Voyager 2

Voyager 2 wurde 1977 gestartet, flog 1986 an Uranus und 1989 am Neptun vorbei und übermittelte die ersten Nahaufnahmen dieser fernen Planeten. Wie schon die vorausgegangenen Pionier-Sonden und die Schwestersonde Voyager 1 wird sie das Sonnensystem verlassen und in die „Tiefen" der Milchstraße entschwinden. An Bord befindet sich auch eine vergoldete Multimediaplatte mit Bildern und Tönen der Erde, die möglichen Lebensformen dort Kunde von unserem Planeten und seinen Bewohnern bringen soll. Eine schematisierte Darstellung der Position unserer Erde soll es möglichen Findern dieser „kosmischen Flaschenpost" erleichtern, den Absender ausfindig zu machen …

schon morgen kommen kann oder innerhalb des nächsten Jahrhunderts, der aber genauso gut auch noch eine Million Jahre auf sich warten lassen oder nie eintreten kann. Solange bleiben wir – zumindest materiell – auf unser Sonnensystem beschränkt.

Aber es gibt ja auch die Möglichkeiten der Telekommunikation, von denen wir bislang nur die Radio-Ebene (Funksignale) ausprobiert haben. Funkwellen breiten sich ebenfalls mit Lichtgeschwindigkeit aus und brauchen daher zu den nächsten „Kandidaten" allenfalls ein paar Jahrzehnte. Vor allem aber ist die Kommunikation mit Funkwellen mit unseren heutigen Möglichkeiten zumindest im näheren Umfeld realisierbar. Potenzielle Astronomen auf einem Planeten um den Stern epsilon Eridani in etwa elf Lichtjahren Entfernung könnten mit Antennen wie unseren Radioteleskopen Signale empfangen, die wir mit solchen Teleskopen aussenden.

Wir dürfen annehmen, dass künstliche Signale intelligenter Zivilisationen auf mathematischen Grundlagen beruhen; schließlich haben wir die Mathematik nicht erfunden, sondern lediglich entdeckt. Solchermaßen kodierte Signale wurden mittlerweile in Richtung zahlreicher potenziell geeigneter Zielsterne gefunkt, nicht nur zu epsilon Eridani. Allerdings braucht interstellare Kommunikation ihre Zeit. Ein Signal, das zu Beginn des dritten Jahrtausends (2001) ausgesandt wurde, kommt nicht vor 2012 am Ziel an, und entsprechend könnte man vor 2023 keine Antwort erwarten. Ein schneller Dialog wie im Chatroom oder gar am Telefon bleibt also unmöglich. Dass solche Experimente inzwischen zunehmend als einen Versuch wert angesehen werden, zeigt den Bewusstseinswan-

Das anthropische Prinzip

Das anthropische Prinzip begründet die aktuellen Eigenschaften des Universums damit, dass sie zumindest unsere Existenz als Möglichkeit einschließen müssen, weil wir ansonsten keine Chance hätten, in diesem Universum zu leben und es zu beobachten. Wäre das Universum zum Beispiel von der Größe eines Atoms, so könnten ihrer selbst bewusste Lebensformen gar nicht existieren. Allerdings hat man bislang noch keine Möglichkeit gefunden, solche anthropischen Argumente im Rahmen der modernen Kosmologie zu überprüfen, und es ist ungewiss, ob dies je möglich sein wird.

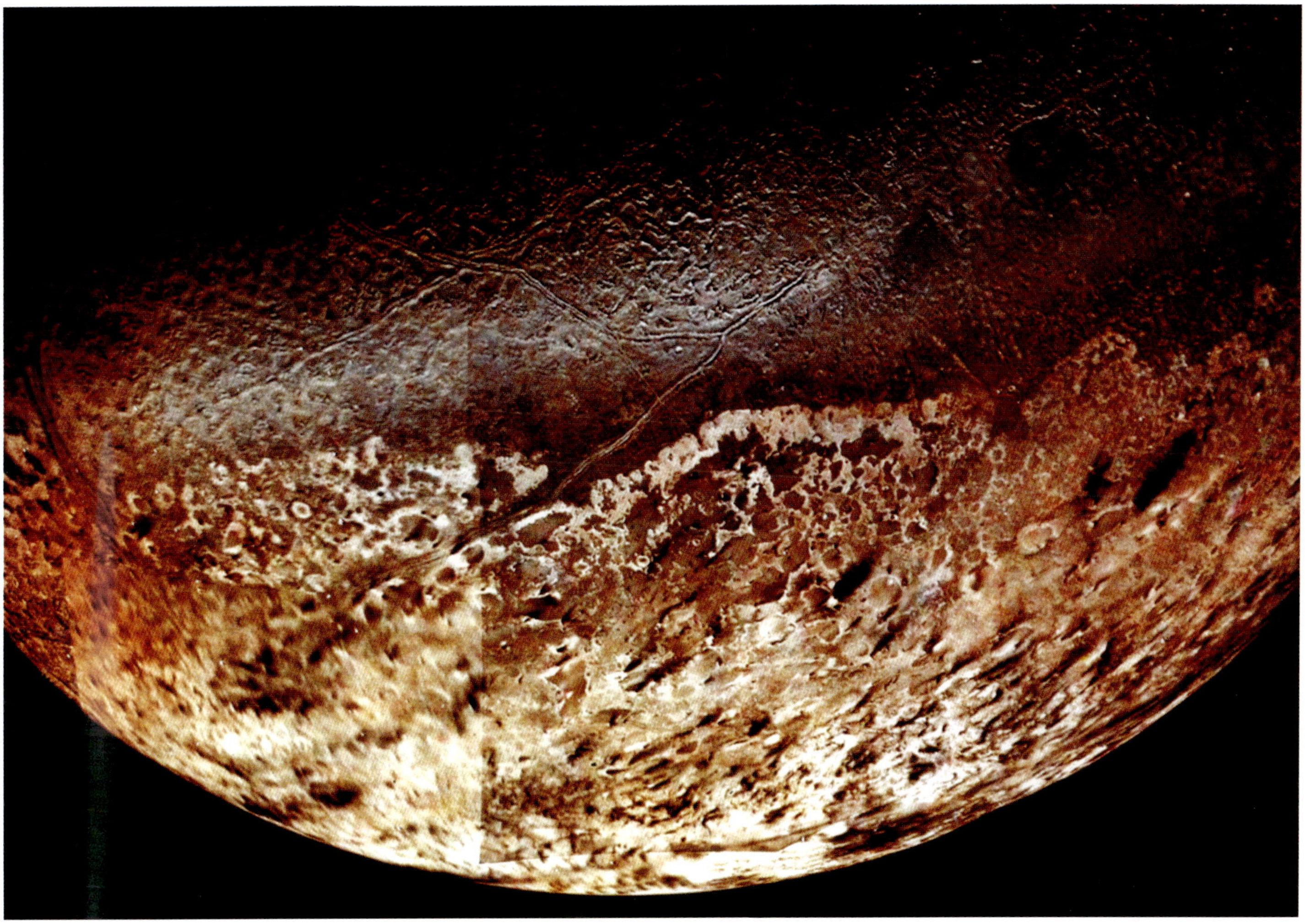

▲ Triton
Neptuns größter Mond Triton war das letzte Objekt im Sonnensystem, das Voyager 2 fotografierte. Der zwölf Jahre währende Flug dorthin führte über fast 9 Milliarden Kilometer.

del bei uns. Sollte unser „Klopfen" unbeantwortet bleiben, könnte dies bedeuten, dass wir entweder die falsche Frequenz benutzen oder niemand in der Reichweite unserer Signalstärke liegt – oder dass wir gänzlich allein im Kosmos sind.

Wir können keine Raumsonden zu anderen Sternen entsenden, aber einer fortgeschritteneren Zivilisation könnten interstellare Reisen keine Probleme bereiten. Zwar klangen alle bisherigen Geschichten über Fliegende Untertassen, kosmische Entführungen oder Invasionen von Alpha Centauri wenig überzeugend, aber wir dürfen auch nicht vergessen, dass unsere Technologie noch jung und zweifelsfrei recht primitiv ist. Manche haben gewarnt, es sei am Ende besser, unentdeckt zu bleiben und sogar die Voyager- und Pionier-Sonden zurückzurufen, die die Kunde von uns hinaus in die Milchstraße tragen. Doch ungeachtet der Tatsache, dass dies überhaupt nicht geht, wäre es unlogisch. Vielleicht sollten wir uns mit den Worten von Percival Lowell trösten: „Eine Zivilisation, die in der Lage ist, die Erde von außen zu erreichen, muss Krieg als Mittel zum Zweck längst überwunden haben und in Frieden kommen." Es wäre außerdem viel zu spät, um sich „zu ducken", denn seit etwa 1920 verraten Radiosendungen unsere Existenz, so dass mittlerweile jeder im Umkreis von rund 85 Lichtjahren unsere tagtäglichen Signale empfangen haben kann.

Wir wissen, dass die Zukunft des Lebens auf der Erde begrenzt ist, denn eines Tages wird die zunehmende Leuchtkraft der Sonne unseren Planeten unbewohnbar machen. Wir müssen nach vorne schauen – blicken wir also in die Zukunft des Universums.

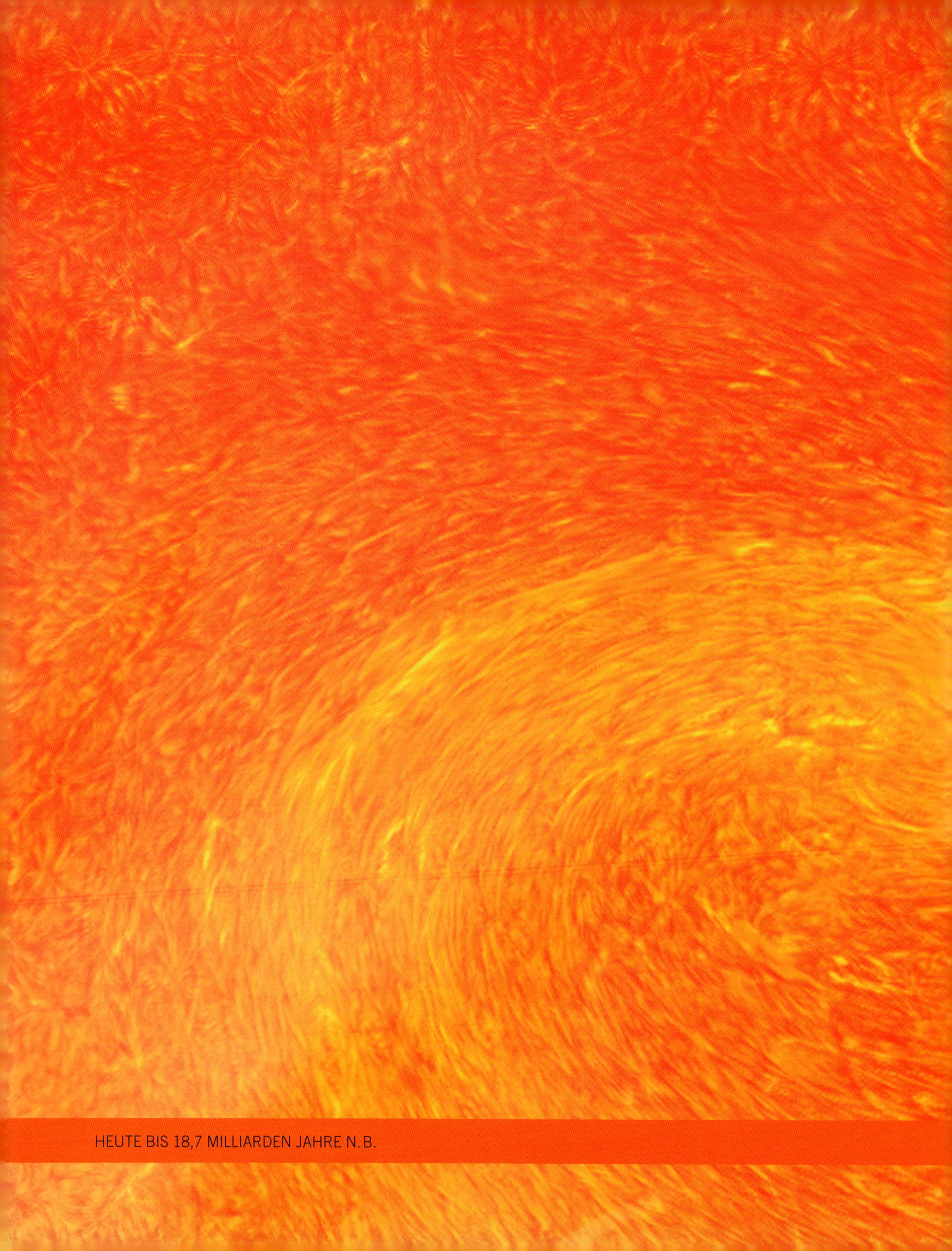

HEUTE BIS 18,7 MILLIARDEN JAHRE N. B.

KAPITEL 6 Ein Blick in die Zukunft

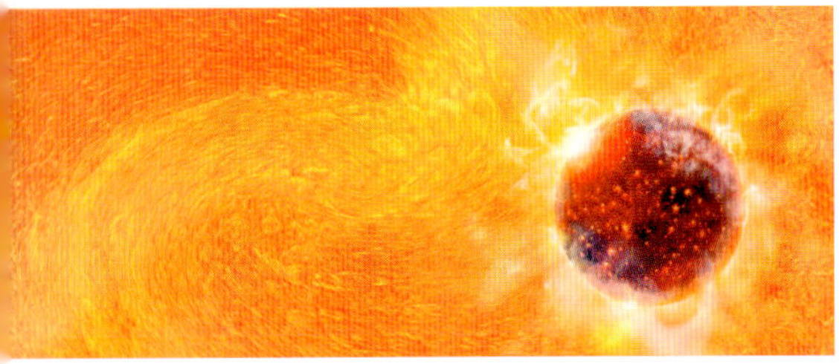

▲ **Das Ende naht**
In fünf Milliarden Jahren wird sich die Sonne zu einem roten Riesenstern aufblähen und dabei die beiden inneren Planeten Merkur und Venus verschlucken sowie die Erde mit einer mörderischen Gluthitze überziehen.

So lange wir in die Vergangenheit zurückblickten, konnten wir uns auf konkrete Beobachtungen und Fakten stützen. Aus den fossilen Aufzeichnungen der Erde lässt sich die Geschichte unseres Planeten ableiten, die Krater des Mondes belegen als ein frühes Meteoriten-Bombardement, und in den Gasfetzen des Krabbennebels erkennen wir die Überreste einer heftigen Supernova-Explosion, die vor fast tausend Jahren beobachtet wurde. Das Licht, das wir heute von den Galaxien empfangen, zeigt sie uns, wie sie vor vielen Millionen oder gar Milliarden Jahren aussahen, und wenn wir messen, mit welcher Geschwindigkeit sie sich von uns entfernen, können wir ein zuverlässiges Bild vom Zustand des Universums vor einigen Milliarden Jahren zeichnen. Die kosmische Hintergrundstrahlung schließlich zeigt uns das Weltall, wie es 300 000 Jahre nach dem Urknall ausgesehen hat. Wir können die Vergangenheit also wirklich sehen.

▶ **Im Innern des Meteor-Kraters**
Vor rund 50 000 Jahren schlug ein etwa 50 Meter großer Eisenmeteorit diesen etwa 1200 Meter großen und 170 Meter tiefen Krater in der Nähe von Flagstaff, Arizona. Patrick Moore besuchte diesen Krater in den 1970er Jahren für *The Sky at Night*.

▼ **Eisenmeteorit**
Dieser Eisenmeteorit, den Patrick Moore aus China erhielt, fiel 1516 während der Ming Dynastie vom Himmel.

Ein Blick in die Zukunft ist wesentlich problematischer. Wir können nicht sehen, wie Sterne und Galaxien in einigen Millionen oder Milliarden Jahren aussehen werden. Stattdessen müssen wir uns auf eine Verknüpfung aus dem absehbaren Fortgang bekannter Entwicklungen und einem Gutteil wissenschaftlicher Spekulation stützen. Obwohl wir viele Seiten aus dem Geschichtsbuch des Universums noch nicht im Detail entziffern konnten, wissen wir heute wesentlich mehr über das Weltall vor 6 Milliarden Jahren als über das Weltall in sechs Milliarden Jahren.

Die Erde mag zwar im Universum eine unwesentliche Rolle spielen – für uns stellt sie den Lebensraum schlechthin dar, und so wollen wir zunächst einmal sehen, was die Zukunft für unsere Erde auf Lager haben könnte. Im Schnitt wird die Erde alle paar hunderttausend Jahre von einem Asteroiden getroffen, der groß genug ist, um großräumige Verwüstungen anzurichten. Tatsächlich kennen wir einige Asteroiden, die der Erde ziemlich nahe kommen können, und in den letzten Jahren wurden durchaus auch Brocken beobachtet, die noch zwischen Erde und Mond vorbeigerauscht sind. Solche Objekte werden als PHAs bezeichnet, als Potentially Hazardous Asteroids – als Asteroiden, die uns gefährlich werden können. Jeder von ihnen kann das nächste Massensterben auslösen, wenn er direkt mit der Erde zusammenprallt. Wird die Gefahr früh genug erkannt, kann man möglicherweise noch etwas dagegen unternehmen – etwa eine genügend große atomare Sprengladung in unmittelbarer Nähe zünden, um die „kosmische Bombe" geringfügig, aber genügend weit von ihrem Kollisionskurs abzubringen. Lässt sich nichts dagegen unternehmen, kann die Kollision der Erde mit einem nur ein paar Kilometer großen Brocken uns das gleiche Ende bescheren wie den Dinosauriern. Dabei wirkt es nicht gerade beruhigend, dass trotz zahlreicher Anstrengungen, eine entsprechende Gefahr möglichst frühzeitig zu erkennen, einige der neueren „Beinahe-Kollisionen" erst bemerkt wurden, nachdem die gefährlichen Geschosse die Erde bereits passiert hatten.

Es gibt noch andere rein irdische Horrorszenarien, die dem Leben auf der Erde ein vorzeitiges Ende setzen können. Geologen sind erst vor kurzem darauf gestoßen, dass die

▼ Supervulkan auf Sumatra?
Eine der heftigsten bekannten Vulkaneruptionen ereignete sich vor rund 74 000 Jahren auf Sumatra, als der Toba ausbrach und eine rund 3000 Quadratkilometer große Caldera schuf. Diese gewaltige Senke (Satellitenfoto links, vom Erdboden aus gesehen unten) entstand nach dem Kollaps des Vulkankegels. Die Insel im Kratersee ist auf eine neu entstandene Magmakammer unter der Oberfläche zurückzuführen.

▶ Eis auf dem Mars
Drei Bilder, die aus Aufnahmen des Hubble-Weltraumteleskops erstellt wurden, zeigen die Schwankungen der Eisbedeckung am Mars-Nordpol im Wechsel der Jahreszeiten – vom Marsherbst über das Frühjahr zum Sommer (von links nach rechts).

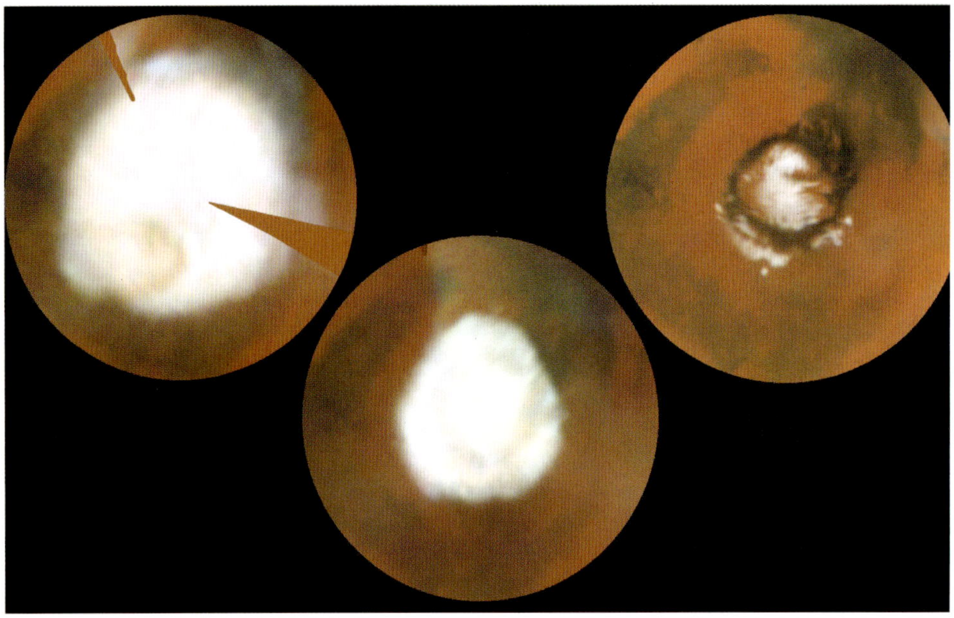

Erde in der Vergangenheit immer wieder von Ausbrüchen so genannter Supervulkane heimgesucht wurde, bei denen riesige Reservoirs an Magma unter extremem Druck freigesetzt wurden. Eine solche extreme Magmakammer wurde unter dem Yellowstone Nationalpark in Wyoming entdeckt. Eine derartige Eruption würde eine unvorstellbar große Schutt- und Staubwolke in die Atmosphäre jagen, die sich rasch ausbreiten und weite Teile der Erde längere Zeit von der Zufuhr des Sonnenlichtes abschneiden würde, was den Tod der meisten Pflanzen- und Tierarten bedeutet. Vermutlich gehen einige der Massensterben in der Vergangenheit auf das Konto solcher Supervulkane.

Natürlich sind auch menschengemachte Katastrophen denkbar. Wir besitzen mittlerweile die technischen Fähigkeiten und Mittel, uns selbst in die Luft zu jagen, und möglicherweise fehlt uns der notwendige Reifegrad, dies nicht zu tun. Doch egal, was auch geschieht, das endgültige Schicksal der Erde und allen Lebens auf diesem Planeten hängt von der Sonne ab. Ihr verdanken wir unsere Existenz, aber sie wird uns eines Tages auch wieder absorvieren.

▼ Arktisches Meereis
Die Eisbedeckung im Nordpolarmeer hat zuletzt um jeweils neun Prozent pro Jahrzehnt abgenommen. Das Bild zeigt die Situation 2004.

Globale Erwärmung

In diesem Kapitel geht es um sehr langfristige Entwicklungen. Was aber ist mit kleineren Änderungen der solaren Einstrahlung? Wir haben in der letzten Zeit sehr viel über die globale Erwärmung geredet, die durch unser eigenes Zutun in Gang gekommen ist. Keinen Zweifel gibt es daran, dass die so genannten Treibhausgase wie Kohlendioxid und Methan die Temperatur am Erdboden beeinflussen und dass diese Gase derzeit in höheren Konzentrationen vorkommen als je zuvor.

Aufgeschreckte Umweltschützer haben in den letzten Jahren in vielen Ländern Alarm ausgelöst. Es werden große Anstrengungen unternommen, die CO-Emissionen zu senken und auf andere Energieträger umzusteigen, aber bislang verweigern die USA als größte „Dreckschleuder" eine Beteiligung.

Es gibt allerdings auch Zweifler. Zwar trifft es zu, dass die Erde sich erwärmt, aber sind wirklich wir daran Schuld? Zwischen 1645 und 1715 gab es zum Beispiel keine Sonnenflecken und Nordlichter, und während dieser Zeit fehlte auch die Korona bei totalen Sonnenfinsternissen – die Sonnenaktivität war offenbar vorübergehend zum Erliegen gekommen, bis Edmond Halley 1715 erstmals einen großen Sonnenfleck bemerkte. Der englische Astronom E. W. Maunder wies Ende des 19. Jahrhunderts erstmals auf diese Phase fehlender Son-

◀ **Tunguska**
Im Juni 1908 explodierte ein eindringender Körper über dem siberischen Fluss Steinige Tunguska. Augenzeugen berichteten, sie hätten einen hellen Feuerball gesehen. Die Explosion war noch in fast 1000 Kilometer Entfernung zu hören. Fast 1000 Quadratkilometer Wald wurde plattgewalzt, als die Druckwelle im Umkreis von 50 Kilometern nahezu alle Bäume abknickte. Vermutlich wurde die Explosion durch einen etwa 50 Meter großen Meteoriten ausgelöst, der in die Erdatmosphäre eingetaucht war und in einer Höhe von rund acht Kilometern von seiner eigenen Druckwelle zerrissen wurde.

Das Ende des Lebens auf der Erde

Die Sonne verbraucht ihren nuklearen Brennstoff und wird dabei zunehmend heller. Allerdings schreitet diese Entwicklung sehr langsam voran – für uns unerkennbar. Wenn der Wasserstoff im Innern der Sonne in Helium umgewandelt wird, schrumpft die Sonne geringfügig, erhöht den Druck auf den Kern und lässt so seine Temperatur ansteigen. Da die Häufigkeit, mit der die beschriebenen Kernreaktionen ablaufen, sehr stark von der Temperatur im Zentralbereich abhängt, wird der Brennstoff allmählich immer schneller verbraucht. In einer Milliarde Jahre wird die Sonne bereits so stark strahlen, dass das Klima auf der Erde unerträglich wird. Zumindest die Äquatorregionen werden dann unbewohnbar sein und mögliche Bewohner in die polnahen Bereichen ausweichen.

Aber auch die bieten keine dauerhafte Zuflucht. Die Wüstengebiete weiten sich aus, und fruchtbares Land wird immer knapper. Die anhaltende Drift der Kontinente wird die vertrauten Umrisse längst zerstört haben. Sämtliche Eisflächen der Erde werden geschmolzen sein und einen enormen Anstieg des Meeresspiegels ausgelöst haben, so dass viele der verbliebenen Landflächen überflutet sein dürften.

nenaktivität hin, weshalb sie bis heute als Maunder-Minimum bezeichnet wird.

Interessant ist, dass zumindest in Europa, wo damals bereits halbwegs zuverlässige Wetteraufzeichnungen geführt wurden, in jener Zeit eine Klimaveränderung registriert wurde. Während dieser „kleinen Eiszeit" fror die Themse zum Beispiel regelmäßig zu, und auf dem Eis wurden ebenso regelmäßig Frostmärkte und -messen ausgerichtet. Als das Maunder-Minimum zu Ende ging, erwärmte sich die Erde wieder – und das ohne signifikant steigenden Ausstoß von Treibhausgasen. Und es gibt weitere Hinweise auf ähnliche Perioden in der weiter zurück liegenden Vergangenheit.

Erdgeschichtlich gesehen sind diese Schwankungen unbedeutend, entscheidend sind sie lediglich für uns Menschen, für die bereits ein kleiner Temperaturanstieg katastrophale Folgen haben kann. Obwohl also kein Zweifel am Einfluss der Sonnenaktivität auf das Klima der Erde besteht, gab es leider in den letzten Jahrzehnten keine erkennbare Veränderung der Sonnenaktivität, die für die gegenwärtige Erwärmung der Erde verantwortlich gemacht werden könnte.

▶ Außenposten
Auf Titan scheinen heute noch ähnliche Bedingungen zu herrschen wie auf der Erde vor der Entstehung des Lebens. Seine Erforschung ist deshalb für die Wissenschaftler von großem Interesse. Dank der erfolgreichen europäischen Raumsonde Huygens ist Titan das am weitesten entfernte Mitglied des Sonnensystems, auf dem bislang eine Raumsonde gelandet ist.
Während des Abstiegs durch die dichte Titanatmosphäre übermittelte Huygens zahlreiche Bilder und Daten des größten Saturnmondes. Dieses Bild stammt vom „Mutterschiff" Cassini und zeigt die Umgebung des Landeplatzes.

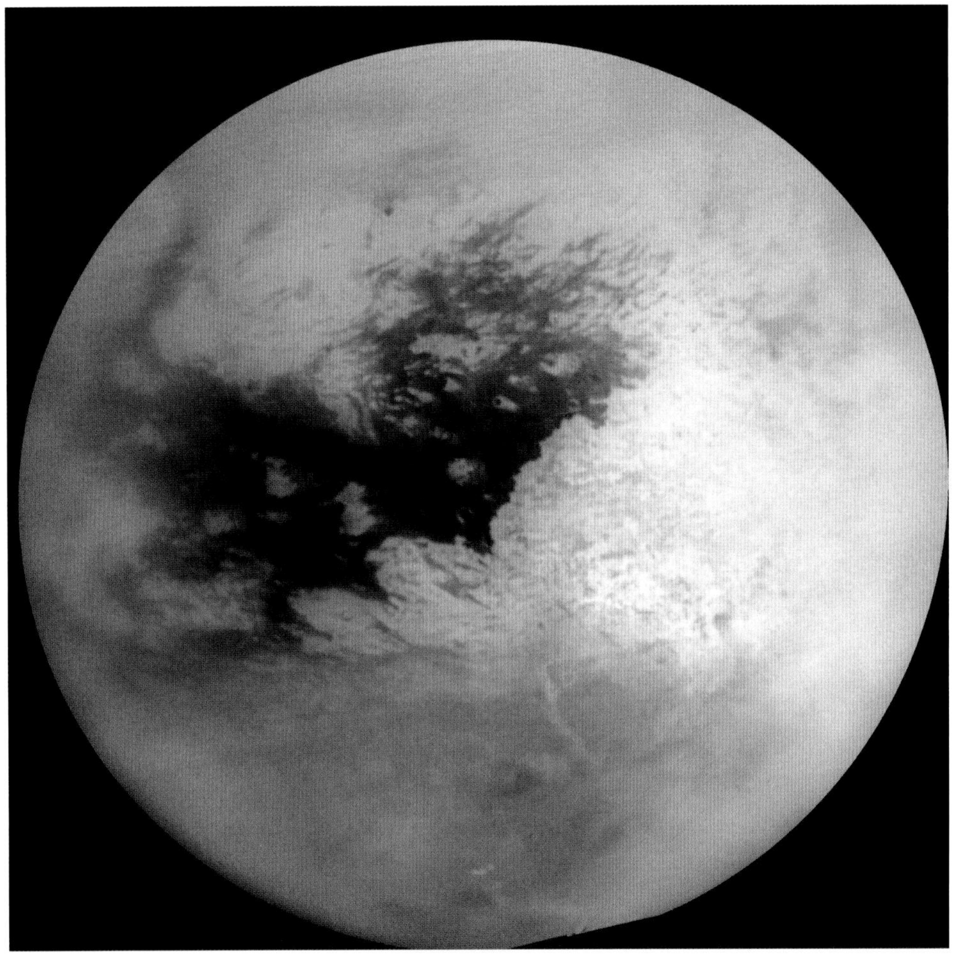

Und die Temperatur wird unbarmherzig weiter steigen. Binnen drei Milliarden Jahren wird ein kritischer Punkt erreicht sein. Dann strahlt die Sonne etwa 40 Prozent heller als heute, und alles Wasser auf der Erde wird verdampft sein. Die Ozeane sind endgültig verschwunden, und die Erde ist zu einem sehr lebensfeindlichen Ort geworden. Sollten unsere fernen Nachkommen dann noch die Erde bevölkern – wie könnten sie reagieren?

Zweifellos schrillen die Alarmglocken bereits viel früher, doch es ist kaum vorstellbar, dass selbst eine weit fortgeschrittene technisierte Zivilisation je in der Lage sein könnte, die Sonne zu kontrollieren und der Entwicklung gegenzusteuern. Sicher würde ein Komitee zur Rettung der Erde einberufen, aber was könnte auf der Tagesordnung stehen? Vielleicht könnte man zumindest die Erde steuern und in eine größere und damit sicherere Entfernung zur Sonne bugsieren. Doch auch das brächte keine endgültige Lösung, wie wir noch sehen werden. Vielleicht wird es dann sogar möglich sein, die Erde ganz aus dem Sonnensystem zu entfernen und zu einem unabhängigen, sich selbst versorgenden Planeten umzuformen, der ohne Sonne „überleben" kann. Denkbar wäre vielleicht auch ein Massenexodus auf einen anderen Planeten oder in ein anderes Sonnensystem oder der Bau einer riesigen, autarken Raumstation zur Aufnahme der Überlebenden.

Wenn keine Rettungsmaßnahmen greifen, wird die Erde im Laufe der Zeit zu einer Kugel aus geschmolzenem Gestein. Spätestens dann ist alles Leben auf der Erde unmöglich geworden. Weiter draußen im Sonnensystem mögen sich die Voraussetzungen für Leben in dieser Phase vorübergehend verbessern. Mars zum Beispiel wird dann um einiges wärmer sein als heute, und seine Eiskappen aus Wassereis und Kohlenstoffdioxideis werden zu schmelzen beginnen. Eine Atmosphäre kann sich entwickeln, und für

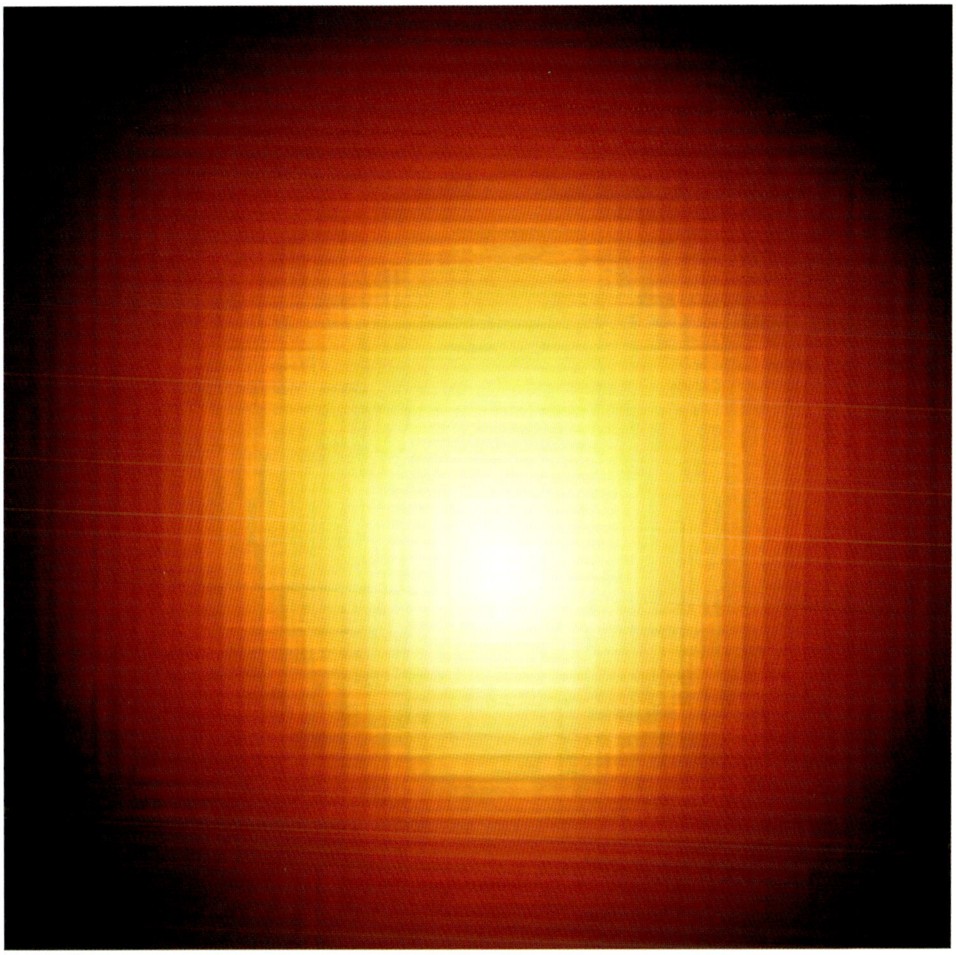

◀ Beteigeuze
Diese Aufnahme war das erste direkte Foto von der Oberfläche eines anderen Sterns als der Sonne. Es zeigt einige überraschende Strukturen, so zum Beispiel einen heißen Fleck unterhalb der Sternmitte.

▼ Von der Sonne verschluckt
Als roter Riesenstern wird sich die Sonne so weit ausdehnen, dass sie Merkur und Venus verschlucken wird. Auch die heutige Bahn der Erde wird dann noch innerhalb der Sonne verlaufen, aber aufgrund des vorausgehenden Materieverlustes wird sich die Erde zuvor weiter von der Sonne entfernen, so dass sie vor diesem vorzeitigen Ende verschont bleibt. Doch die große Hitze wird das Leben auf der Erde lange vorher ausgelöscht haben. Das Diagramm unten zeigt die Größe der angeschwollenen Sonne im Vergleich zu den heutigen Planetenbahnen.

kurze Zeit – einige Zehnmillionen Jahre oder so – könnte Mars blühende Landschaften bieten. Aber nachhaltig wäre eine solche Blütezeit nicht, denn Mars ist einfach zu klein und hat zu wenig Anziehungskraft, um seine neu entstandene Atmosphäre dauerhaft festhalten zu können.

Es wurde auch schon vorgeschlagen, die Menschheit könne bis dahin doch auf Titan, den größten Saturnmond, auswandern. Immerhin besitzt er eine dichte Atmosphäre aus Stickstoff. Die ist aber nur der gegenwärtigen, niedrigen Temperatur zu verdanken, die die Gasmoleküle träge werden lässt. Dagegen würde eine Erhöhung der Temperatur auf „erträgliche", lebensfreundliche, irdische Werte die Geschwindigkeit der Teilchen so vergrößern, dass im Laufe der Zeit die gesamte Atmosphäre des Titan in den Weltraum entweichen könnte. Während der nächsten 500 Millionen Jahre wird die Sonne ihren heutigen Durchmesser verdoppeln. Dabei nimmt zwar die Temperatur der Oberfläche ab, aber die Fläche auch zu, und zusammen führt dies zu einer weiteren Steigerung der Leuchtkraft. Außerdem wird sich die Erdbahn langsam verändern, da der Sonnenwind stark zunehmen und zu einem „spürbaren" Masseverlust führen wird, während die Sonne sich zu einem Roten Riesen aufbläht. Damit nimmt ihre Schwerkraft ab, und entsprechend können sich die Planeten langsam von ihr entfernen. Für unseren Planeten bedeutet dies eine Zunahme des Sonnenabstandes um ein Drittel des heutigen Wertes, aber das reicht nicht im Entferntesten, um der weiter steigenden Hitze der stark vergrößerten Sonne zu entkommen.

▲ **Roter Spinnen-Nebel (NGC 6532)**
Das reich strukturierte Muster dieses Planetarischen Nebels markiert die Entwicklung eines sonnenähnlichen Sterns zu einem Weißen Zwerg, an dessen Beginn der Stern seine äußere Hülle abbläst. Im Zentrum dieses Planetarischen Nebels sitzt einer der heißesten je beobachteten Weißen Zwerge.

▶▶ **Ring-Nebel (M 57)**
Der berühmte Ring-Nebel im Sternbild Leier erscheint wie ein Zigarrenrauch-Ring rund um den Weißen Zwerg, der sich aus dem Vorläuferstern gebildet hat.

Die rote Riesensonne

Noch weiter in der Zukunft, in etwa fünf Milliarden Jahren, wird das Wasserstoff„brennen" im Kern der Sonne mangels Nachschub zum Erliegen kommen – alle verfügbaren Wasserstoffatome werden in Helium umgewandelt sein. Der Stern wird plötzlich nicht länger durch den Strahlungsdruck aus dem Innern stabilisiert, und der Gravitationskollaps nimmt seinen Lauf. Die äußeren Bereiche stürzen nach innen, pressen den Kern zusammen und heizen ihn so weit auf, bis schließlich die „Heliumasche" selbst zündet und die Kernfusion auf einer „höheren" Ebene fortsetzt: Aus Heliumatomen können durch Fusion mit nachrückenden Wasserstoffatomen Beryllium- und Lithiumatome entstehen. Diese Reaktionen sind sehr viel effizienter als das vorausgegangene Wasserstoffbrennen, und so wird die Sonne mit einem Mal über mehr als das 2000-fache ihrer heutigen Energie verfügen können. Damit kann sie sich zu einem roten Riesenstern aufblähen, der die Planeten Merkur und Venus verschlucken wird.

Die Zukunft des Mondes

Der Mond wird die Erde zweifellos auch in Zukunft begleiten, aber seine Bahn wird sich verändern. Derzeit entfernt er sich aufgrund der gegenseitigen Gezeitenkräfte mit einer Geschwindigkeit von etwa vier Zentimetern pro Jahr von der Erde. Dahinter steckt das Gesetz von der Erhaltung des Drehimpulses. Dieser Drehimpuls eines Körpers ergibt sich als Produkt aus seiner Masse, dem Quadrat seines Abstands vom Drehzentrum und der Drehgeschwindigkeit. Wir haben gesehen, dass die Rotation des Mondes genau so lange dauert wie ein Umlauf um die Erde, so dass er uns immer die gleiche Seite zuwendet; eine derart „gebundene Rotation" zeigen alle großen Planetenmonde im Sonnensystem. Drehimpuls kann nicht vernichtet, sondern nur übertragen werden. Wenn die Drehbewegung reduziert wird, wie dies in der Frühzeit des Systems Erde-Mond der Fall war, dann muss etwas anderes größer werden, und dieses andere ist der gegenseitige Abstand. Wir kennen dies von einem Eisläufer,

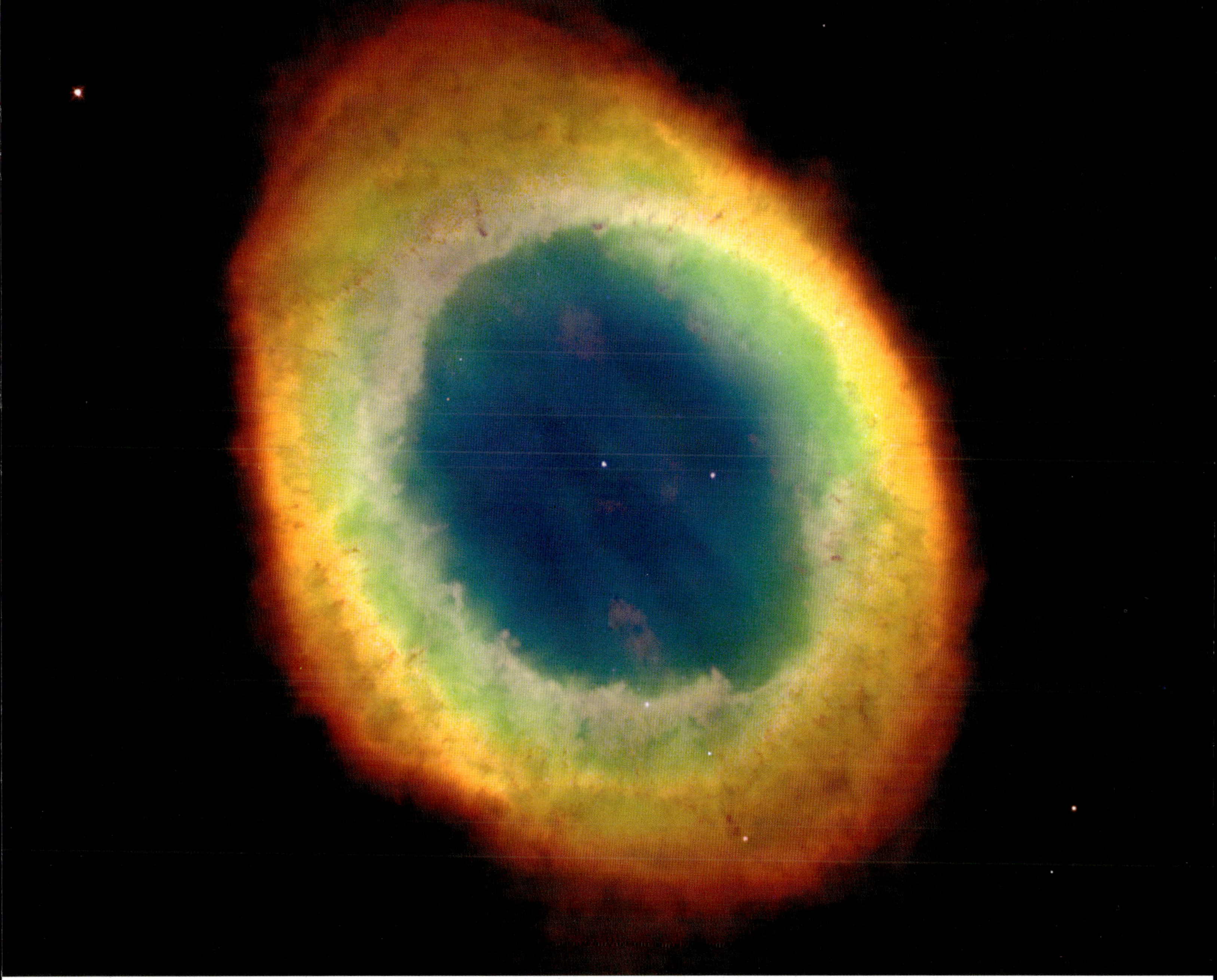

der eine Pirouette dreht. Wenn er die Arme eng an den Körper presst, wird er schneller, wenn er sie ausstreckt, bremst er seine Umdrehung.

Doch die Verhältnisse sind noch etwas komplexer, denn der Mond bremst auch die Erde ab, und so dauert jeder Tag etwa eine 50-millionstel Sekunde länger als der vorausgegangene Tag. Dies und zusätzliche, unregelmäßige Schwankungen führen immer wieder zu den bekannten Schaltsekunden. Der Mond kann sich aber nicht endlos von der Erde entfernen. Wenn der Abstand auf knapp 565 000 Kilometer angewachsen ist, wird er wieder umkehren, weil dann Gezeitenkräfte der Sonne ins Spiel kommen. Dann nämlich sind Erd- und Mondrotation sowie die gegenseitige Umlaufzeit bis auf 47 Tage angewachsen. Wenn das System Erde-Mond die Endphase der Sonnenentwicklung übersteht, kann es wirklich so weit kommen, aber natürlich erst lange, nachdem die Erde unbewohnbar geworden ist.

▲ Schmetterlings-Nebel (M2-9)
Fast scheint es, als sei dieser Nebel in der Mitte durchgeschnitten; er wird auch als Zwillingsjet-Nebel bezeichnet, was angesichts der gemessenen Gasgeschwindigkeit von rund 320 km/s durchaus treffend klingt.

▶ Der „Faule Eier-Nebel" (OH231)
So ähnlich könnte auch die Sonne aussehen, wenn sie eines Tages einen planetarischen Nebel um sich herum formt. Die Gasmassen, die mit rund 300 km/s davonströmen, prallen auf das umgebende interstellare Gas und lösen dort eine überschallknallähnliche Stoßfront aus, die auf dem Foto als bläulich leuchtende Blase erscheint. Innerhalb der nächsten tausend Jahre dürfte sich daraus ein normaler, bipolarer Gasstrom entwickeln und einen planetarischen Nebel formen. Der Beiname nimmt Bezug auf den hohen Schwefelgehalt des abströmenden Gases, der dem ganzen Nebel einen Geruch von faulen Eiern verleiht, wenn man denn im Kosmos riechen könnte.

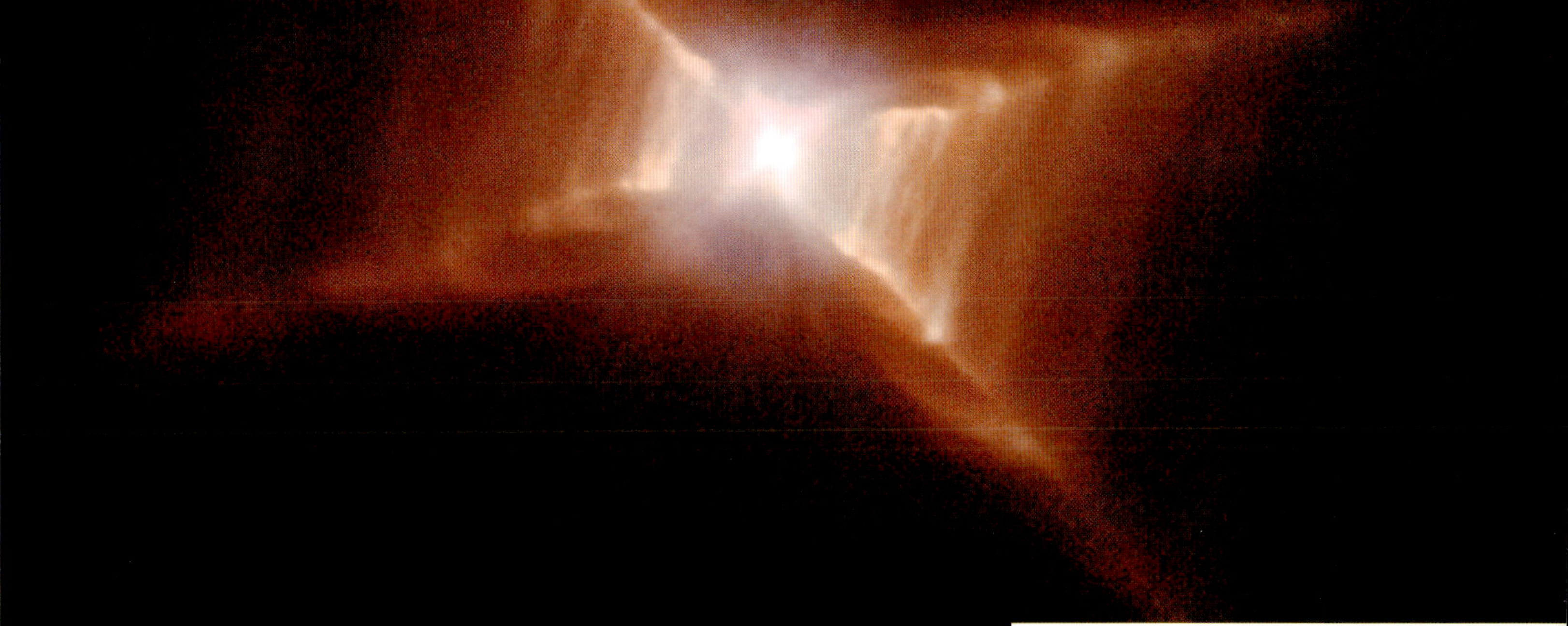

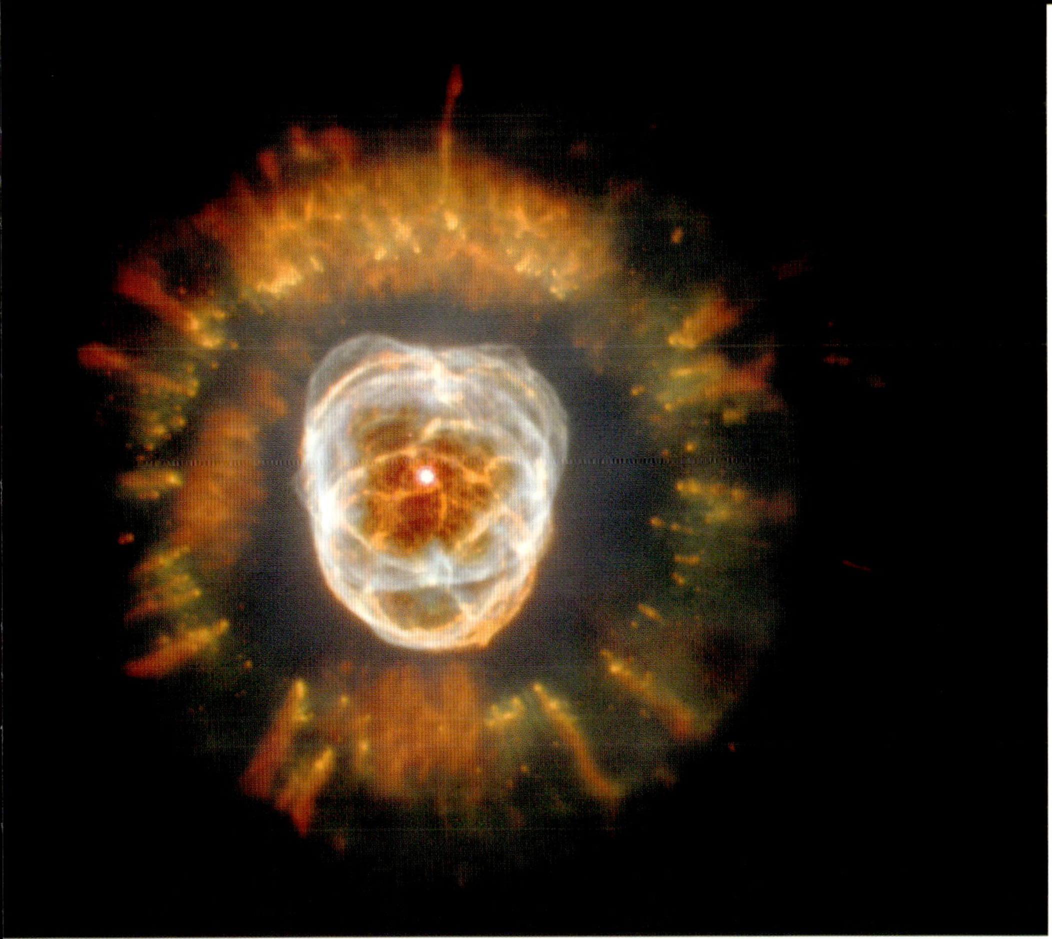

▲ Das rote Rechteck (AFGL915)
Die leiterähnliche Struktur könnte auf ineinander verschachtelte, konisch geformte Materiewolken hindeuten, die von dem Stern abgeblasen wurden und auf die wir genau von der Seite blicken.

◀ Eskimo-Nebel (NGC 2392)
Dieser kleine planetarische Nebel zeigt ein komplexes Muster aus Gas und Staub, dessen Ursprung noch nicht ganz verstanden ist. In kleineren Teleskopen ähnelt er dem Anblick eines Gesichtes, das von einer pelzbesetzten Kapuze umrahmt wird

▶ Eine ungewöhnliche Supernova?
Als die Supernova 1987A explodierte, hätte eigentlich ein Neutronenstern oder ein Schwarzes Loch entstehen müssen. Bislang hat man am Ort des Geschehens jedoch keine Hinweise auf das eine oder andere Objekt gefunden.

▼ Heller Weißer Zwerg
Der Hundsstern Sirius ist der hellste Stern am irdischen Himmel. Mit einem hinreichend großen Fernrohr kann man sogar zwei Sterne erkennen, wobei Sirius B, der Begleiter, sich als lichtschwacher Weißer Zwerg entpuppt, der 10000-mal dunkler erscheint als Sirius A. Im Röntgenlicht ist Sirius B dagegen wesentlich heller, wie der Anblick unten zeigt.

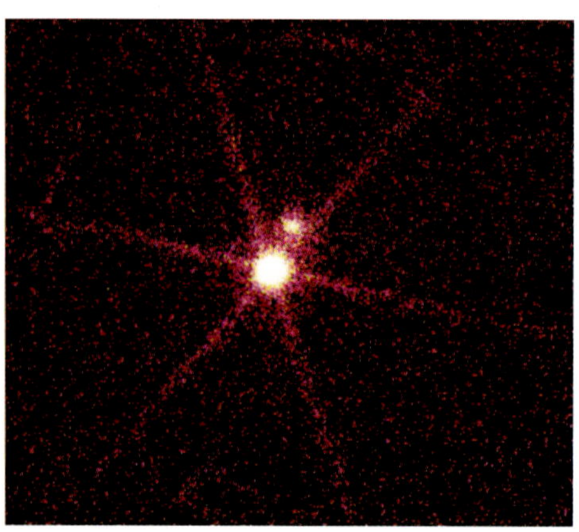

Während dieser Entwicklung wird die alternde rote Riesensonne zunehmend instabil. Dabei bläst sie ihre äußere Hülle in einer Reihe heftiger Pulsationen ab, so dass ein so genannter Planetarischer Nebel entsteht.

Dieser Name ist irreführend, denn mit Planeten hat dieses Stadium nichts zu tun – er rührt einzig vom planetenähnlichen Aussehen dieser Objekte in den kleineren Teleskopen des 19. Jahrhunderts her. Planetarische Nebel sind die Schmetterlinge des Universums, die in vielen verschiedenen Farben und Formen auftreten und nur wenige zehntausend Jahre überdauern. Der bekannteste Vertreter dieser Art ist der Ring-Nebel im Sternbild Leier, der selbst in einem kleineren Teleskop unweit der strahlenden Wega, etwa auf halbem Wege zwischen den beiden mit bloßem Auge sichtbaren Sternen beta und gamma, leicht zu finden ist. In einem Fernrohr erscheint er wie ein schwach leuchtender Autoreifen. M 57, so eine der vielen Bezeichnungen für dieses Objekt, erscheint symmetrisch, während andere zum Teil recht bizarre Formen aufweisen, die vermutlich mit den lokalen Gegebenheiten während des Materieauswurfes und im Umfeld des Sterns zusammenhängen. Weit verbreitet scheint der Umriss einer Sanduhr zu sein, bei der der weitaus größte Teil des Materials entlang der Achse des stellaren Magnetfeldes davon treibt. Je nach unserem Blickwinkel auf das Objekt erscheint ein Planetarischer Nebel dann als Sanduhr oder als Ring – oder als eine perspektivische Schrägansicht des Sanduhr-Profils. Als grobe Erklärung mag diese Vorstellung dienen, aber für viele Details reicht sie nicht aus. Planetarische Nebel gehören zu den chemisch interessantesten Regionen im Universum, weil in der Frühphase ihrer Entstehung hier durch die Ultraviolettstrahlung des Zentralsterns die Bildung zahlreicher Molekülsorten ermöglicht und angetrieben wird.

Ein Weißer Zwerg – die bankrotte Sonne

Unterdessen bietet am Zentralstern, dessen nuklearer Brennstoff nun völlig aufgezehrt ist, nichts mehr der eigenen Anziehungskraft Paroli, und so stürzt der Sternrest rasch in sich zusammen. Dabei steigt die mittlere Dichte so weit an, bis sich schließlich eine neue Kraft dagegen auflehnt – der so genannte Entartungsdruck. Er ist eine Folge des Pauli-Prinzips (auch Ausschließungsprinzip genannt), das einen wesentlichen Bestandteil der Quantenmechanik bildet: Danach können nie zwei Teilchen eines Systems den gleichen Zustand einnehmen. Wenn sich also zwei Partikel mit identischer Ladung, Masse und Energie zu nahe kommen, werden sie sich gegenseitig abstoßen. Der Stern schrumpft so lange weiter, bis dieser Entartungsdruck der Elektronen die Eigengravitation genau ausbalanciert. Die dafür erforderliche Dichte ist so groß, dass ein ursprünglich sonnenähnlicher Stern kaum größer als die Erde ist; ein Teelöffel voll Materie wöge auf der Erde mehrere Tonnen. Aufgrund seiner hohen Oberflächentemperatur, die weit mehr als 100 000 Grad erreichen kann, wird ein solcher Winzling als Weißer Zwerg bezeichnet. Von dieser Zwergsonne hat sich die Erde mittlerweile bis auf 270 Millionen Kilometer entfernt, bis über die heutige Marsbahn hinaus.

Und was kommt danach? Sehr wenig, denn ein Weißer Zwerg ist bankrott, verfügt über keine verwertbaren Energiereserven mehr. Er kann nur noch seine gespeicherte Wärmeenergie abstrahlen und dabei langsam auskühlen, bis er irgendwann in ferner Zukunft nicht mehr wärmer als die Umgebung ist. Das allerdings dauert so lange, dass das Universum derzeit noch zu jung sein dürfte, um schon irgendwelche ausgebrannten, schwarzen Zwerge zu beherbergen. Doch genau das ist die ferne Zukunft unserer Sonne und der sie dann noch umkreisenden Planetenreste.

Neutronensterne und Schwarze Löcher

Massereichere Sterne erwartet ein anderes Schicksal. Wenn der Stern so groß ist, dass sein kollabierender Kern mehr als 1,4 Sonnenmassen umfasst (dieser Wert ist als Chandrasekhar-Grenze bekannt), kann selbst der Entartungsdruck den weiteren Einsturz nicht aufhalten. Entsprechend steigt der Druck im Innern immer weiter, bis die Elektronen der Atome gleichsam in die Protonen gepresst werden und zusammen mit ihnen Neutronen bilden – ein Neutronenstern ist entstanden, dessen Dichte die eines Weißen Zwerges noch weit übertrifft: Ein Zuckerwürfel voll Neutronensternmaterie wöge auf der Erde so viel wie einige Millionen Elektrolokomotiven der Deutschen Bahn zusammen. Neutronensterne sind extrem klein, kaum größer als 20 bis 30 Kilometer – aber sie vereinen mindestens das Anderthalbfache der Sonnenmasse in sich. Könnte jemand auf der Oberfläche eines Neutronenstern stehen, so würde er dort etwa 10 Milliarden Tonnen wiegen. Neutronensterne sind die häufigsten Überreste von Supernova-Ereignissen; beobachtet werden sie meist als so genannte Pulsare.

Die Kerne besonders massereicher Sterne dagegen schrumpfen am Ende auch noch über das Neutronenstern-Stadium hinaus – hier reicht nicht einmal der Entartungsdruck der Neutronen als Notanker. Je dichter aber die Materie gepresst wird, desto größer wird die Fluchtgeschwindigkeit an der Oberfläche des schrumpfenden Objektes, bis schließlich auch keine Strahlung mehr entkommen kann – ein Schwarzes Loch ist entstanden. Sterne, deren Masse weniger als etwa acht Sonnenmassen beträgt, enden als Weißer Zwerg oder als Neutronenstern – massereichere Sterne als Schwarzes Loch.

Pulsare

Pulsare sind rasch rotierende Neutronensterne, die wir als Quellen scheinbar pulsierender Radiostrahlung beobachten; dabei werden Puls- beziehungsweise Rotationsperioden von Sekundenbruchteilen bis hin zu mehreren hundert Sekunden beobachtet. Sie verdanken ihre Existenz dem Drehimpuls-Erhaltungssatz, der besagt, dass ein schrumpfender rotierender Körper sich umso rascher drehen muss, je näher die Masse zur Drehachse konzentriert wird. Nach dem gleichen Prinzip beschleunigt ein Eisläufer seine Pirouettendre-

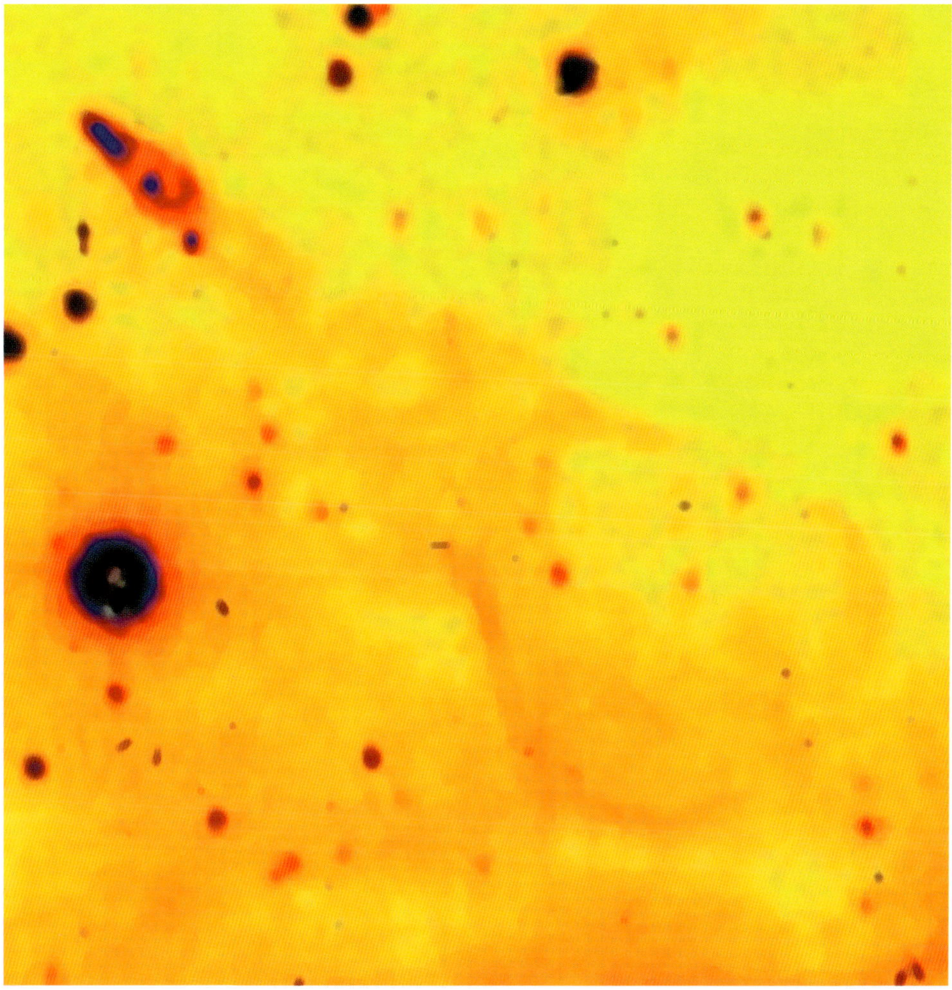

◀ **Gitarren-Nebel (WNJ2225)**
Die „Schleppwirbel" eines Neutronensterns, der mit einer Geschwindigkeit von rund 1600 Kilometer pro Sekunde durch das interstellare Medium der Milchstraße rast, haben die Umrisse einer Gitarre an den Himmel gezaubert.

hung, in dem er die Arme an den Körper presst, so dass die Drehung immer schneller wird. Wie schnell Pulsare sich anfangs drehen, ist noch nicht bekannt; der knapp tausend Jahre alte Pulsar im Krabben-Nebel dreht sich rund 30-mal in der Sekunde. Da Pulsare durch ihre Strahlung Energie verlieren, wird ihre Drehung mit der Zeit langsamer. Der schnellste bislang bekannte Pulsar dreht sich 1122-mal in der Sekunde; er ist wie die meisten Millisekundenpulsare durch nachträglich von einem Sternpartner herüber geströmte Materie beschleunigt worden.

Die vermeintlichen Pulse entstehen ähnlich wie bei einem Leuchtturm dadurch, dass die strahlende Materie über den Magnetpolen des Neutronensterns in zwei enge Strahlbündel gezwängt wird. Wenn deren Strahlung durch die Umdrehung des Pulsars über die Erde hinweg geführt wird, registrieren unsere Teleskope einen kurzen Strahlungsblitz oder -puls.

Pulsare gelten als die genauesten Uhren im Kosmos. Zwar machen sie gelegentliche Sprünge, deren Ursachen noch nicht vollständig verstanden sind, doch ansonsten zeigen sie eine erstaunlich konstante, wenngleich sehr langsame Abnahme ihrer Drehzahl. Damit ermöglichen sie den Astronomen ungewöhnlich präzise Messungen. In einem Fall erlaubt ein Pulsar-Paar eine Überprüfung der Relativitätstheorie, in zwei anderen Fällen konnte die Existenz von erdähnlichen Planeten und sogar einem asteroidenähnlichen Objekt nachgewiesen werden. Allerdings bleibt vorerst unklar, wie Planeten die Explosion des Sterns überstanden haben sollen, die zur Bildung des jeweiligen Pulsars geführt hat.

Bislang haben wir nur das Schicksal der jeweiligen Kernregionen der ausgebrannten Sterne kennengelernt. Um sie herum passiert aber etwas mindestens ebenso Drama-

◀◀ **Tonnenförmiger Nebel**
Dieser ungewöhnliche Supernova-Überrest enthält ein Geheimnis, das sich nur – wie hier – auf einem Falschfarben-Röntgenbild erschließt. Das hell leuchtende blaue Band könnte der Überrest eines Gammastrahlen-Ausbruchs und damit eines der energiereichsten Ereignisse in der Natur sein.

▶▶ Die Antennen-Galaxien (NGC 4038/39)
Das detailreiche Bild des Hubble-Weltraumteleskops zeigt zwischen den orange erscheinenden Kernregionen dieser beiden kollidierenden Galaxien ein breites Band chaotisch turbulenter Staubwolken. Der Beiname geht auf den Anblick in erdgebundenen Teleskopen zurück, die weniger Details, dafür aber mehr Umgebung und entsprechend auch die weit hinaus reichenden Materiefetzen erfassen, die an die Fühler eines Insektes erinnern. Irgendwann wird dieser kosmische Paartanz in einer Verschmelzung enden, doch vorerst leuchten die beiden Kerngebiete besonders hell, weil durch die Kollision ein intensiver Sternentstehungsprozess ausgelöst wurde.

tisches: Wenn der Kollaps abrupt endet, prallt die nachstürzende Sternhülle auf eine extrem harte Kugeloberfläche und wird mit unvorstellbarer Energie zurück geschleudert – eine Supernova leuchtet auf.

Galaktische Kollisionen

Nicht nur unsere Sonne wird eines Tages sterben, sondern auch die übrigen Sterne im Universum; dafür kommen neue hinzu. So verändern sich die Galaxien zusätzlich. Die lokale Galaxiengruppe enthält drei größere Systeme: die Andromeda-Galaxie, die Triangulum-Galaxie und unsere Galaxis. Während die Andromeda-Galaxie größer als die Milchstraße ist, bleibt die Triangulum-Galaxie hinter ihr zurück. Die Andromeda-Galaxie ist etwa 2,5 Millionen Lichtjahre von der Galaxis entfernt, und aufgrund ihrer gegenseitigen Anziehungskräfte bewegen sich beide Systeme mit einer Geschwindigkeit von rund 300 Kilometer pro Sekunde aufeinander zu. In rund drei Milliarden Jahren wird es in unserer Gegend des Universums daher zu einer Kollision zweier großer Galaxien kommen.

Wenn eine kleine Galaxie mit einer großen zusammenstößt, wird sie einfach „verschluckt" und verliert dabei ihre Eigenständigkeit. Aufgrund der auftretenden Gezeitenkräfte verliert sie ihre Sterne an die große Galaxie und geht ganz in dieser auf. Wenn sich dagegen zwei große Galaxien in die Quere kommen, passiert etwas ganz anderes.

Dabei muss vorweg geschickt werden, dass es selbst dann kaum zu wirklichen Zusammenstößen der Sterne untereinander kommt. Die Abstände zwischen den Sternen sind dafür einfach zu riesig – immerhin ist der nächste Nachbar der Sonne rund 4,3 Lichtjahre entfernt. Selbst im chaotischen Durcheinander einer Galaxienkollision werden die einzelnen Sterne also vor individuellen Katastrophen „verschont" bleiben.

Eine solche Kollision zweier großer Galaxien dauert einige Milliarden Jahre. Wenn wir den Computersimulationen glauben dürfen, wird die Andromeda-Galaxie zunächst an unserer Galaxis vorbeischrammen, und während dieser Zeit wird der derzeit kleine, blasse Lichtfleck wie ein zweites Milchstraßenband erscheinen. Die Gas- und Staubwolken aus beiden Systemen werden aufeinander prallen, und die dabei entstehenden Stoßwellen leiten die Bildung ungezählter neuer Sterne ein, die zumeist in großen, von heißen, blauen Riesensternen dominierten Haufen stehen werden. Da solch massereiche Sterne sehr kurzlebig sind, ist wenig später ein Feuerwerk an Supernova-Explosionen zu erwarten, deren Stoßwellen die Entstehung weiterer Generationen von Kollisionssternen einleiten, und der ganze Himmel wird mit Wolken aus leuchtendem Gas und Staub übersät sein.

▼ Arp 299
Dieses kollidierende Galaxienpaar könnte der beste Platz für die Suche nach Supernova-Explosionen sein. Ein im Zuge der Kollision entstandener Supersternhaufen erlebte den Höhepunkt seiner Sternentstehungsphase vor rund sechs bis acht Millionen Jahren, so dass mittlerweile zahlreiche Sterne unmittelbar vor der finalen Explosion stehen. Seit 1990 wurden hier vier Supernovae beobachtet!

▲ **Die Mäuse-Galaxien (NGC 4676)**
In einer Entfernung von rund 300 Millionen Lichtjahren treffen diese beiden Galaxien aufeinander, die wegen ihrer langen Materieschweife auch als „Mäusepaar" bezeichnet werden. Auch diese Begegnung führt am Ende zu einer Verschmelzung zu einer Riesengalaxie.

Nach dieser ersten Begegnung wird das, was von der Andromeda-Galaxie übrig geblieben ist, rund 100 Millionen Jahre später umkehren und kopfüber zurück ins Zentrum dessen stürzen, was einmal unsere Galaxis war. Ein Großteil der Sterne und des interstellaren Gases wird zuvor in langen „Fetzen" heraus geschleudert worden sein, die aber nach und nach hinterher trudeln und sich schließlich in einer neu entstandenen elliptischen Riesengalaxie wieder finden. Und irgendwann wird sich das Schwarze Loch im Zentrum unserer Galaxis mit dem aus dem Zentrum der Andromeda-Galaxie vereinen. Dabei werden noch einmal eine große Menge an Strahlung und zusätzlich Gravitationswellen freigesetzt.

Gravitationswellen

Solche Gravitationswellen werden von der Allgemeinen Relativitätstheorie Albert Einsteins vorhergesagt. Man kann sie sich – ähnlich wie Erdbebenwellen – als Erschütterungen der Raumzeit vorstellen. In größerem Umfang können sie nur durch extrem energiereiche Prozesse erzeugt werden, aber selbst dann sind ihre Auswirkungen nicht sehr groß, und so konnten sie bislang nicht direkt nachgewiesen werden. Etliche Versuche dazu sind bereits gemacht worden, aber die erforderliche Präzision ist gewaltig: Man muss die Länge eines kilometerlangen Balkens kontinuierlich mit der Genauigkeit eines Atomkerndurchmessers bestimmen. Am ehesten könnte dies noch mit Hilfe von frei fliegenden Satelliten gehen, und so werden derzeit einige entsprechende Projekte vorbereitet. Der Nachweis von Gravitationswellen würde uns ein Fenster auf bislang unbeobachtbar gebliebene Phänomene im Kosmos öffnen.

Auch wenn wir Gravitationswellen noch nicht direkt nachgewiesen haben, gibt es doch sehr schlüssige Hinweise für ihre Existenz. Das schon erwähnte Pulsar-Paar, in dem sich zwei Neutronensterne umrunden, scheint solche Wellen auszusenden. Die „eingebauten" Präzisionsuhren in Gestalt der Pulsare lassen erkennen, dass sich die beiden Neutronensterne auf langsam immer enger werdenden Spiralbahnen einander nähern, und das heißt, das System muss in gleichem Maße Energie verlieren. Die Menge dieses Energieverlustes entspricht recht genau dem, was Gravitationswellen davontragen würden.

Das Ende?
Was auch immer mit dem Schwarzen Loch im Zentrum der Galaxis geschieht – die Erde wird zu diesem Zeitpunkt schon lange nicht mehr bewohnbar sein, und die Sonne selbst wird die letzte Phase ihrer Entwicklung erreicht haben, ja vielleicht sogar schon zu einem Weißen Zwerg geschrumpft sein.

Ein Großteil der bei den beschriebenen Prozessen freigesetzten Energie wird als Röntgenstrahlung weite Teile der Galaxis erfüllen, so dass viele Lebensprozesse unterbrochen und viele Organismen zerstört oder stark geschädigt werden. Die Strahlung kann sogar ausreichen, um selbst hochtechnisierte Zivilisationen auszurotten. Irgendwann wird das System zwar zur Ruhe kommen und die Strahlung abklingen, werden die Supernova-Explosionen im Gefolge der massiven Entstehung neuer Sterne „verraucht" sein – doch die neu entstandene elliptische Riesengalaxie ist dann womöglich auch totenstill.

Während der nächsten fünf Milliarden Jahre werden sich all die bislang geschilderten Entwicklungen also fortsetzen. Über allem aber steht zugleich die zunehmende Entfernung zwischen den Galaxienhaufen: Wir treiben langsam, aber unaufhaltsam einer langen Abenddämmerung des Universums entgegen.

18,7 MILLIARDEN JAHRE N. B. UND SPÄTER

KAPITEL 7 **Das Ende der Welt**

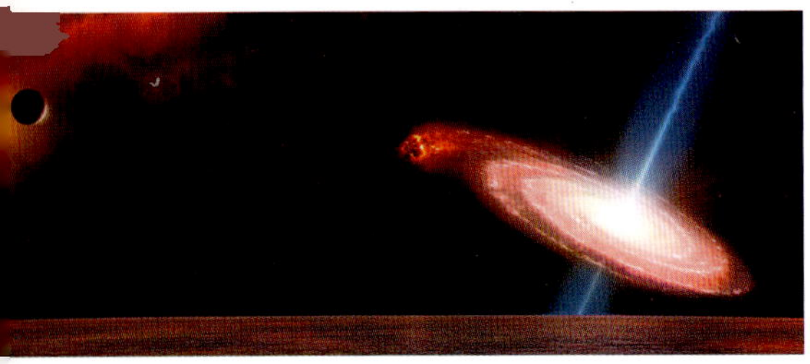

▲ Friedhof des Universums
In 100 Trillionen (10^{20}) Jahren werden die Überreste der Galaxien größtenteils zu massereichen Schwarzen Löchern kollabiert sein, die sich in einem immer weiter expandierenden Kosmos den „unendlichen Raum" mit den verbliebenen Sternresten teilen.

Wie sieht das endgültige Schicksal des Universums aus? Zweifellos gibt es für dieses Szenario eine Reihe von Varianten, aber entscheidend ist das Kräftespiel zwischen den beiden Finalisten – der Gravitation und der Kraft, die das Universum immer schneller auseinander treibt und derzeit noch als kosmologische Konstante bezeichnet wird.

Wollen wir zunächst eine Zukunft betrachten, in der am Ende die Gravitation überwiegt. Die Expansion käme dann doch zu einem Halt und würde schließlich in eine Kontraktionsbewegung umschlagen. Wir würden dann in den Spektren der Galaxien keine Rotverschiebung mehr messen, sondern eine Blauverschiebung, weil sie sich alle wieder aufeinander zu bewegten. Die Temperatur des Universums würde langsam ansteigen, und Kollisionen zwischen Galaxienhaufen würden mit der Zeit immer zahlreicher. Schließlich würde der Himmel immer heller, und am Ende versänke das ganze Universum in einem „großen Krach" (Big Crunch), einer Art Umkehrung des Urknalls.

Und dann? Vielleicht prallt das Universum ja unmittelbar wieder zurück, so dass aus dem Endkrach unseres Kosmos der Urknall eines neuen Kosmos würde, was sich dann vielleicht ohne Ende wiederholen könnte. Eine solche kosmozyklische „Wiederverwertung" würde uns von der Notwendigkeit befreien, über den Moment der Schöpfung nachdenken zu müssen – und so hat dieses Szenario durchaus seinen Reiz.

Leider geben die derzeit favorisierten Modelltheorien diesem Endkrach keine Chance. Das Universum enthält einfach zu wenig Materie, um der Expansion Einhalt zu gebieten. Daran kann auch die dunkle Materie nichts ändern. Die vereinte Schwerkraft reicht nicht aus. Und der Einsatz des zweiten Spielers, der Kosmologischen Konstanten, macht die Dinge noch schlimmer, scheint sie doch zu bewirken, dass sich das Universum immer schneller ausdehnt. Da aber dann alles von ihrer Stärke abhängt, ist dies vielleicht der richtige Zeitpunkt zu klären, ob es sich tatsächlich um eine Konstante handelt. Derzeit haben wir noch nicht genügend Daten, um diese Frage endgültig zu beantworten, aber alle vorliegenden Beobachtungen sprechen für eine „konstante Konstante". Was ist die Konsequenz daraus?

Ewige Expansion

Lange nachdem die Sonne zu einem Weißen Zwerg geschrumpft ist, werden neue Sterne aufleuchten und die Abstände zwischen den Galaxienhaufen weiter wachsen. Man geht davon aus, dass die Schwerkraft zumindest lokal, also über die Distanzen innerhalb eines Galaxienhaufens, die Oberhand behalten und die Mitglieder eines Haufens zusammenhalten wird. Aber zwischen den einzelnen Haufen werden sich immer weitere „Abgründe" auftun, so dass sie immer blasser erscheinen. Darüber hinaus verändert sich das Aussehen der Haufen auch von innen heraus. Mit der Zeit werden die hellen Sterne explodieren und lichtschwachen Sternresten „Platz" machen, und die Zahl der Schwarzen Löcher nimmt immer weiter zu. Da gleichzeitig immer weniger Materie für die Entstehung neuer Sterne übrig bleibt, sinkt die Gesamthelligkeit einer Galaxie – anfangs nur langsam, dann immer schneller.

Nach vielleicht 10 Billionen (10^{13}) Jahren – das Universum ist dann fast tausendmal so alt wie jetzt – werden alle Sterne erloschen sein. Aber ihre Schwerkraft ist weiterhin wirksam, so dass es zu engen Begegnungen zwischen schwarzen Zwergsternen kommen wird. Auch ein Sternrest, der sich um das Zentrum seiner Galaxie bewegt, strahlt ganz schwache Gravitationswellen ab, so dass er allmählich an Bewegungsenergie verliert und sich auf immer engeren Spiralbahnen dem galaktischen Zentrum nähert. Aufgrund der zunehmenden Dichte wächst die Zahl der Kollisionen, und so können immer größere Schwarze Löcher entstehen. Vergleichbares spielt sich vielleicht auch auf einer höheren Ebene zwischen den Zentren der Galaxien eines Haufens ab und später auch zwischen den Subzentren eines galaktischen Superhaufens, so dass am Ende alles, was zum Beispiel der Lokalen Gruppe und dem Virgo-Galaxienhaufen angehörte, in einem zentralen Schwarzen Superloch verschwunden ist.

▶▶ Schwarzes Superloch (NGC 1097)
Man ahnt regelrecht, wie die Materie auf Spiralbahnen in das massereiche Schwarze Loch im Zentrum des Spiralrings stürzt. In diesem Ring aus Gas und Staub erkennt man mehr als 300 Sternentstehungsregionen als weiße Flecken.

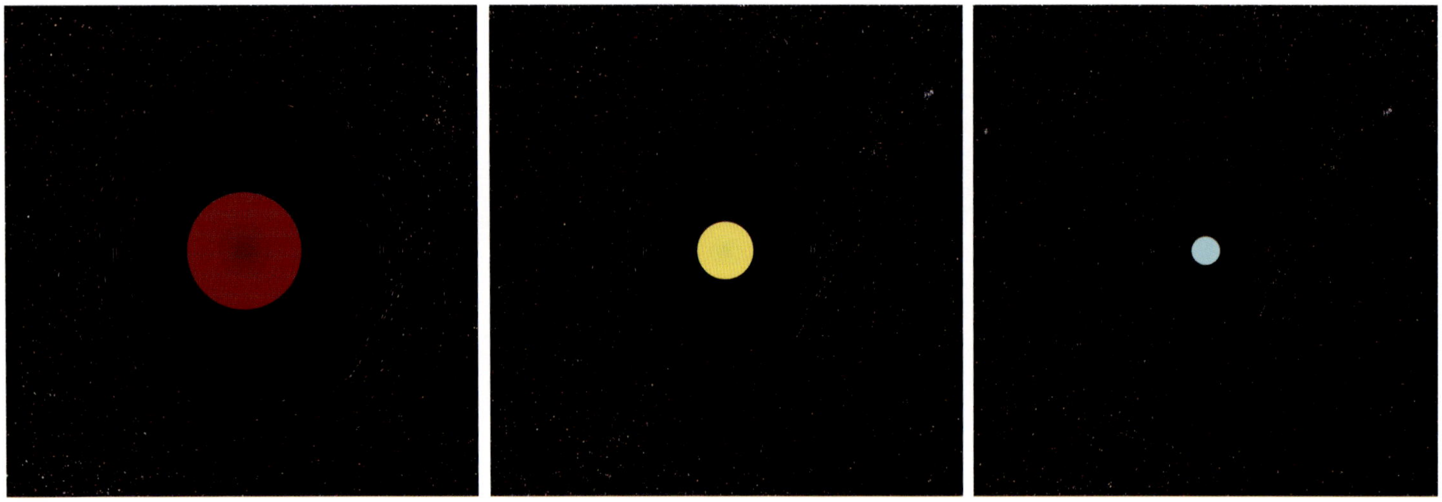

▲ **Das Ende eines Schwarzen Loches**
Diese Illustration zeigt das Ende eines Schwarzen Loches, das aufgrund der Hawking-Strahlung allmählich schrumpft. Man nimmt an, dass sich am Ende alle Schwarzen Löcher in einem Energieblitz auflösen. Während des Schrumpfungsprozesses wird die austretende Hawking-Strahlung immer kürzerwellig, so dass sich das Schwarze Loch zunehmend blau „verfärbt".

Nach rund 10^{20} Jahren, was immerhin dem Zehnmilliardenfachen des heutigen Weltalters entspricht, wird das Universum trostlos und düster aussehen: Ausgebrannte Sterne, leblose Planeten, gewaltige Schwarze Löcher, und dazwischen vereinzelte Elementarteilchen und Photonen – und das alles verteilt auf einem Raum, der unser Vorstellungsvermögen sprengt. Selbst zwischen „benachbarten" Schwarzen Löchern, den Überbleibseln von Galaxienhaufen, klaffen Weiten, die mehr als hundertmal größer sind als der Durchmesser des heute überschaubaren Universums. Das Leben wird von der kosmischen Bühne abgetreten sein.

Nichts ist für die Ewigkeit

Selbst die Schwarzen Löcher könnten sich als vergänglich erweisen. Wir haben schon früher beschrieben, dass das Vakuum nicht wirklich leer, sondern von virtuellen Teilchen erfüllt ist. Ihre Lebensdauer ist so kurz, dass sie sich gewöhnlich nicht in normale Teilchen umwandeln können. Diese virtuellen Teilchen treten immer paarweise auf, wobei sich die beiden Teilchen nur durch ihre entgegengesetzte Ladung unterscheiden. Als Teilchen und Antiteilchen zerstrahlen sie unmittelbar nach ihrem Erscheinen wieder.

Was aber, wenn ein solches Teilchenpaar am Ereignishorizont eines Schwarzen Loches auftaucht? Wenn dann eines der beiden Teilchen über den Ereignishorizont nach innen gezerrt wird und daher nicht mehr zurückkehren kann, bleibt das andere Teilchen zurück und kann sich in die Gegenrichtung entfernen. Für einen außenstehenden Beobachter hat das Schwarze Loch dieses Teilchen abgestrahlt und die entsprechende Masse verloren, so dass auch der Ereignishorizont schrumpft. Dies kann sich in endlosen Zeiten immer und immer wiederholen – und zwar umso häufiger, je kleiner das Schwarze Loch wird, so dass es am Ende in einem Strahlungsblitz verdampft.

Und dann das letzte Stadium – der Protonenzerfall. Ein Proton besteht nach unseren Vorstellungen aus drei Quarks, doch möglicherweise kann es auch in leichtere Teilchen plus Strahlung zerfallen: Die elektrische Ladung könnte einem Positron (einem Antielektron) übertragen werden, die restliche Masse dagegen einem Pion, das aber so instabil ist, dass es unmittelbar zu Photonen zerstrahlt. Die mittlere Lebenserwartung eines Protons dürfte allerdings mindestens 10^{31} Jahre betragen, so dass man sich nicht wundern muss, bislang nichts davon bemerkt zu haben – schließlich ist das Universum erst etwa 10^{10} Jahre alt. Wenn aber die Hypothese stimmt, enthielte das Universum in 10^{33} Jahren nur noch ein Meer von Photonen und Elementarteilchen.

Die Expansion der Raumzeit setzt sich auch dann noch fort und erzwingt eine anhaltende weitere Verdünnung der Materie. Nach 10^{66} Jahren wäre der typische Abstand zwi-

schen zwei Elektronen auf die hunderttausendfache Größe des heute überschaubaren Universums gewachsen. Und nach vielleicht 10^{116} Jahren könnten sich die verbliebenen Teilchen schließlich auch noch in Strahlung umwandeln. Zu diesem Zeitpunkt wäre der Kosmos längst zu einer dunklen Ödnis geworden, in der nichts mehr passieren kann.

Dabei dürfen wir nicht vergessen, dass dieses Szenario von einer konstanten Kosmologischen Konstanten ausgeht. Und wenn diese Annahme falsch ist? Sollte ihre Stärke abnehmen oder sogar abrupt auf Null fallen, werden wir diese Ödnis vermutlich dennoch nicht entkommen können. Nimmt sie dagegen an Kraft zu, wartet ein noch dramatischeres Ende auf die Welt.

▲ Schwarze Löcher – die letzten Überlebenden
Die Galaxie M 87 ist ein besonderes Mitglied des Virgo-Galaxienhaufens in rund 60 Millionen Lichtjahren Entfernung. Sie umfasst rund 14000 kugelförmige Sternhaufen und spektakuläre Materie-Jets, die sich über eine Distanz von 8000 Lichtjahre erstrecken und in allen Spektralbereichen vom Röntgenlicht bis zur Radiostrahlung zu beobachten sind. Das Herzstück dieser Aktivitäten ist ein massereiches Schwarzes Loch.

Das große Reißen

Zunächst wird man wahrscheinlich kaum einen Unterschied bemerken. Die einzelnen Szenen des beschriebenen Ablaufs folgen schneller aufeinander, und wir werden uns früher in einem scheinbar isolierten Galaxienhaufen wiederfinden, der durch die Gravitation zusammengehalten wird – über lokale Entfernungen bleibt die Schwerkraft zunächst stärker, während die beschleunigende Wirkung der Kosmologischen Konstanten mit wachsendem Abstand zunimmt. Doch irgendwann wird die ständig zunehmende Stärke dieser Wirkung sich auch über immer kleinere Entfernungen bemerkbar machen. Dann werden zunächst die Galaxienhaufen auseinander gerissen, und jede Galaxie bleibt für sich allein im Zentrum eines immer rascher expandierenden, ansonsten leeren Teils des Universums. Bis zum Ende jedweder Struktur bleiben dann weniger als eine Milliarde Jahre. Rund 60 Millionen Jahre vor dem „Ende" werden auch die Galaxien zerfleddert und die einzelnen Sterne – oder was von ihnen übrig geblieben ist – in alle Richtungen davon treiben. Schon dann wird das jeweils überschaubare Universum leerer sein als wir uns das vorstellen können, aber der letzte Akt des Dramas steht noch aus – das große Reißen.

Wenn die Expansion des Universums immer schneller voranschreitet, werden am Ende die Sterne selbst buchstäblich zerrissen, und für die Planeten, die zunächst noch weiter existieren können, schlägt das letzte Stündlein etwa 30 Minuten vor dem Ende. Was folgt, ist ein „See" von einzelnen Atomen, die ihrerseits am Ende auch zerplatzen, weil selbst die starke Kernkraft der Kosmologischen Konstante nicht mehr Paroli bieten kann. So bleiben nur noch Strahlung und Elementarteilchen, ganz wie am Anfang, aber unendlich dünn verteilt. Das ist nüchterne Wissenschaft – und doch hat man instinktiv das komische Gefühl, dass daran etwas falsch ist. Ein Universum, das auf irgendeine der beschriebenen Weisen endet, erscheint sinnlos, und vielleicht haben wir bislang wirklich einen wichtigen Punkt übersehen. Wenn nach dem einen Szenario am Ende nichts mehr geschieht, gibt es nichts mehr, mit dem wir den Ablauf der Zeit messen können, und man könnte dann sagen, dass die Zeit stillstehe, zu existieren aufhöre. Dann können – und brauchen – wir nicht darüber zu spekulieren, was danach kommt, weil es kein „danach" mehr gibt. Trotzdem ist es kaum zu glauben, dass dieses ungeheuer komplexe und strukturierte Universum als gestaltloses Chaos endet. Die Wissenschaft kann uns an dieser Stelle nicht weiter bringen, und solange unsere intellektuellen Fähigkeiten uns keine neuen Erkenntnisse und Einsichten liefern, können wir nicht mehr tun.

Parallel-Universen

Immerhin wissen wir, dass unsere Erde und das Leben auf ihr nur eine begrenzte Zukunft hat. Die Zukunft des Universums währt zwar länger, aber wenn die modernen Theorien stimmen, ist auch sie nicht unbegrenzt. Wir wissen eine Menge über unser Universum, aber es gibt auch das Konzept der so genannten Parallel-Universen, die zeitgleich mit unserem in anderen Dimensionen existieren, so dass ein direkter Kontakt nicht möglich ist. Diese Parallel-Universen können sich in jeglicher Hinsicht von unserem unterscheiden: einen anderen Ursprung haben, eine andere Zusammensetzung, einen anderen Zeitablauf. Wenn es sie wirklich gibt, steuern sie auch auf ein unabwendbares Ende zu?

Nehmen wir einmal an, sie existieren wirklich (wofür es aber nicht den geringsten Hinweis gibt!), dann können Parallel-Universen natürlich auch noch lange nach „unserer Zeit" fortbestehen, und wenn sie ebenfalls intelligente Lebensformen enthalten, mag das Bild von einer finalen Starre und Unbeweglichkeit falsch sein. Das Problem ist allerdings, dass wir derzeit keine Chance sehen, dies herauszufinden. Wenn am Ende alle Universen ein ähnliches Schicksal erfahren, könnte man sagen, dass das Experiment „Universum" oder „Universen" sinnlos gewesen ist, und das wäre für viele Menschen sicher schwer verdaulich.

Das Ende der Geschichte

Wir haben unser Bestes getan, um die Geschichte des Universums nachzuzeichnen, wie sie sich heute den Astronomen präsentiert. Wir haben mit dem Urknall begonnen, sind durch die Phasen der Inflation, der Aufklarung, der ersten Sterne, Galaxien, Planeten und des Lebens gereist – bis hin in die fernste und wahrlich dunkelste Zukunft, die auf uns wartet. Zum Zeitpunkt der Niederschrift war dies die überzeugendste Form der Geschichte, die wir kennen, aber ob sie auch in zehn Jahren oder gar in hundert Jahren noch zutrifft? Nun, wir wissen es einfach nicht!

▶▶ Der Große Riss

In einem der unterschiedlichen Zukunfts-Szenarien kann am Ende nicht einmal die starke Kernkraft die Atome des expandierenden Kosmos zusammenhalten, so dass auch sie „auseinanderreißen" müssen und sich in Strahlung umwandeln – ähnlich wie am Anfang, wegen der zwischenzeitlich abgelaufenen gewaltigen Expansion aber nahezu unendlich dünn verteilt.

Epilog

„Wir sind Sternenstaub – wir sind golden …" (Joni Mitchell, 1969)

Dank immer leistungsfähigerer Teleskope und immer ausgefeilterer Modelle für ihre Computersimulationen finden die Astronomen jeden Tag mehr über das außerordentlich komplexe Universum heraus, in dem wir leben. Je mehr Daten sie sammeln, desto deutlicher scheint es, dass nahezu alles, was seit dem Urknall geschah, eine notwendige Voraussetzung mit dafür war, dass irgendwo in diesem Universum ein kleiner blauer Planet entstand, der die passenden Randbedingungen für die Entstehung der Menschen und aller anderen Tiere und Pflanzen um uns herum bot. Das bedeutet aber überhaupt nicht, dass wir bedeutender wären als die übrigen Kreaturen oder dass wir in einer gegenüber den anderen Epochen der Kosmosgeschichte bevorzugten Zeit lebten. Vielleicht ist auch die Entwicklung der Menschheit nur ein notwendiger Schritt in der weiteren Entwicklung des Universums.

Wir hoffen, dass wir den Lesern mit dieser Darstellung der Kosmosgeschichte in ihrer chronologischen Abfolge – und damit losgelöst von der Reihenfolge der Entdeckungen – ein Gefühl für den roten Faden vermittelt haben, der die Entwicklung des Universums durchzieht – einen Faden, mit dem wir alle unlösbar verwoben sind. Alles, aus dem wir sind, und alles, was wir kennen, hat seinen Ursprung in diesem Urknall und war in ihm angelegt. Und in einem gewissen Sinne leben wir immer noch in diesem Urknall.

Wir, die Autoren, halten dieses „Geschichtsbuch" für einen angemessenen Versuch zu beschreiben, *wie* sich die Dinge nach heutigem Kenntnisstand entwickelt haben. Mit Nachdruck haben wir jeden noch so kleinen Schritt auf das Gebiet des *Warum* vermieden und auch nichts dazu gesagt, ob eine übermenschliche Intelligenz den ganzen Prozess in Gang gesetzt habe. Diese Bereiche, in denen keine physikalischen Daten oder Hinweise existieren, bleiben das Reich des Mystizismus und der Religionen. Wir meinen, dass die gebührende Wertschätzung der kosmischen Abläufe in all ihrer Schönheit keinen Konflikt zwischen Wissenschaft und Religion heraufbeschwört; beide Bereiche betrachten verschiedene Seiten der gleichen Medaille. Vielleicht tragen wir mit unserem Buch ein wenig zur Beruhigung und Entschärfung der Debatte bei, die derzeit auf unserem Planeten zu diesem Thema geführt wird. Würden wir ein ganzes Forscherleben darauf verwenden, vollständig zu verstehen, wie eine einzige Osterglocke entsteht, kämen wir dem Geheimnis ihrer Schönheit doch nicht näher; trotzdem kann uns die Befriedung unserer Neugierde auf beiden Gebieten endlose Freude und andauerndes Vergnügen bereiten. In diesem Sinne wünschen wir Ihnen eine andauernde Freude.

Brian May, Patrick Moore und Chris Lintott

◀◀ Unsere Heimat im Kosmos
Dies ist kein Bild des Mondes, sondern unseres weißblauen Planeten, wie ihn die Astronauten auf dem Rückweg vom Mond gesehen haben. Hier hat sich die gesamte bisherige Geschichte der Menschheit abgespielt.

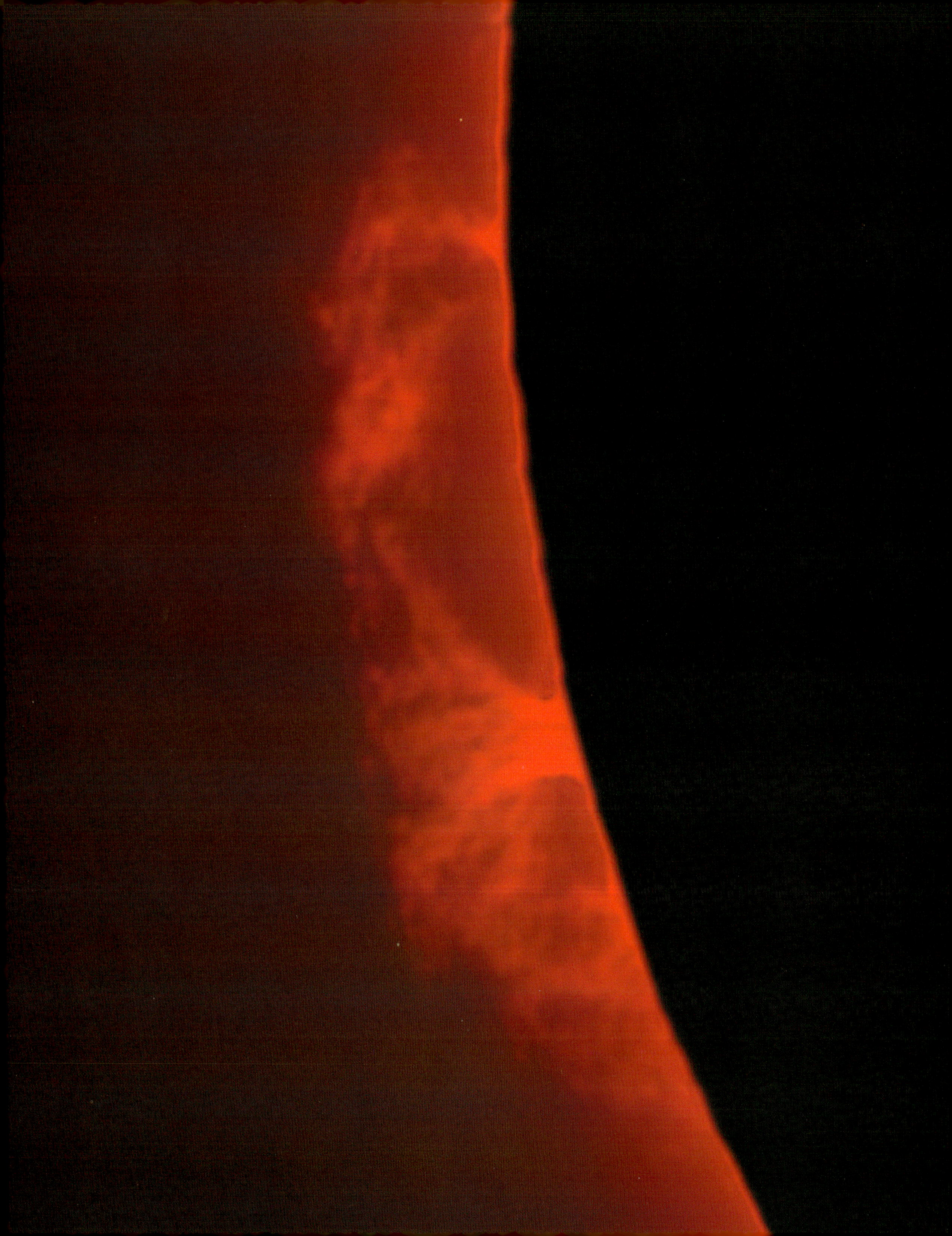

Praktische Astronomie

Wie viel von diesem phantastischen Universum können Sie selber sehen? Die Antwort lautet: eine ganze Menge. Die Astronomie ist vermutlich die einzige Wissenschaft, in der Amateure und professionelle Wissenschaftler eng zusammen arbeiten und in der Amateure wertvolle Beiträge liefern sowie viel innere Befriedigung erfahren können. Man braucht nicht wirklich astronomische Summen auszugeben, um den Himmel erfolgreich beobachten zu können. George Alcock zum Beispiel, ein bekannter britischer Kometen- und Nova-Jäger, hat nie ein Teleskop benutzt, sondern all seine Entdeckungen mit lichtstarken Ferngläsern auf einer speziellen Montierung gemacht, die er abends in seinem Garten aufbaute.

◀◀ **Sonnenprotuberanzen**
Wie kleine Grasbüschel ragen diese Protuberanzen über den Rand der Sonne hinaus – aufgenommen im roten Licht des Wasserstoffs.

Wie wird man Amateurastronom?

Die nachfolgenden Vorschläge können vielleicht hilfreich sein, wiewohl unterschiedliche Vorlieben und äußere Randbedingungen sicher auch über andere Wege zum Ziel führen. Wir hoffen aber, dass unsere Tipps dennoch nützlich sind.

1. Man sollte zunächst einige einführende Bücher lesen, um so die Grundlagen zu erlernen und zu begreifen. Viele Begriffe wird man schon aus der Lektüre dieses Buches kennen, aber man darf auch ruhig das Glossar am Ende zu Rate ziehen.
2. Die Mitgliedschaft in einer astronomischen Vereinigung ist ebenfalls hilfreich. Solche Zusammenschlüsse gibt es in vielen großen und kleineren Orten; entsprechende Hinweise findet man im Internet zum Beispiel unter www.sternklar.de/gad/. So kann man Gleichgesinnte kennenlernen, die in der Regel auch gerne Auskünfte geben und ihre Hilfe anbieten.
3. Mit einer drehbaren Sternkarte kann man lernen, sich am Himmel zurecht zu finden. Das ist längst nicht so schwierig, wie man meinen könnte. Ohne optische Hilfsmittel sieht man selbst an einem dunklen Standort nie mehr als 3000 Sterne, und die helleren darunter bilden einprägsame Muster, die sich noch dazu über Jahrhunderte und

◀ **Beobachtung des Venustransits 2004**
Zu diesem ersten Venusdurchgang seit mehr als 120 Jahren trafen sich zahlreiche Beobachter auf dem Gelände der Sternwarte von Patrick Moore zu einer Transit-Party.

Jahrtausende hinweg nicht verändern. Einzig die Planeten des Sonnensystems bewegen sich vor diesem Hintergrund, aber auch sie halten sich an den Hauptverkehrsweg, den Tierkreis.

4. Mit einem guten Fernglas kann man auf die Suche nach einzelnen Objekten gehen wie etwa roten Riesensternen, Sternhaufen oder auch leuchtenden Gasnebeln oder sich die wechselnden Phasen der Venus und die Bewegung der Jupitermonde anschauen. Vielleicht taucht sogar ein heller Komet am Himmel auf wie zuletzt der Komet Hale-Bopp, der 1997 viele Wochen hindurch beobachtet werden konnte.
5. Irgendwann werden Sie merken, wie stark Ihr Interesse an der Astronomie wirklich ist und welcher Teil Sie am meisten interessiert. Davon hängt nämlich ab, welche Ausrüstung man sich zulegen sollte. Sicher wird man sich nun ein Teleskop wünschen, und da gibt es mittlerweile auch brauchbare Einsteiger-Geräte für ein paar hundert Euro. Für eine richtige Sternwarte mit einem größeren Fernrohr und etlichen Zusatzgeräten muss man natürlich einiges mehr ausgeben, aber das kommt erst in einem späteren Stadium. Übrigens: Ein Teleskop verliert nicht wirklich an Wert. Wenn man es pfleglich behandelt (was nicht gerade viel Aufmerksamkeit erfordert), kann es ein ganzes Leben halten.
   Wir werden später noch mehr über Teleskope verraten. Zunächst aber wollen wir uns in die Situation eines neuen Astrofans versetzen, der dieses Buch gelesen hat und nun unbedingt einige der darin erwähnten Objekte mit eigenen Augen betrachten möchte. Nehmen wir weiter an, dass dieser Astrofan stolzer Besitzer eines guten Fernglases und eines kleinen, preiswerten Teleskops von vielleicht 75 oder 80 Millimeter Öffnung ist. Womit sollte man anfangen?

Die Sonne

Die Sternbilder kennen zu lernen ist sicher wichtig, aber die meisten Einsteiger wollen vielleicht bei unseren nächsten Nachbarn, den Mitgliedern des Sonnensystems, anfangen. An der Spitze dieser Liste steht die Sonne – aber hier muss man eines von Anfang an beachten: Die Sonne ist gefährlich. Unter keinen Umständen sollte man direkt in die Sonne blicken, auch dann nicht, wenn sie tief über dem Horizont steht und ungefährlich erscheint: Ihre Strahlung erstreckt sich nicht nur auf den Bereich des sichtbaren Lichtes, und sie ist sehr energiereich. Wer ungeschützt mit einem Fernglas oder einem Teleskop in die Sonne blickt, riskiert dauerhafte Augenschäden bis hin zur Erblindung. Für die Beobachtung der Sonne sind sorgfältige Schutzmaßnahmen zu beachten. Leider werden vor allem kleine Teleskope immer noch mit so genannten Okularfiltern verkauft, die vor das Okular geschraubt werden können und angeblich das gleißende Licht und die Wärmestrahlung der Sonne abhalten. Solche Okularfilter sind absolut nutzlos und äußerst gefährlich, denn sie bieten absolut keinen Schutz und können ohne jede Vorwarnung platzen. Sie sollten nie eingesetzt werden. Anders ist es, wenn man spezielle Sonnenfilter vor dem Objektiv sicher befestigt, sodass sie nicht herunterfallen können.

▼ Sonnenflecken
So sind sie mit geeigneten Schutzmaßnahmen in einem Amateurfernrohr zu beobachten.

Am einfachsten ist es aber, ein Fernrohr als Sonnen-Projektionsgerät zu verwenden und nur das projizierte Sonnenbild zu betrachten. Dazu muss ein Projektionsschirm an passender Stelle montiert sein (siehe Seite 105). Dies ist sicher genug, und auf dem projizierten Sonnenbild wird man allfällige Sonnenflecken leicht erkennen. Wenn man die Sonne jeden Tag beobachtet, kann man verfolgen, wie die Flecken auf Grund der Sonnenrotation über die Sonnenscheibe wandern. Dies ist faszinierend, zumal die Sonne der einzige Stern ist, auf dem man solche Details erkennen kann. Übrigens muss man sich dieses Projektionsgerät nicht selbst bauen, entsprechendes Zubehör bietet der Fachhandel an.

Ernsthafte Sonnenbeobachtung erfordert eine spezielle Ausrüstung, doch liefern passende Bücher geeignete Tipps. Auf jeden Fall brauchen Sonnenbeobachter sich nicht gegen kalte Nächte zu schützen und können das Objekt ihrer Begierde auch mitten aus der Stadt heraus verfolgen.

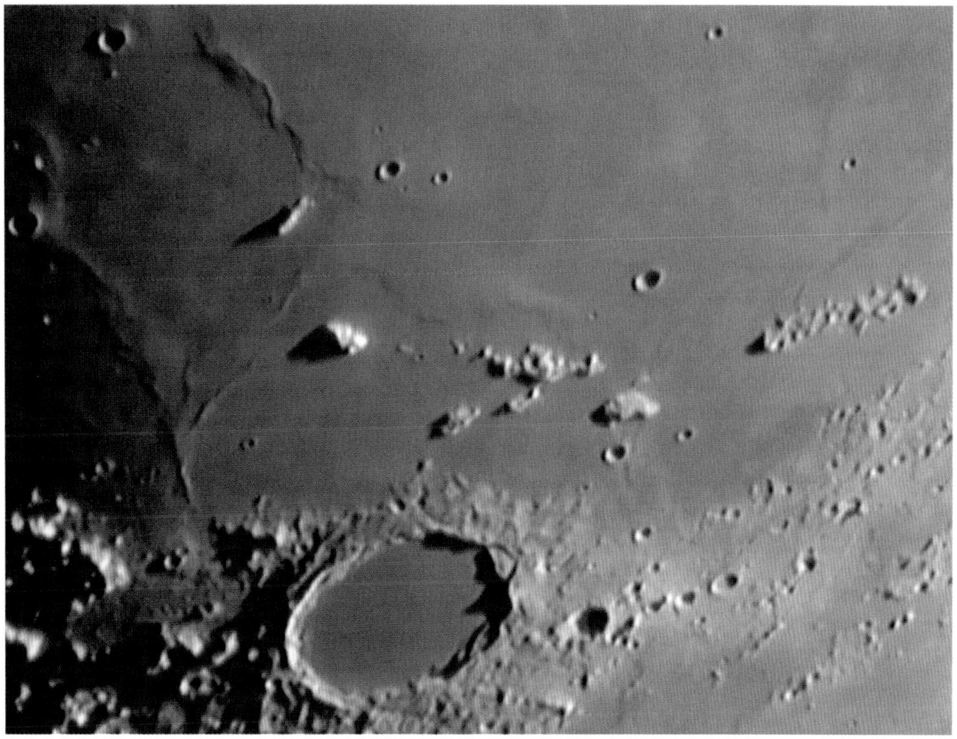

◀ **Mondkrater**
Der rund 100 Kilometer große Krater am unteren Bildrand heißt Plato.

Der Mond

Als Nächstes kommt der Mond, der zwar auch noch blendend hell sein kann, aber ungefährlich ist – seine Wärmestrahlung ist viel geringer als die der Sonne. Seine Hauptstrukturen sind die dunklen „Meere" sowie Krater und Gebirge. Schon mit bloßem Auge kann man die größeren Meere erkennen, und ein Fernglas zeigt bereits etliche Krater und Gebirgsmassive. Mit einem Teleskop steigt die Zahl der beobachtbaren Details ins Unermessliche.

Die Mondmeere sind große Lavaebenen, klar umgrenzt oder ineinander übergehend. Anfangs hat man sie für wirkliche Meere oder zumindest für Meeresbecken gehalten, und aus dieser Zeit stammen auch ihre fantasievollen Namen: Mare Serenitatis (Meer der Heiterkeit), Sinus Iridum (Regenbogenbucht), Oceanos Procellarum (Ozean der Stürme) und so weiter; heute wissen wir jedoch, dass es nie offene Wasserflächen auf dem Mond gegeben haben kann. Die Mondmeere sind knochentrocken und von vielen großen und kleinen Kratern übersät. Einige sind von Bergketten gesäumt – das Mare Imbrium zum Beispiel von den Mondalpen und dem Mondapennin, die beide durchaus höhere Berge enthalten als die gleichnamigen Gebirgsketten auf der Erde. Viele Mondmeere sind untereinander verbunden. Eine Ausnahme bildet das Mare Crisium (Meer der Krisen) unweit vom rechten oberen Mondrand – aber sein genauer Abstand zum Mondrand verändert sich scheinbar.

Das führt uns zu einem wichtigen Punkt.

Die Umlaufzeit des Mondes um die Erde beträgt 27,3 Tage. Wie wir gesehen haben, dreht er sich in exakt der gleichen Zeit einmal um seine Achse – wir sprechen von einer gebundenen oder synchronen Rotation. Das ist nicht überraschend, denn die Gezeitenkräfte haben den Mond seit seiner Entstehung so weit abgebremst, dass er der Erde immer die gleiche Seite zuwendet. Auch die meisten übrigen Planetenmonde zeigen eine gebundene Rotation.

Wir haben aber auch schon erwähnt, dass ein als Libration bezeichneter Effekt die Situation beeinflusst. Die Mondbahn ist nicht vollkommen kreisförmig, sondern erkennbar elliptisch. Auf Grund der Keplerschen Gesetze bewegt sich der Mond in Erdnähe schnel-

▲ **Mondfinsternis**
Während einer totalen Mondfinsternis verfärbt sich der Vollmond zumeist rötlich, weil die Atmosphäre am Rand der Erde einen Teil des auftreffenden Lichtes passieren lässt und in den Kernschatten umlenkt. Nach heftigen Vulkanausbrüchen kann der verfinsterte Mond allerdings nahezu unsichtbar werden.

ler als in Erdferne, während die Rotationsgeschwindigkeit konstant bleibt. Dadurch kommen Umlaufbewegung und Rotationsbewegung des Mondes immer wieder geringfügig aus dem Tritt, und der Mond scheint ganz langsam hin und her zu schwingen, sodass wir mal auf der einen Seite, dann wieder auf der anderen Seite über den Rand „hinausblicken" können. Dies wird als Libration in Länge bezeichnet. Zusammen mit anderen, kleineren Librationseffekten führt dies dazu, dass wir im Laufe der Zeit 59 Prozent der Mondoberfläche einsehen können, aber natürlich nie mehr als die Hälfte auf einmal.

Die restlichen 41 Prozent der Mondoberfläche waren bis 1959 völlig unbekannt, bevor die unbemannte sowjetische Mondsonde Lunik 3 zum ersten Mal den Mond umrundete und dabei Bilder von der Rückseite des Mondes zur Erde funkte. Es war nicht wirklich überraschend, dass die Rückseite des Mondes ebenfalls Berge Täler und Krater enthielt. Auch ein großes Mondmeer, das Mare Orientale, wurde gefunden, dessen größter Teil auf der Rückseite liegt; ein kleiner Bereich ist allerdings bei maximaler Libration von der Erde aus zu erkennen und wurde 1948 erstmals von einem gewissen Patrick Moore erwähnt; amerikanische Astronomen fanden es gut ein Jahrzehnt später wieder.

Ein Krater ist am besten zu beobachten, wenn der Terminator (die Grenze zwischen Tag- und Nachthälfte) in seiner Nähe ist, weil dann der Kraterboden ganz oder teilweise im Schatten liegt. Viele große Krater haben hohe Zentralberge, deren Spitzen bereits vom Sonnenlicht getroffen werden, während der Kraterboden noch im Dunkeln liegt. Je höher die Sonne steigt, desto stärker schrumpft der Schatten, und selbst ein großer Krater ist bei hohem Sonnenstand nur schwer zu erkennen, sofern er nicht einen auffallend dunklen Kraterboden oder besonders helle Kraterwände besitzt.

Für Anfänger ist der Vollmond die ungünstigste Phase, um mit Mondbeobachtungen zu beginnen: Es gibt keine Schatten, und die Szene wird von hellen Strahlen dominiert, die von einigen wenigen Kratern ausgehen, so zum Beispiel von Copernicus im Oceanos Procellarum oder vom Krater Tycho im südlichen Bergland. Bei diesen Strahlen handelt es sich um Auswurfmaterial, das bei niedrigem Sonnenstand unauffällig ist. Man braucht sich über die Kraternamen nicht zu wundern, denn es ist seit langem üblich, Krater nach berühmten Astronomen und anderen Persönlichkeiten zu benennen. Dieses Verfahren geht auf den Jesuitenpater Riccioli zurück, der es 1651 für seine Mondkarte einführte. Julius Cäsar stand ebenso Pate (wegen seiner Kalenderreform!) wie ein gewisser Herr Zach, hinter dem sich aber nicht der ehemalige deutsche Eishockey-Bundestrainer Hans Zach verbirgt, sondern der ungarische Astronom Franz Xavier von Zach, der von 1754 bis 1832 lebte.

Als weitere Oberflächendetails findet man Bergrücken, freistehende Einzelberge und Bergkuppen sowie so genannte Rillen, die wie Risse in der Mondoberfläche erscheinen. Weil sich die Szenerie auf Grund der wechselnden Beleuchtungsverhältnisse rasch ändert, empfiehlt es sich, einzelne Formationen zu verschiedenen Zeiten zu beobachten und zu skizzieren. Dabei kann eine Umrisskarte hilfreich sein. Wer solche Zeichnungen aufbewahrt und gelegentlich durchstöbert, wird sich schon bald besser auf der Mondoberfläche auskennen. Am Anfang einer Beobachtung sollte man die ausgewählte Gegend sorgfältig durchmustern; dazu empfiehlt sich eine fotografische Mondkarte, die mehr Details zeigt. Man sollte sich davor hüten, eine zu große Mondgegend auf einmal skizzieren zu wollen, und oft ist eine schwache Vergrößerung besser als eine starke – vor allem, wenn die Luftunruhe sehr störend ist. Elektronische Kameras liefern bereits mit kleinen Teleskopen hervorragende Bilder.

Finsternisse

Wenn der Mond durch den Schattenkegel der Erde wandert, wird er von der direkten Sonnenbestrahlung abgeschnitten und erscheint dann nur noch in einem blassen, rötlichen Licht. Er wird nicht völlig unsichtbar, weil ein Teil des Sonnenlichtes am Rand der Erdkugel von der Atmosphäre in den Schattenbereich umgelenkt wird. Man unterscheidet zwischen partiellen und totalen Mondfinsternissen, die beide natürlich nur bei Vollmond eintreten können! Astronomisch sind sie ohne Bedeutung, aber schön anzusehen und auch leicht zu fotografieren.

Die Planeten

Die Planeten waren immer bevorzugte Ziele für Besitzer kleiner oder mittlerer Teleskope, und bis vor rund einem Jahrhundert konnte man guten Gewissens sagen, dass die meisten Informationen über etwaige Oberflächendetails von Amateurastronomen stammten. Heute stimmt das natürlich nicht mehr, aber trotzdem bleibt die Planetenbeobachtung für Sternfreude faszinierend.

Die beiden Planeten, die innerhalb der Erdbahn um die Sonne kreisen, sind nicht wirklich aufregend. Merkur, der sich nie sehr weit vom Glanz der Sonne absetzen kann, ist mit bloßem Auge auf der Nordhalbkugel der Erde nur dann zu erkennen, wenn er im Frühjahr am Abendhimmel auftaucht oder im Herbst am Morgenhimmel. Dann steht er aber stets sehr tief über dem Horizont, wo die Atmosphäre die Beobachtung mit einem Fernrohr bereits stark beeinträchtigt. Besser sind die Voraussetzungen tagsüber, aber dann steht auch die Sonne hoch am Himmel, und man braucht ein präzise aufgestelltes Teleskop mit Teilkreisen, die ein „blindes" Einstellen der Merkurposition erlauben: Ein suchendes Abschwenken des Himmels mit dem Fernrohr ist nicht zu empfehlen, da die Gefahr groß ist, dabei versehentlich in Richtung Sonne zu blicken, was zu schweren Augenschäden führen kann. Wer Merkur im Fernrohr gefunden hat, wird allerdings lediglich seine Phasengestalt erkennen – die von Kratern übersäten Ebenen und Bergrücken konnten nur von einer vorbeifliegenden Raumsonde erfasst werden.

Auch die Venus bietet im Fernrohr nicht viel mehr. Sie ist zwar viel heller als Merkur und die übrigen Planeten, ja sogar heller als alle Sterne am irdischen Himmel, so dass sie mitunter auch mit bloßem Auge am Taghimmel erspäht werden kann, aber im Fernrohr erkennt man auch nicht viel mehr als die Phasengestalt und vielleicht ein paar blasse Schattierungen in der dichten Wolkendecke, die den Blick auf die Oberfläche versperrt. Die Krater, Ebenen und Hochlandregionen sind uns nur durch Radarbeobachtungen erschlossen worden. Darüber hinaus bietet Venus – im Gegensatz zu ihrem Namen – eine eher höllische Umwelt.

▲ Die Sichel der Venus
Manche Beobachter haben früher von „aschfarbenem Licht" auf der dunklen Seite der Venus berichtet, das dann als Beleg für Blitze in der Atmosphäre oder sogar künstliche Lichtinseln (beleuchtete Städte) unter der Wolkendecke herhalten musste. Vermutlich hat es sich eher um eine optische Illusion neben der hell beleuchteten Venussichel gehandelt.

Transits

Hin und wieder ziehen Merkur oder Venus vor der Sonnenscheibe her; solche Transits sind bei Merkur deutlich häufiger als bei der Venus, obschon der nächste Venustransit bereits am 6. Juni 2012 ansteht, der nächste Merkurtransit dagegen erst am 9. Mai 2016. Während man Venus auch mit bloßem Auge als schwarzen Punkt vor der Sonne herziehen sehen kann, braucht man für Merkur ein Teleskop. Natürlich sind in beiden Fällen die für die Sonnenbeobachtung erforderlichen Vorsichtsmaßnahmen zu beachten!

▼ Venustransit
Brian May fotografierte die Venus vor der Sonnenscheibe mit Hilfe seiner abenteuerlichen Konstruktion eines Sonnenprojektionsschirms (siehe Seite 107).

Mars

Beim Mars treffen wir auf ganz andere Voraussetzungen. Hier versperrt keine dichte Wolkendecke den Blick auf die Oberfläche, so dass man bei entsprechend günstiger Stellung schon mit einem kleinen Fernrohr dunkle Gebiete, ockerfarbene Wüsten und weiße Polkappen unterscheiden kann. Aber Mars ist deutlich kleiner als die Venus und steht dazu während der alle 26 Monate eintretenden Opposition jeweils nur für einige Wochen wirklich günstig am Himmel, wenn er von der Erde auf der Innenbahn überholt wird. Dabei sind nicht einmal alle Oppositionsstellungen gleich günstig, da die Marsbahn deutlich elliptisch ist. Besonders klein wird der gegenseitige Abstand, wenn Mars zur Opposition im sonnennahen Teil seiner Bahn steht – 2003 sank die Entfernung auf unter 56 Millionen Kilometer.

Abseits der Oppositionsstellung zeigt Mars eine erkennbare Phasengestalt, die der des Mondes ein paar Tage vor oder nach Vollmond entspricht. Dies muss man berücksichtigen, wenn man Zeichnungen der Marsoberfläche anfertigen möchte. Die Rotationsdauer

▲ **Mars**
Die Polkappen des Mars verändern sich im Laufe der Jahreszeiten und können zumindest im Marswinter auch mit kleineren Teleskopen gesehen werden. Die dunklen Gebiete sind mitunter von Staubstürmen verdeckt, die meist klein beginnen, gelegentlich aber den ganzen Planeten einhüllen können.

des Mars ist rund 40 Minuten länger als die der Erde, so dass man sich bei solchen Zeichnungen – anders als beim Jupiter – ruhig etwas Zeit nehmen darf.

Dabei sollte man zuerst die Positionen einer möglicherweise erkennbaren Polkappe sowie der dunklen Gebiete festhalten. Dann kann man nach allfälligen Wolkenerscheinungen Ausschau halten und schließlich mit der stärksten nutzbaren Vergrößerung feinere Details nachtragen. Zusätzlich sollte man die Beobachtungszeit sowie Einzelheiten zum Teleskop, zur Vergrößerung und dem Zustand der lokalen Atmosphäre vermerken und natürlich zur Länge des Zentralmeridians auf dem Planeten. Bei den Details muss man sich auf das beschränken, was man wirklich sieht – und nicht den bloß erwarteten Anblick wiedergeben.

Zusätzlich zu den visuellen Beobachtungen bietet sich die Erfassung der Oberfläche mit elektronischen Detektoren wie CCD- oder Web-Kameras an. Sie liefern heute bereits mit kleinen und mittleren Teleskopen bessere Aufnahmen als die Großteleskope der Profis vor rund 50 Jahren. Man kann die großen Vulkane und Talsysteme auf dem Mars erkennen, aber natürlich nicht die komplexe Gipfelcaldera von Olympus Mons oder die zerklüfteten Talränder der Valles Marineris – solche Details bleiben den Kameras der Raumsonden in der Marsumlaufbahn vorbehalten.

Asteroiden
Jenseits der Marsbahn erstreckt sich der Asteroidengürtel. Seine Mitglieder erscheinen im Fernrohr sternähnlich, denn selbst der Durchmesser von Ceres, dem größten Asteroiden, bleibt unterhalb von 1000 Kilometer. Mit Hilfe ausführlicher Ephemeridentafeln (zum Beispiel aus dem „Kosmos Himmelsjahr") lassen sich zahlreiche Asteroiden „punktgenau" einstellen und als langsam wandernde Lichtpunkte beobachten. Die Bahnen etlicher dieser Asteroiden kreuzen die Erdbahn oder kommen ihr ziemlich nahe. Man spricht in diesem Zusammenhang von PHAs, von Potentially Hazardous Asteroids, die uns gefährlich werden können, da zukünftige Kollisionen nicht auszuschließen sind. Die genaue Verfolgung ihrer Bahnen kann auch von Amateurastronomen übernommen werden.

Jupiter
Jupiter und Saturn, die beiden Gasriesen im Sonnensystem, bieten dem Sternfreund einen immer wieder reizvollen und abwechslungsreichen Anblick. Beim Jupiter sind es die Wolkenformationen und die Bewegung der Jupitermonde, beim Saturn das majestätische Ringsystem, das die Aufmerksamkeit weckt.

Jupiter, dessen Volumen mehr als tausend Erdkugeln Platz bietet, erscheint im Fernrohr als gelbliche, deutlich abgeplattete Scheibe mit dunklen Wolkenbändern. In der Regel sind zwei dieser dunklen Wolkenbänder zu erkennen, die durch eine breite, helle Zone in der Gegend des Jupiteräquators getrennt sind. Da es sich dabei um unterschiedlich gefärbte Wolkenstrukturen handelt, erscheint die Rotation des Planeten durch entsprechende Windgeschwindigkeiten regional „verfälscht". Die helle, äquatoriale Zone (System I) rotiert innerhalb von 9 Stunden 51 Minuten, der Rest des Planeten (System II) braucht etwa 5 Minuten länger; einzelne Strukturen wie zum Beispiel weiße oder dunkle Flecken driften durch die umgebenden Wolkenbänder und haben entsprechend eigene Rotationszeiten.

Die dunklen Bänder, deren Farbgebung noch nicht völlig verstanden ist, prägen das Bild. Helle Flecken können allerdings mitunter auch sehr auffällig werden, verschwinden aber meist wieder. Eine Ausnahme ist der Große Rote Fleck, der seit dem 17. Jahrhundert immer wieder beobachtet wurde, wenn auch mit wechselnder Farbintensität und Größe; seine Längsausdehnung liegt bei rund 30000 Kilometer. Seit 2006 ist etwas weiter südlich ein kleinerer, ebenfalls roter Fleck zu beobachten.

Jupiter dreht sich sehr rasch um seine Achse, so dass man sich kaum mehr als 10 Minuten Zeit lassen kann, wenn man seinen Anblick zeichnerisch festhalten möchte. Die Rotationsperioden einzelner Strukturen lassen sich durch Beobachtung ermitteln. Aus dem

◀ **Jupiter**
Die dunklen, äquatorparallelen Wolkenbänder sind deutlich zu erkennen.

Zeitpunkt des Durchgangs durch den Zentralmeridian kann man auch die jovianische Länge im jeweiligen System bestimmen. Früher waren solche Beobachtungen wichtig und wertvoll, aber seit die (elektronische) Fotografie solche Fortschritte gemacht hat, können visuelle Beobachter kaum mehr mithalten. Trotzdem bleibt Jupiter ein interessantes Objekt, auch und vor allem wegen der Transits, Bedeckungen und Verfinsterungen der vier großen Jupitermonde.

Um die Wolkenformationen auf Jupiter zu zeichnen, verwendet man am besten vorgefertigte Schablonen. Es lohnt sich, nach ungewöhnlichen Erscheinungen Ausschau zu halten. Im Sommer 1994 zum Beispiel stürzten Trümmer des Kometen Shoemaker-Levy-9 auf den Planeten; die Folgen davon waren noch über Wochen hinweg als dunkle Flecken zu erkennen.

Saturn und weiter

Die Ringe des Saturn sind immer wieder phantastisch anzuschauen. Das Bild auf Seite 162 vermittelt einen Eindruck davon – es wurde mit einem 15-Zoll-Teleskop aufgenommen und kann im Prinzip selbst mit einem Foto des Hubble-Weltraumteleskops konkurrieren. Gelegentlich tauchen große weiße Flecken in der Saturnatmosphäre auf. Einer wurde 1933 von Will Hay entdeckt, einem bekannten Film- und Bühnenkomödianten. 1990 fand der amerikanische Amateurastronom Stuart Wilber einen ähnlichen Flecken. Die Saturnatmosphäre ist zwar weniger stark veränderlich als die des Jupiter, aber dennoch für Überraschungen gut.

Fotografische Aufnahmen der äußeren Gasriesen Uranus und Neptun sind leicht zu machen, zeigen allerdings keine Details. Und dahinter folgen die Mitglieder des Kuiper-Gürtels, unter denen Pluto zwar das hellste, aber nicht das größte ist. Fotos von ihnen erleichtern die Bahnverfolgung und -Bestimmung.

Zum Abschluss betrachten wir die scheinbar zufällig auftretenden Mitglieder der Sonnenfamilie, die Kometen und Meteore. In der Regel sind immer einige Kometen in „Reichweite" kleiner oder mittlerer Teleskope; wirklich spektakuläre Besucher wie Hale-Bopp 1997 oder McNaught Anfang 2007, der leider nur auf der Südhalbkugel leicht zu beobachten war, sind dagegen enttäuschend selten. Die meisten Kometen erinnern im Fernrohr an winzige Knäuel leuchtender Baumwolle, und um sie zu finden, bedarf es schon eines genau aufgestellten Teleskops sowie einer guten Sternkarte. Wirklich spektakuläre Kometen wie Hale-Bopp findet man dagegen leicht mit einem Fernglas oder sogar mit bloßem Auge.

Sternschnuppen oder Meteore können in jeder Nacht auftauchen, aber die alljährlich wiederkehrenden Ströme sind schon reizvoller zu beobachten, zumal sie sich auch mit einfachen Kameras leicht fotografieren lassen. Die Perseiden im August zum Beispiel sind

▶ Saturn und seine Ringe
Die Ringe des Saturns sind in kleineren Teleskopen nicht immer so schön zu sehen wie hier. Diese Ansicht wurde aus 9000 Einzelbildern zusammengesetzt.

recht „zuverlässig"; unter einem dunklen Himmel vergehen zwischen dem 9. und 18. August nur wenige Minuten, ehe man nicht mindestens ein paar Perseiden erhaschen konnte.

▶ Komet Hale-Bopp
Selbst über der Großstadt war dieser Komet leicht zu erkennen; er wird erst nach 2360 Jahren wieder auftauchen. Patrick Moore fotografierte ihn 1997 von seiner Sternwarte in Sussex aus.

Die Sterne der nördlichen Halbkugel

Damit wären wir bei den Sternen. Dies ist nicht der Platz für eine detaillierte Beschreibung aller Sternbilder, so dass wir nur ein paar Sternkarten abdrucken, die dem Beginner hoffentlich den Weg zu diesem interessanten Beobachtungsfeld ebnen. Für Beobachter auf der Nordhalbkugel der Erde gibt es drei „Schlüsselgruppen" um die Sternbilder Großer Wagen, Orion und Pegasus, die wir nun der Reihe nach erkunden wollen.

Der Große Bär ist für Beobachter in Mitteleuropa zirkumpolar, kann also auf seinem Weg rund um den Himmelspol verfolgt werden, weil er hier nicht untergeht. Sieben hellere Sterne dieser Figur bilden das bekannte Muster des Großen Wagens; ihre Namen sind auf Karte 1 den entsprechenden Sternen zugeordnet: Alkaid, Mizar, Alioth, Megrez, Phad, Merak und Dubhe. Die Helligkeiten der Sterne liegen zwischen 1,7 und 2,4 Größenklassen – nur Megrez ist deutlich lichtschwächer. Merak und Dubhe, die beiden hinteren Kastensterne, weisen in Richtung Polarstern, der als Hauptstern im Kleinen Bären

▼ Zodiakallicht
Das abendliche Zodiakallicht vor dem Hintergrund des Sternbilds Zwillinge, aufgenommen 1971 in Teneriffa, wo Brian May eine Kleinbild-Kamera auf ein Stativ gestellt hatte. Weil sich die Erde während der mehrere Minuten dauernden Aufnahme weiter drehte, hinterließen die Sterne parallele Strichspuren. Das Zodiakallicht ist der blasse Lichtkegel in der Bildmitte. Es entsteht durch Reflektion des Sonnenlichtes an feinen Staubteilchen, die nahe der Ekliptikebene die Sonne umrunden. Brian untersuchte im Rahmen seiner Examensarbeit die Bewegung des Staubes.

weniger als ein Grad neben dem Himmelsnordpol steht. Seine Position am Himmel verändert sich im Laufe einer Nacht nur unmerklich. Daneben enthält der Kleine Bär nur noch einen ähnlich hellen Stern, den orangegelben Kochab.

Auf der – relativ zum Großen Bären – gegenüber liegenden Seite des Polarsterns trifft man auf Kassiopeia, deren fünf hellste Sterne (zwischen zweiter und dritter Größe) ein markantes W formen. Auch Kassiopeia ist zirkumpolar. Wenn der Große Bär hoch am Himmel steht, findet man Kassiopeia tief über dem Horizont, und umgekehrt. Der Bär zeigt außerdem die Richtung zur bläulich weißen Wega (nullte Größe) im Sternbild Leier und zu Deneb (1,3 Größenklassen) im Schwan. Im südlichen Mitteleuropa versinken beide unter dem Nordhorizont, zählen aber weiter nördlich zu den Zirkumpolarsternen. Auch Kapella, der Hauptstern im Fuhrmann, lässt sich mit Hilfe des Großen Bären finden.

▶ **Karte 1**

Großer Bär (Großer Wagen)

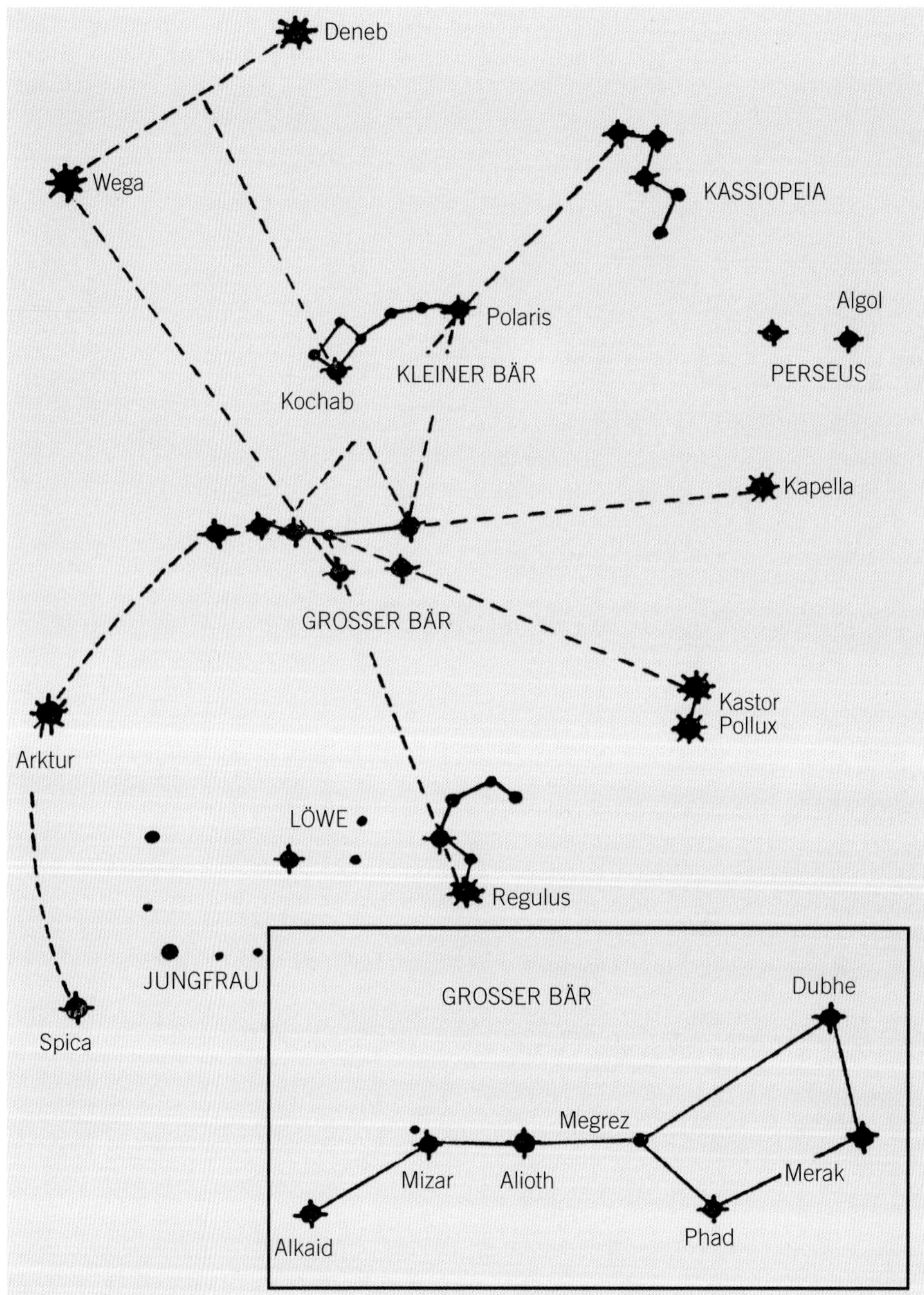

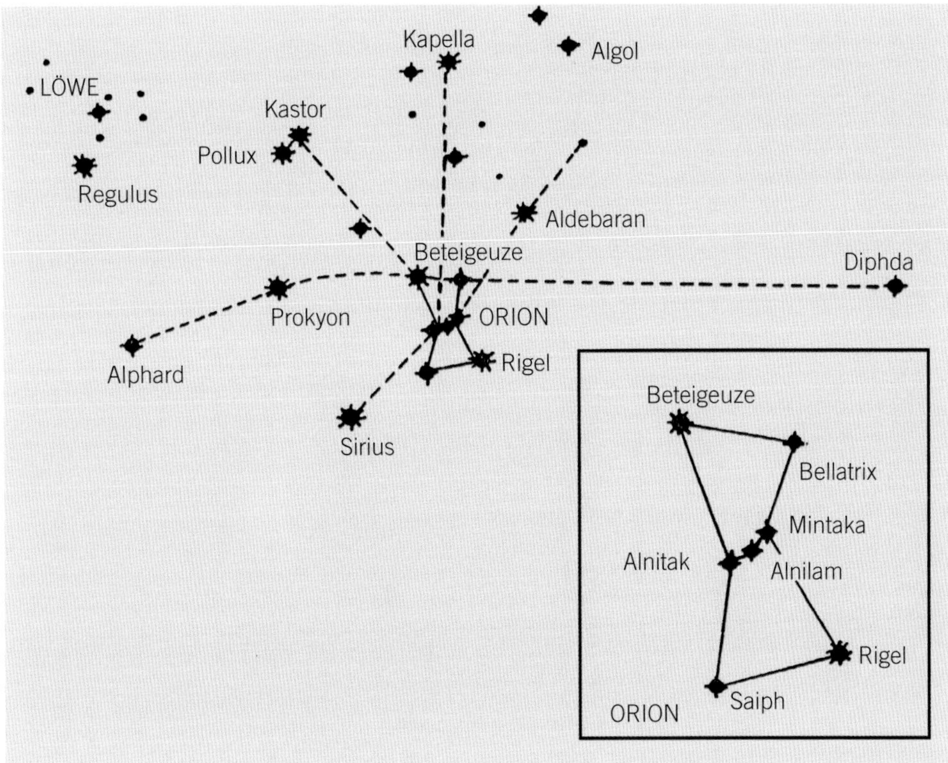

◀ **Karte 2**
Orion

Die anderen Sterne auf Karte 1 gehen dagegen hier regelmäßig unter. Der gebogene „Schwanz" des Bären weist auf den orangegelben Arktur (nullte Größe) im Rinderhirten Bootes und weiter zu Spica (1,1), dem Hauptstern der Jungfrau. Über Megrez und Merak findet man zu Kastor (1,5) und Pollux (1,2), den beiden Zwillingssternen; während Pollux, der hellere, leicht orangefarben erscheint, leuchtet Kastor weißlich. Über Megrez und Phad schließlich trifft man auf Regulus (1,4), den Hauptstern im Löwen, der das untere Ende einer kleinen, sichelförmigen Sterngruppe (den Kopf des Löwen) markiert.

Karte 2 zeigt den Himmelsjäger Orion, der besonders viele helle Sterne enthält. Orion beherrscht den abendlichen Winterhimmel auf der Nordhalbkugel der Erde (den Sommerhimmel auf der Südhalbkugel) und kann gar nicht verfehlt werden. Die beiden hellsten Sterne sind Rigel (0,2) und Beteigeuze (veränderlich zwischen 0,3 und 0,8). Rigel leuchtet bläulich weiß, während Beteigeuze ein roter Überriesenstern ist, der etwa 10 000-mal heller als die Sonne leuchtet. Die anderen helleren Sterne des Orion gehören der ersten und zweiten Größe an. Alnitak, Alnilam und Mintaka markieren den Gürtel des Orion, und darunter erkennt man schon mit bloßem Auge einen blassen Lichtschimmer – das Schwertgehänge des Orion, das unter anderem den berühmten Orion-Nebel enthält. Nach links unten zeigen die drei Gürtelsterne in Richtung Sirius (-1,4), den Hauptstern im Großen Hund; er leuchtet eigentlich rein weiß, funkelt aber wegen seiner meist horizontnahen Stellung oft in allen Regenbogenfarben. Nach rechts oben weisen die Gürtelsterne auf den orangefarbenen Aldebaran (0,9) im Sternbild Stier und weiter zu dem auffälligen Sternhaufen der Plejaden (dem Siebengestirn). Aldebaran, das „blutunterlaufene Stierauge", ist von ähnlicher Farbe wie Beteigeuze, aber längst nicht so hell, strahlt er doch nur etwa 150-mal heller als die Sonne. Aldebaran steht in der gleichen Blickrichtung wie der v-förmig erscheinende Sternhaufen der Hyaden, ist aber mit lediglich 68 Lichtjahren Entfernung ein Vordergrundstern.

Die Karte 3 zeigt den Sommerhimmel mit dem bekannten Sommerdreieck, das aus den Sternen Wega in der Leier, Deneb im Schwan und Atair (0,8) im Sternbild Adler geformt wird. Tiefer zum Horizont findet man den Schützen in Richtung zum Milchstraßenzentrum.

▶ Karte 3

Das Sommerdreieck und benachbarte Sternbilder

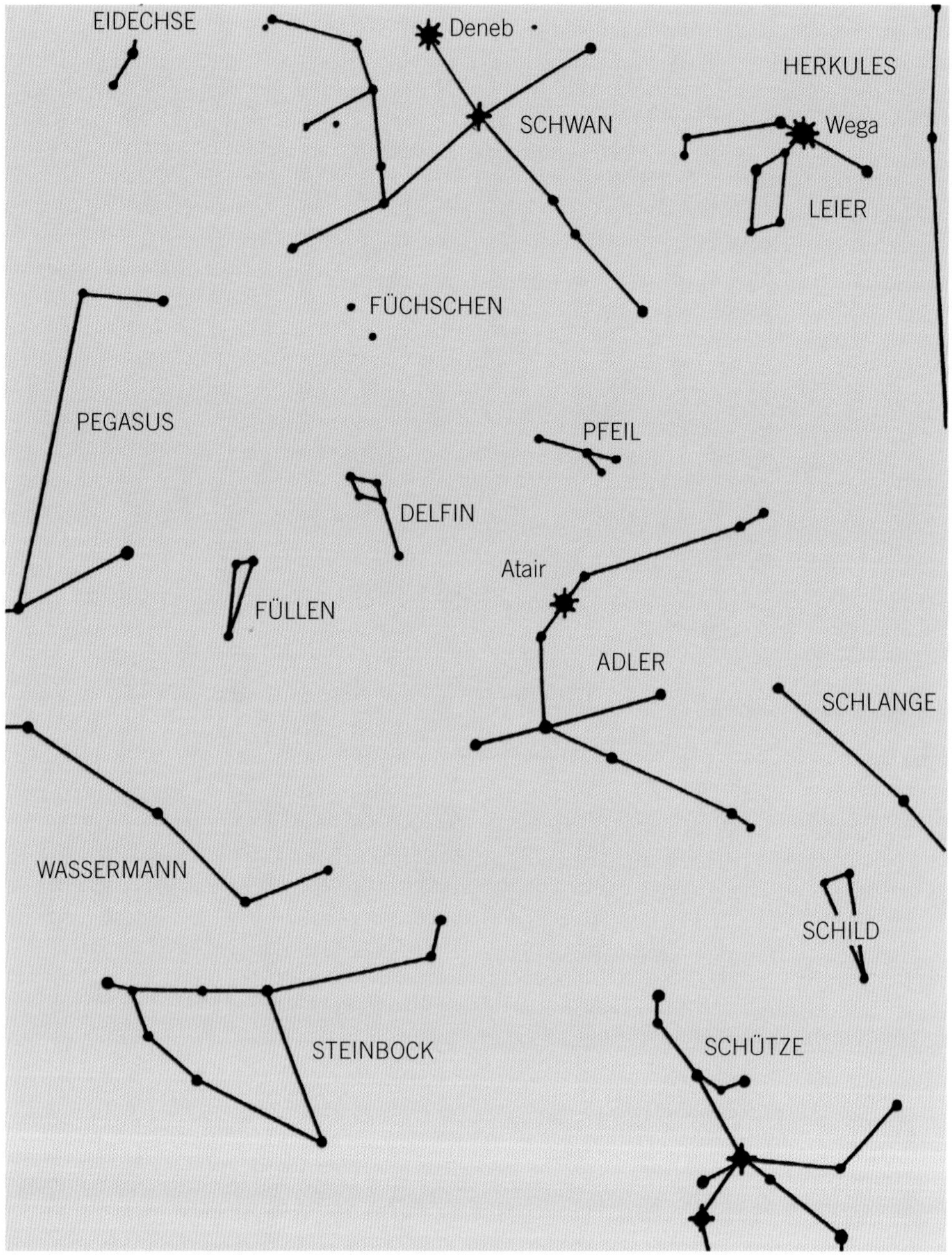

Die Karte 4 schließlich zeigt den Pegasus, dessen hellere Sterne Markab (2,5), Algenib (2,9) und Scheat (veränderlich, 2,3 bis 2,0) zusammen mit Alpheratz (2,1) aus der Andromeda ein großes Viereck bilden. Andromeda enthält mit Mirach (2,1) und Alamak (2,2) noch zwei ähnlich helle Sterne; etwas oberhalb von Mirach findet man die Andromeda-Galaxie M 31, die mit bloßem Auge gerade noch zu erkennen ist; ein Fernglas dagegen zeigt den milchigen Lichtfleck deutlich. Außerdem zeigt die Karte noch Fomalhaut (1,2) im Südlichen Fisch, der bei uns nie sehr hoch über den Horizont steigt. Der Wassermann, die Fische und der Widder gehören zu den Ekliptiksternbildern, aber nur der Widder enthält mit Hamal (2,0) einen helleren Stern.

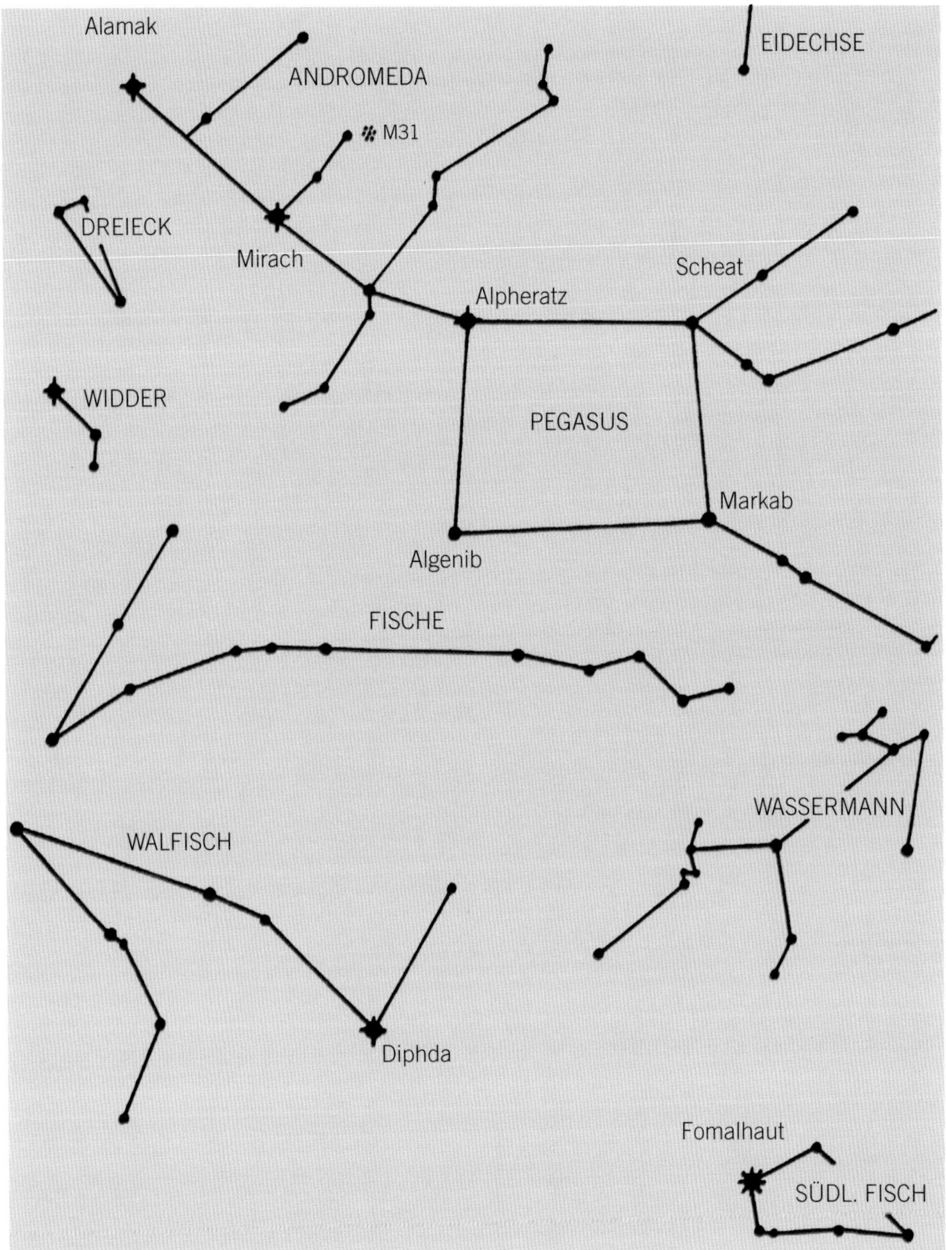

◀ **Karte 4**
Rund um das Sternbild Pegasus

Der Himmel im Wechsel der Jahreszeiten

Im **Winter** (Mitte Januar) steht der große Bär gegen 22 Uhr MEZ halbhoch im Nordosten, die Kassiopeia etwas höher im Nordwesten, während Kapella nahe dem Zenit zu finden ist und Wega über den Nordhorizont schrammt. Pegasus neigt sich im Westen dem Untergang zu, Orion steht halbhoch im Süden, und im Osten steigt der Löwe empor.

Im **Frühjahr** (Mitte April) findet man den Großen Bären gegen 23 Uhr MESZ nahe dem Zenit. Kapella sinkt im Nordwesten herab, während Wega im Nordosten langsam höher steigt. Kassiopeia nähert sich ihrer Tiefststellung im Norden, Orion ist schon zur Hälfte untergegangen, der Löwe steht im Süden, und im Südosten leuchten halbhoch Arktur und Spica.

Im **Sommer** (Mitte Juli) sinkt der Große Bär gegen 23 Uhr MESZ im Nordwesten herab, während die Kassiopeia im Nordosten an Höhe gewinnt. Im Westen verschwindet

▶ Karte 5
Die wichtigsten Sternbilder des Südsternhimmels

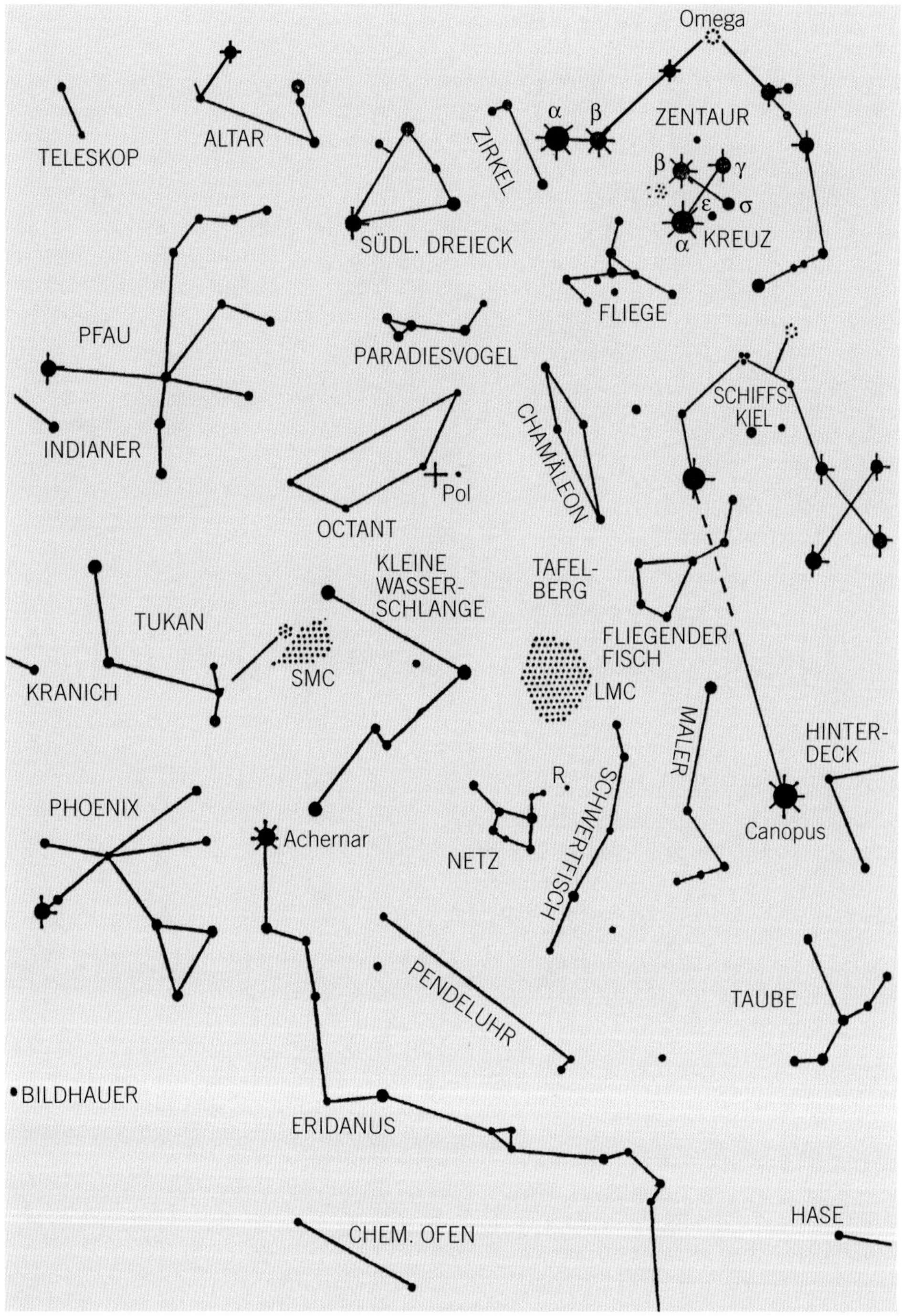

der Löwe, Spica und Arktur leuchten im Südwesten, und Kapella steht tief über dem Nordhorizont. Das Sommerdreieck steigt im Osten und Südosten langsam höher. Tief über dem Südhorizont leuchtet Antares, der Hauptstern im Skorpion, und darüber wandern Schlangenträger und Herkules, zwei große Figuren ohne helle Sterne.

Im **Herbst** (Mitte Oktober gegen 23 Uhr MESZ) läuft der Große Bär über den Nordhorizont, während die Kassiopeia ihrer Höchststellung entgegenstrebt. Hoch im Süden steht der Pegasus, tief darunter Fomalhaut. Das Sommerdreieck hat sich auf den Westhimmel zurück gezogen, während im Osten bereits der Stier und die Plejaden aufgegangen sind. Der Orion wird bald folgen – und mit ihm die kalte Jahreszeit …

Die Sterne der südlichen Halbkugel

Jetzt wollen wir einen Ausflug auf die Südhalbkugel der Erde unternehmen – nach Australien oder Südafrika zum Beispiel. Zwar braucht man gar nicht so weit nach Süden, um das wohl bekannteste Sternbild des Südhimmels, das Kreuz des Süden, zu sehen (dazu reicht ein Frühlings-Abstecher in die Karibik), aber der Südhimmel hat ja noch andere Sternbilder zu bieten.

Das Kreuz ist auf der Karte 5 zu sehen; es wird von den Sternen Alpha Crucis (0,8), Beta Crucis (1,3), Gamma Crucis (1,6) und Delta Crucis (3,1) gebildet und ähnelt mehr einem Papierdrachen als einem Kreuz, dem das nördliche Sternbild Schwan viel näher kommt. Das Kreuz des Südens ist das kleinste der 88 Sternbilder; es wird an drei Seiten vom Zentaur umgeben, dessen beiden hellsten Sterne, Alpha Centauri (–0,3) und Beta Centauri (0,6) in seine Richtung zeigen. Alpha Centauri ist mit 4,3 Lichtjahren Entfernung unser nächster, mit bloßem Auge sichtbarer Sternnachbar, während Beta Centauri in 530 Lichtjahren Abstand rund 13 000-mal so hell leuchtet wie die Sonne. Ebenfalls im Zentaur ist der kugelförmige Sternhaufen Omega Centauri mit bloßem Auge zu finden.

Leider steht am Himmelssüdpol kein heller Stern. So müssen wir den Pol etwa in der Verlängerung des Hauptbalkens vom Kreuz des Südens suchen, auf halbem Wege zwischen Beta Centauri und Achernar (0,5), dem hellen Stern an der Mündung des Eridanus. Auch Canopus (–0,7), der nach Sirius hellste Fixstern, ist auf der Karte zu finden – er steht südlich des Orion und konnte im Altertum von Ägypten aus beobachtet werden, von Griechenland dagegen nicht mehr.

Auch vom Südhimmel wollen wir uns einen kurzen Überblick im Wechsel der Jahreszeiten verschaffen.

Im **Sommer** (Mitte Januar gegen 22 Uhr Ortszeit) steht der Orion hoch am Nordhimmel; auch Sirius und Canopus sind gut zu sehen. Das Kreuz des Südens steigt im Südosten langsam empor, während Achernar im Südwesten herabsinkt. Die beiden Magellanschen Wolken leuchten halbhoch im Süden.

Im **Herbst** (Mitte April gegen 22 Uhr Ortszeit) findet man den Zentaur und das Kreuz des Südens hoch am Südhimmel. Sirius und Canopus sinken im Westen herab, während im Osten der Skorpion an Höhe gewinnt. Spica und Arktur leuchten im Nordosten, und halbhoch im Norden steht der Löwe kopfüber am Himmel.

Im **Winter** (Mitte Juli gegen 22 Uhr Ortszeit) stehen Skorpion und Schütze nahe dem Zenit, und auch das schimmernde Band der Milchstraße ist dort am hellsten. Zentaur und das Kreuz des Südens verlieren im Südwesten an Höhe, Wega und Atair leuchten im Nordosten, und Arktur und Spica sinken im Nordwesten herab.

Im **Frühjahr** (Mitte Oktober gegen 22 Uhr Ortszeit) schrammen das Kreuz des Südens sowie Alpha und Beta Centauri über den Südhorizont und tauchen – je nach geografischer Breite – teilweise sogar unter. Halbhoch am Nordhimmel steht der Pegasus, und während Fomalhaut im Südlichen Fisch fast im Zenit zu finden ist, neigen sich Skorpion und Schütze im Südwesten dem Untergang zu.

Auf keinen Fall darf man versäumen, nach den Magellanschen Wolken Ausschau zu halten, die jenseits von etwa 20 Grad südlicher Breite zirkumpolar sind. Dabei handelt es sich um zwei Satelliten-Galaxien unserer Milchstraße, die rund 170 000 beziehungsweise gut 200 000 Lichtjahre entfernt sind. 1987 leuchtete in der Großen Magellanschen Wolke eine Supernova auf, die sogar mit bloßem Auge zu sehen war – die hellste Supernova seit 1604.

▶▶ **La Palma**

Luftaufnahme vom Roque-de-los-Muchachos-Observatorium auf der Kanareninsel La Palma.

Biographien

Wilhelm Heinrich Walter Baade (1893–1960)

Walter Baade wurde in Schröttinghausen, dem heutigen Preußisch Oldendorf, geboren, studierte in Münster und Göttingen und promovierte dort 1919. Nach einer Anstellung in Hamburg ging er 1931 in die Vereinigten Staaten zum Mount Wilson Observatorium unweit von Pasadena, Kalifornien. Sein Hauptinteresse galt der Astrophysik, doch befasste er sich auch mit der Sonnensystem-Forschung. So entdeckte er zehn Asteroiden, darunter auch Icarus, dessen sonnennächster Bahnpunkt noch innerhalb der Merkurbahn liegt.

Während des Zweiten Weltkrieges wurden Teile Nordamerikas verdunkelt, so dass die Nächte über Mount Wilson besonders dunkel waren. Baade nutzte diese Gelegenheiten, um mit dem 254-cm-Hooker-Spiegel einzelne Sterne in der Zentralregion der Andromeda-Galaxie zu untersuchen. Er fand zu seiner Überraschung dort aber keine bläulich weißen Sterne, sondern alte, roten Riesen. Daraus folgerte Baade, dass es unterschiedliche Sterntypen geben müsse, die er Sternpopulationen nannte. Sterne der Population I sind vorwiegend junge, heiße Sterne, während die hellsten Sterne der Population II rote Riesen sind. Die Spiralarme enthalten hauptsächlich Sterne der Population I, und in den Zentren der Galaxien sind vor allem Sterne der Population II zu finden.

Nach dem Ende des Krieges wechselte Baade zum Palomar Observatorium, wo er mit dem neuen 508-cm-Hale-Reflektor lichtschwache veränderliche Sterne untersuchte. Schließlich fand er heraus, dass es auch zwei Klassen von Cepheiden-Veränderlichen gab: Die der Population I waren etwa doppelt so leuchtstark wie die der Population II. Für ihre Entfernungsmessungen an Galaxien hatten Hubble und Humason offenbar die „falschen" Cepheiden zugrunde gelegt, und das bedeutete, dass die vermessenen Galaxien doppelt so weit entfernt waren wie zunächst angenommen. Heute wissen wir, dass zum Beispiel die Andromeda-Galaxie mehr als 2,5 Millionen Lichtjahre entfernt ist.

Zu seinen Kollegen gehörte auch Fritz Zwicky, doch hatten beide kein wirklich freundschaftliches Verhältnis zueinander. Baade galt offiziell als „feindlicher Ausländer" (was in der Verwaltung aber niemanden störte), und Zwicky beschimpfte ihn des öfteren als Nazi, drohte sogar, ihn umzubringen, falls er ihm alleine auf dem Campus begegnen würde. Baade nahm diese Drohung durchaus ernst, zumal Zwicky auch von anderen mitunter als jähzornig empfunden wurde.

Baade blieb bis 1958 am Palomar Observatorium, kehrte dann auf einem „Umweg" über Australien nach Deutschland zurück und erhielt hier die Gauß-Professur in Göttingen, bevor er 1960 starb. Er war ein freundlicher und friedliebender Zeitgenosse und wird als der Mensch in Erinnerung bleiben, der mit einem kurzen, eleganten Forschungsartikel die Größe des bekannten Universums verdoppelte.

▲ **Walter Baade**

Subramanyan Chandrasekhar (1910–1995)

Chandrasekhar – meist liebevoll nur Chandra genannt – war zweifellos Indiens größter Astrophysiker. Sein Name ist unsterblich mit der Chandrasekhar-Masse verbunden, jener Grenzmasse, die ein Weißer Zwerg nicht überschreiten kann: Massereichere Objekte werden am Ende zu Neutronensternen oder Schwarzen Löchern. Die entsprechenden Berechnungen stellte Chandra 1930 während einer knapp dreiwöchigen Schiffsreise von Indien nach England an, wo er in Cambridge sein Studium fortsetzen wollte. Vielleicht sollten Astrophysiker öfter mal auf Seereise gehen …

Seine Theorie wurde anfangs von führenden Astronomen abgelehnt; sie machten sich darüber lustig, dass ein Stern über das Weiße-Zwerg-Stadium hinaus weiter zu unvorstellbaren Dichten schrumpfen können sollte. Sein Hauptgegner war niemand Geringerer als Sir Arthur Eddington, der als der führende Astrophysiker jener Tage angesehen wurde. Der Streit zwischen dem berühmten Professor und dem jungen Studenten wurde sehr hitzig ausgetragen. In einem Brief nach Hause schrieb Chandrasekhar einmal: „Der Streit-

◄◄ **Große Spiralgalaxie NGC 1232**
Prächtige Aufnahmen entfernter Galaxien wie diese vom Very Large Telescope der Europäischen Südsternwarte sind heutzutage gang und gäbe. Von solchen Bildern konnten die Astronomen des frühen 20. Jahrhunderts, die das Verständnis vom Universum schufen, nur träumen.

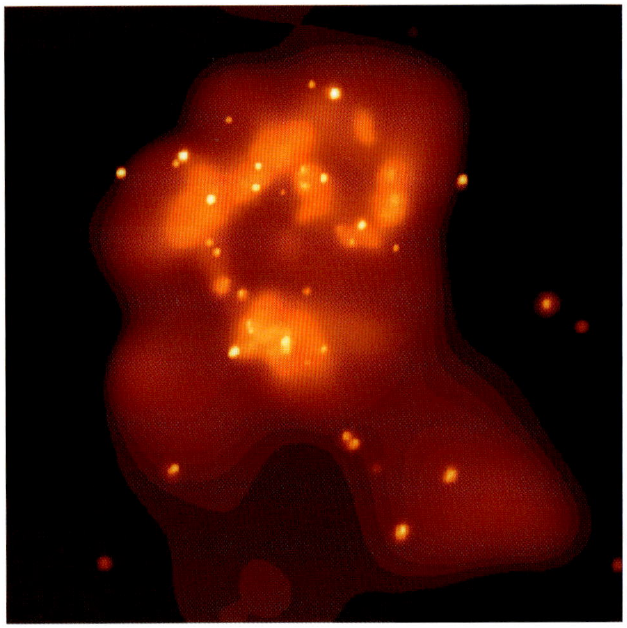

▶ **Chandras Röntgenuniversum**
Der nach dem Astronomen Chandrasekhar benannte Röntgensatellit Chandra lieferte dieses Bild der miteinander kollidierenden „Antennen-Galaxien".

punkt hat politische Wurzeln. Vorurteile, nichts als Vorurteile! Eddington ist einfach arrogant. Nehmt dieses Beispiel seiner Überheblichkeit: ‚Wenn das Schlimmste zum Schlimmsten kommt, kann ich Ihrer Theorie glauben. Schauen Sie, ich betrachte die Dinge nicht aus der Perspektive der Sterne, sondern aus der Perspektive der Natur' … „Natur" aber heißt in diesem Fall „Eddington, der Engelgleiche". Welche Argumente kann man noch gegen eine solche schamlose Anmaßung ins Feld führen!"

1937 ging Chandrasekhar an die University of Chicago. Dort ist er einmal 200 Meilen gefahren, um eine Vorlesung zu halten – um dann feststellen zu müssen, dass angesichts eines Schneesturms nur zwei Studenten erschienen waren – Tsung Dao Lee und Chen Ning Yang, die 1957 (und damit lange vor Chandrasekhar) den Physik-Nobelpreis erhielten; Chandras Arbeiten wurden erst 1983 mit dem Nobelpreis für Physik geehrt.

Die NASA hat dem 1999 gestarteten Röntgenobservatorium AXAF ihm zu Ehren den Beinamen Chandra gegeben.

▼ **Eddingtons Finsternis-Negativ**
Dieses Bild stammt von der Finsternis-Expedition, die 1919 Einsteins Vorhersage zur Ablenkung des Lichtes im Schwerefeld der Sonne überprüfen wollte.

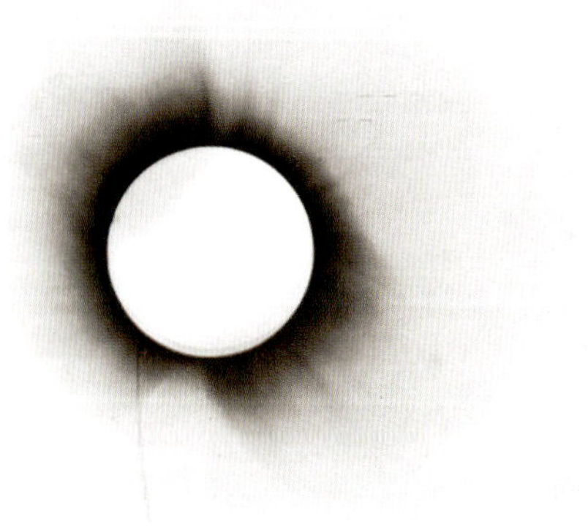

Arthur Stanley Eddington (1882–1944)

Arthur Eddington war einer der bedeutendsten Astrophysiker des 20. Jahrhunderts. Sein Scharfsinn zeigte sich schon sehr früh. Nach der Promotion war er Observator am königlichen Observatorium in Greenwich (1906 bis 1913) und wurde dann Professor in Cambridge. 1919 beteiligte er sich an einem berühmten Experiment. Albert Einstein hatte vorausgesagt, dass Sternlicht auf dem Weg an einem massereicher Körper wie der Sonne vorbei durch die Schwerkraft doppelt so stark abgelenkt werde wie von der Newtonschen Gravitationstheorie vorausgesagt. Da man die Sterne nur während einer totalen Sonnenfinsternis unmittelbar neben der Sonne beobachten kann, reiste Eddington 1919 zur Insel Principe vor der Westküste Afrikas. Es wird berichtet, dass einer der Expeditionsleiter den mitreisenden Royal Astronomer fragte, was passieren würde, wenn die vorhergesagte Abweichung nicht einträte. „In diesem Falle", so die Antwort, „werde Eddington verrückt, und man müsse ohne ihn zurückkehren."

Ungeachtet schlechter Beobachtungsbedingungen konnten die Abweichungen wie von Einstein vorausgesagt gemessen werden, wiewohl ein gewisses Quäntchen Glück mit im Spiel gewesen sein muss. Eddington kehrte triumphierend nach England zurück und fasste seine Ergebnisse in einen kleinen Vers: „Die Gelehrten werden sich auf Grund der Messungen die Haare raufen, weil Lichtstrahlen an der Sonne vorbei nicht gerade laufen."

Übrigens wollte Eddington als Quäker und Pazifist jeglichen Kriegsdienst während des Ersten Weltkrieges verweigern, wurde aber wegen seiner wissenschaftlichen Leistungen ohnehin freigestellt. Die Tatsache, dass ein englischer Wissenschaftler die Vorhersage eines deutschen Kollegen bestätigte, war 1919 äußerst bemerkenswert und führte dazu, dass Einstein (ebenso wie Eddington) fortan als Superstar galt. Forscher waren dagegen weniger von den Wolken verhangenen Fotografien beeindruckt, und so dauerte es bis 1922, ehe sie sich durch Messungen bei einer weiteren Sonnenfinsternis überzeugen ließen.

Die Bedeutung der Arbeiten Eddingtons auf dem Gebiet der Stellar-Astronomie können kaum überschätzt werden. Sein 1926 erschienenes Buch „The Internal Constitution of Stars“ (Sterne und Atome) wird noch immer als Klassiker angesehen. Darüber hinaus war er ein eifriger Verfechter der Relativitätstheorie. Es wird erzählt, dass er einmal auf die Äußerung, es gäbe mit Einstein nur drei Menschen, die die Relativitätstheorie wirklich verstanden hätten, nach einer kurzen Pause gesagt haben soll: „Interessant, wer ist der Dritte?“

Eddington war ein begnadeter populärwissenschaftlicher Autor und ein früher Radioautor in Sachen Astronomie. Aber auch er machte Fehler, und einige Kritiken seiner Kollegen waren – vorsichtig ausgedrückt – heftig. Aber er wird immer als Mitbegründer der modernen theoretischen Astrophysik in Erinnerung bleiben.

Albert Einstein (1879–1955)

Kaum jemand wird bezweifeln, dass Albert Einstein der größte Wissenschaftler seit Newtons Zeiten war. Dabei waren die Anfänge seiner Karriere alles andere als vielversprechend. Er begann sein Studium in München und versuchte sich in einigen akademischen Prüfungen, meist jedoch erfolglos. 1901 trat er eine Stelle als Hauslehrer an und schrieb: „Ich habe die Hoffnung auf eine Universitätslaufbahn aufgegeben.“ 1902 begann er seine Arbeit am Schweizer Patentamt in Bern, wo er bis 1909 blieb. 1896 hatte er seine deutsche Staatsbürgerschaft abgelegt, die Schweizer Staatsbürgerschaft allerdings erst 1901 erhalten.

Im Jahre 1905 schrieb Einstein drei wissenschaftliche Aufsätze, die jeder für sich den Nobelpreis verdient hätten, doch diese Ehre wurde ihm erst 1921 zuteil. Im ersten Artikel zeigte Einstein, dass elektromagnetische Energie in kleinen Paketen, so genannten Quanten, und nicht kontinuierlich abgegeben wurde; damit legte er die Grundlagen für die spätere Quantenmechanik. Im zweiten Artikel entwarf er seine spezielle Relativitätstheorie und stellte eine Verknüpfung zwischen Masse und Energie her, und der dritte Artikel befasste sich mit statistischer Mechanik.

Jeder dieser drei Artikel hätte ausgereicht, um sich darauf auszuruhen, aber Einstein war erst am Anfang. 1908 erhielt er einen Lehrauftrag an der Universität Bern, und im Jahr darauf verließ er das Patentamt, um eine Professur für Physik an der Universität Zürich anzutreten. 1914 kehrte Einstein nach Deutschland zurück und übernahm dort wichtige akademische Positionen, behielt aber seine Schweizer Staatsbürgerschaft bei. Ein Jahr später veröffentlichte er seine allgemeine Relativitätstheorie.

Als 1919 eine seiner Vorhersagen aus der allgemeinen Relativitätstheorie – die Ablenkung von Lichtstrahlen im Schwerefeld massereicher Körper – durch die britische Sonnenfinsternisexpedition unter Leitung von Arthur Eddington bestätigt werden konnte, wurde Einstein mit einem Mal weltberühmt.

Ein Großteil der späteren Arbeiten galt der Auseinandersetzung mit der neuen Quantenphysik. Diese Theorie basiert maßgeblich auf Wahrscheinlichkeiten, was Einstein lakonisch kommentierte: „Gott würfelt nicht!“

1921 reiste Einstein erstmals in die Vereinigten Staaten, und weitere Besuche folgten. Als die Nationalsozialisten 1933 in Deutschland an die Macht kamen, kehrte der Jude Einstein vorsichtshalber nicht nach Deutschland zurück, sondern blieb für den Rest seines Lebens in den USA. 1940 wurde er amerikanischer Staatsbürger, und 1952 bot man ihm das Amt des ersten israelischen Staatspräsidenten an, was er jedoch ausschlug.

▼ Einstein-Kreuz
Licht eines weit entfernten Quasars wird durch das Schwerefeld einer vorgelagerten Galaxie so umgelenkt, dass wir vier „Geisterbilder“ dieses Quasars erkennen können.

Zeit seines Lebens setzte er sich für den Weltfrieden ein. Noch eine Woche vor seinem Tod schrieb er an den Philosophen Bertrand Russell und ließ seinen Namen unter ein Manifest setzen, das alle Völker der Erde aufforderte, auf Kernwaffen zu verzichten.

Einstein war auch ein sehr guter Geigenspieler. Als er einmal mit einem Berufsmusiker ein Duett übte und dabei aus dem Takt geriet, meinte jener mit einem Bedauern im Blick: „Ihr Problem ist, dass Sie nicht zählen können!“

George Ellery Hale (1868 bis 1938)

George Hale wurde in Chicago geboren und zeigte schon früh großes Interesse an der Astronomie. Seine Eltern waren wohlhabend und konnten ihm eine gut ausgestattete Privatsternwarte einrichten. Er befasste sich hauptsächlich mit der Sonne erkannte als erster, dass Sonnenflecken im wesentlichen magnetische Erscheinungen sind – heiße Sonnengase kühlen ab, wenn Magnetfeldlinien schlaufenförmig aus der Sonnenoberfläche austreten. Doch es dauerte nicht lange, ehe er seine Aufmerksamkeit den Sternen zuwendete, was völlig andere Beobachtungstechniken erforderte. Von der Sonne kommt genug Licht, sodass man einzelne Bereiche auswählen kann – bei den Sternen muss man das wenige ankommende Licht sorgfältig „zusammenkratzen“, um überhaupt etwas messen zu können.

Hales ständiger Ruf lautete entsprechend „mehr Licht!“, was nur mit immer größeren Teleskopen zu gewinnen war. Nachdem er Pläne für die erforderlichen Instrumente erstellt hatte, entwickelte er eine bemerkenswerte Überredungskunst, um bei befreundeten Millionären Geld für den Bau dieser Instrumente zu sammeln. Seine Methoden waren mitunter reichlich unkonventionell. Bei einer Gelegenheit verrückte er sogar Tischkarten, um zum Dinner neben einem gebefreudigen Millionär Platz nehmen zu können, und als nach dem Hauptgang der Käse gereicht wurde, hatte der Millionär schon zugesagt, ein großes Teleskop zu finanzieren!

Hale war die treibende Kraft hinter vier großen Instrumenten: dem 102-cm-Refraktor der Yerkes-Sternwarte in Wisconsin (noch heute der größte Refraktor der Erde), der 1897 fertiggestellt wurde, der 153-cm-Reflektor der Mount Wilson-Sternwarte (1908), der 254-cm-Reflektor der Mount Wilson-Sternwarte (1917), und der 508-cm-Reflektor der Mount Palomar-Sternwarte, der seinen Betrieb 1948 aufnahm.

▶ **Der 5-Meter-Spiegel**
Das Hale-Teleskop, aufgenommen vor dem Hintergrund der Sommermilchstraße.

Leider konnte Hale dieses Teleskop nicht mehr erleben, das gleich zu Beginn und für viele Jahrzehnte Maßstäbe setzte. Mit ihm fand Baade anhand der Beobachtungen von Cepheiden in anderen Galaxien, dass der bisherige Entfernungsmaßstab verdoppelt werden musste.

Die Zeiten haben sich geändert, und die meisten neuen Sternwarten und Teleskope sind das Ergebnis internationaler Vereinbarungen statt eines guten Essens. Doch ohne George Ellery Hale wäre die Erforschung des Universums und seiner Entwicklung wesentlich langsamer vorangekommen.

▲ **Fred Hoyle**
Er prägte den Begriff „Big Bang" – hier aufgenommen 1982 mit Patrick Moore.

Fred Hoyle (1915–2001)

Fred Hoyle – er hieß wirklich Fred und nicht Alfred oder Frederic – war einer der einflussreichsten und umstrittensten Astronomen des 20. Jahrhunderts. Oft stand seine Meinung im Gegensatz zu der vieler Kollegen, und nicht immer lag er dabei falsch!

Hoyle wurde in Bingley, Yorkshire, als Sohn eines Wollhändlers geboren. Er besuchte die örtliche Grammar School und studierte danach Mathematik am Emmanuel College in Cambridge. Zur Astrophysik fand er vor allem auf Grund seiner Bekanntschaft mit Raymond Littleton, mit dem er einige Artikel über Entstehung und Entwicklung von Sternen schrieb.

Während des Zweiten Weltkrieges arbeitete Hoyle zusammen mit Hermann Bondi und Thomas Gold an der Entwicklung des Radars, und während ihrer Freizeit diskutierten sie astronomische Probleme. Nach dem Kriegsende, 1948, entwickelten Bondi und Gold ihre Steady-State-Kosmologie, an der Hoyle sofort Gefallen fand. Zeit seines Lebens ließ er sich nicht mehr davon abbringen, auch nicht, als deutlich wurde, dass die Vorstellung einer kontinuierlichen Schöpfung zumindest in ihrer ursprünglichen Form unhaltbar wurde.

Seit 1945 arbeitete Hoyle in Cambridge, wo er 1958 auf den Plumian-Lehrstuhl für Astronomie berufen wurde. Hier entstanden seine berühmtesten Arbeiten, und für etliche Jahre galt er als der führende Astrophysiker seiner Zeit. Ein Großteil unseres Wissens über Aufbau und Entwicklung der Sterne geht auf ihn zurück. Es gibt kaum Zweifel daran, dass er 1983 gemeinsam mit William Alfred Fowler den Nobelpreis hätte erhalten müssen, und er machte auch kein Geheimnis aus seiner Enttäuschung darüber, dass man ihn übergegangen hatte.

Sein unermüdlicher Einsatz – auch auf dem Gebiet der Einwerbung von Finanzmitteln – führte 1966 zur Errichtung des Instituts für theoretische Astronomie. Das Institut gewann schnell internationale Reputation. Hoyle lockte seine Mitarbeiter mit dem Versprechen kostenlosen Fotokopierens für ein oder zwei Sommer an sein Institut, dessen Gebäude heute nach ihm benannt ist. Leider waren seine Beziehungen zu seinen Kollegen nicht immer glücklich, und so verließ er Cambridge 1972 ziemlich plötzlich, um sich im Lake-Distrikt zur Ruhe zu setzen. Später zog er dann nach Bournemouth an der englischen Südküste. Er schrieb zahlreiche Bücher, angefangen von Novellen bis zu Abhandlungen über Panspermie und Paläontologie. Nicht alle trugen zur Mehrung seiner wissenschaftlichen Reputation bei, und zumindest eines, in dem er behauptete, das berühmte Archäopteryx-Fossil sei eine Fälschung, sollte schnellstens vergessen werden.

Als Radio-Autor war er erstklassig. Seine erste BBC-Reihe „Die Natur des Kosmos" gewann eine außerordentliche Popularität und Aufmerksamkeit, obwohl sie so kontrovers angelegt war, dass eine Kommission, der unter anderem der Astronomer Royal und der Erzbischof von Canterbury angehörten, über ihre Fortsetzung beraten musste. 1957 verfasste er einen klassischen Sciencefiction-Roman (*Die Schwarze Wolke*), dem weitere folgten, darunter auch *A wie Andromeda*, größtenteils Vorlagen für erfolgreiche TV-Serien.

Hoyle starb 2001 in Bornemouth. Sein Tod wurde von zahlreichen Freunden und Kollegen betrauert. Selbst jene, die sich mit einigen seiner Ansichten nicht anfreunden konnten, werden seinen Scharfsinn, seine Originalität und Integrität nicht in Frage stellen.

Edwin Powell Hubble (1889–1953)
Edwin Hubble gilt allgemein als der größte amerikanische Astronom aller Zeiten. Er wurde in Marshfield, Missouri, geboren und zeichnete sich in seiner Jugend nicht nur durch sein wissenschaftliches Interesse aus, sondern auch durch seine sportlichen Aktivitäten; er war ein erfahrener Amateurboxer und Baseball-Spieler. Er studierte zunächst Jura und erhielt schließlich ein Rhodes-Stipendium für die Universität Oxford. Dort verbrachte er eine angenehme Zeit und eignete sich zugleich einen dauerhaften „Oxford-Akzent" an. Nach dem Eintritt der USA in den Ersten Weltkrieg meldete er sich freiwillig zur Armee, wo er es bis zum Major brachte. Für ihn enttäuschend kam er nie zum aktiven Kampfeinsatz, war aber dennoch nicht unglücklich darüber, wenn man ihn als Major Hubble ansprach.

Nach dem Krieg entschied Hubble sich gegen eine Fortsetzung des Jurastudiums. Er wollte lieber ein drittklassiger Astronom als ein erstklassiger Jurist sein. Nach der Promotion konnte er mit dem 254-cm-Hooke-Reflektor auf dem Mount Wilson arbeiten, mit dem er nach Cepheiden-Veränderlichen in benachbarten Spiralgalaxien suchte – und sie auch fand. Er bestimmte ihre Lichtwechselperioden und konnte daraus ihre Entfernungen ableiten; auf diese Weise machte er deutlich, dass es sich bei den Spiralnebeln nicht um Mitglieder unserer Galaxis handeln konnte – dafür waren sie viel zu weit entfernt. Mit dieser Methode bestimmte er die Entfernung der Andromeda-Galaxie zunächst zu rund 900 000 Lichtjahren, was er später auf 750 000 Lichtjahre korrigierte. Viel zu wenig, wie wir heute wissen, aber dies wurde erst deutlich, als Walter Baade in den 1950er Jahren herausfand, dass es zwei unterschiedlich helle Arten von Cepheiden gab.

Am Lowell-Observatorium in Arizona hatte Vesto Slipher unterdessen herausgefunden, dass sich alle Galaxien mit wenigen Ausnahmen (die wir heute als Mitglieder der Lokalen Gruppe ansehen) von uns entfernen. Hubble erkannte, dass die Entfernung der Galaxien mit ihrer Fluchtgeschwindigkeit zusammenhing: Je großer der Abstand schon war, desto rascher entfernten sich Galaxie und Milchstraße weiter voneinander. Die Fluchtgeschwindigkeiten konnten auf spektroskopischem Wege mit Hilfe des Doppler-Effektes gemessen werden. So fand er, dass das ganze Universum expandierte. Bei seinen Arbeiten wurde Hubble von Milton Humason unterstützt, der seine Karriere am Mount Wilson-Observatorium als Maultiertreiber begonnen hatte – am Ende gehörte er zu den bedeutendsten und anerkanntesten Astronomen. Amerika – du Land der unbegrenzten Möglichkeiten …

Humason lebte bis 1972, Hubble starb bereits 1953, als erste Arbeiten mit dem neuen 508-cm-Reflektor auf dem Mount Palomar gerade gezeigt hatten, dass seine frühen Untersuchungen zur Entfernungsbestimmung von Galaxien revidiert werden mussten. Hubble war bis zu seinem Tod aktiv. Sein Name begegnet uns heute im Zusammenhang mit der Expansion des Universums, die durch die Hubble-Konstante beschrieben wird (ihr aktueller Wert liegt bei 72 Kilometer pro Sekunde und Megaparsek), und natürlich im Zusammenhang mit dem ersten optischen Weltraumteleskop.

Gerard Kuiper (1905–1973)
Gerard Kuiper wurde in den Niederlanden geboren, emigrierte aber später in die USA, deren Staatsbürgerschaft er 1933 annahm. Von 1947 bis 1949 und dann noch einmal von 1957 bis 1960 war er Direktor des Yerkes-Observatoriums in Wisconsin, danach wurde er der erste Direktor des Lunar and Planetary Laboratory in Tucson, Arizona. Dieses Amt bekleidete er bis zu seinem Tod 1973.

Kuiper widmete sich der Untersuchung des Sonnensystems. Er entdeckte den zweiten Neptunmond, Nereid, und konnte 1944 zeigen, dass Titan, der größte Saturnmond, von einer dichten Atmosphäre umgeben ist. Sein Name ist im Kuiper-Gürtel jenseits der Neptunbahn verewigt. Pluto war der zuerst gefundene „Bewohner" dieser Region, doch sind seit 1992 fast tausend weitere Mitglieder entdeckt worden.

Trotz seiner Erfolge war er sich stets klar darüber, dass die Beobachtungsbedingungen am Erdboden viel zu wünschen übrig ließen und dass die Voraussetzungen mit wachsen-

◀ Gerard Kuiper erkannte, dass der rund 4200 Meter hohe Gipfel des Mauna Kea unter einer klaren und trockenen Atmosphäre ideale Beobachtungsbedingungen für Astronomen bieten würde. Hier erkennt man das japanische Subaru-Teleskop (Mitte) und die Kuppeln der beiden Keck-Teleskope; ganz links ist die „Kuppel" des James Clerk Maxwell-Radioteleskops zu sehen.

der Höhe immer besser wurden. So wurde er auch zum Vorkämpfer für ein Observatorium auf dem erloschenen Hawaii-Vulkan Mauna Kea. Der Gipfel liegt in fast 4200 Metern Höhe. Dort stehen nur noch 40 Prozent der normalen Sauerstoff-Menge zum Atmen bereit, was man nicht so einfach „wegstecken" kann. Jede Arbeit fällt dort oben deutlich schwerer als auf Meereshöhe, und selbst Denkprozesse vollziehen sich langsamer als gewohnt.

Anfangs gab es keine Straßen auf den Berg, und die Gegend war gänzlich unerschlossen. Trotzdem oder gerade deshalb wollte Kuiper dort oben eine Sternwarte errichten. Zunächst fand er nur wenig Unterstützung, doch er gab nicht auf, und heute drängen sich die Kuppeln auf dem Gipfel – darunter die beiden Keck-Teleskope mit jeweils 10 Meter großen Spiegeln, das japanische Subaru-Teleskop (8,2 Meter), das United Kingdom Infrared Telescope UKIRT (3,8 Meter) und das James Clerk Maxwell Microwave Telescope JMCT (15 Meter). Die Beobachtungsbedingungen dort oben sind wirklich exzellent – Kuiper hatte sich nicht geirrt.

Kuiper war auch ein großer Befürworter der frühen Planetensonden. Die Mondlandungen durfte er noch miterleben, doch die Vorbeiflüge an den äußeren Planeten und die Landungen auf dem Mars erfolgten erst nach seinem Tod.

Mauna Kea ist ein faszinierender Ort. Von hier aus sieht man Mauna Loa und Kilauea, zwei der aktivsten Vulkane der Erde. Ein Lavastrom des Mauna Loa drang bis an die Außenbezirke von Hilo, dem Hauptort der größten Hawaii-Insel, vor, ehe er gestoppt werden konnte. Mauna Kea selbst gilt als erloschen – ein Wiederaufleben seiner Aktivität bekäme dem Observatorium gar nicht gut …

Bernard Lovell (*1913)

Bernard Lovell wurde in Gloucestershire geboren und begann seine wissenschaftliche Karriere als Physiker, der an der Universität Bristol promovierte. An der Universität von Manchester befasste er sich mit der Erforschung der kosmischen Strahlung, doch als 1939 der Zweite Weltkrieg ausbrach, wurde er vom Luftfahrtministerium mit Entwicklungs- und Erprobungsarbeiten für ein Radarsystem beauftragt. Nach dem Kriegsende konnte er

▲ **Bernard Lovell**
Der britische Radioastronom im Gespräch mit Patrick Moore.

die dort gewonnenen Erfahrungen für astronomische Zwecke nutzen, und Lovell erhielt eine ausgemusterte mobile Radarstation für seine Erforschung der kosmischen Strahlung. Lokale Störungen, die durch den Straßenbahnverkehr ausgelöst wurden, zwangen ihn, die Gerätschaften ins Umland nach Jodrell Bank zu verlagern. Anfangs gab es Streit mit den beiden Bauern, die ihre Grundstücke verkaufen wollten, und einmal standen die Wissenschaftler einem ziemlich wütenden Stier gegenüber.

Lovell wandte sich neuen Aufgaben zu, so etwa der Beobachtung von Meteoren am Tage. 1951 wurde er Professor für Radioastronomie an der Universität Manchester. Er plante ein großes, steuerbares Radioteleskop, das nach vielen Versuchen und Rückschlägen schließlich auch verwirklicht wurde. „Natürlich" kostete es viel mehr als veranschlagt, aber Lovell war durchaus risikofreudig – einmal wurde ihm sogar angedroht, er könne ins Gefängnis geschickt werden. Zum Höhepunkt der Krise, als er sich mit einigen wichtigen Entscheidungsträgern der Regierung treffen sollte, hatte er keine Zeit für sie – er spielte Kricket, und das sehr erfolgreich.

Die finanzielle Situation wurde durch den Start des ersten Erdsatelliten, des sowjetischen Sputnik, entschärft. Außerhalb der Sowjetunion konnte nur das gerade fertig gestellte, steuerbare 75-Meter-Radioteleskop von Jodrell Bank den Satelliten verfolgen, und fast über Nacht wurde Lovell von einem „leichtsinnigen Verschwender" zu einem nationalen Helden. Zwar blieb die Satellitenbeobachtung nur ein Randbereich seiner Einsatzgebiete, aber das große Radioteleskop wird auch heute noch mitunter dafür genutzt, so etwa bei der Landung der europäischen Huygens-Sonde auf dem Saturnmond Titan Anfang 2005.

Das Radioteleskop von Jodrell Bank markiert den Beginn der modernen Radioastronomie, und völlig zu Recht wurde es zum 30. Geburtstag in Lovell-Teleskop umbenannt. Obwohl die 75-Meter-Schüssel schon lange nicht mehr das größte steuerbare Radioteleskop der Erde ist (diesen Rang übernahm 1972 das 100-Meter-Teleskop des Bonner Max-Planck-Instituts für Radioastronomie, das erst 2002 vom geringfügig größeren Green Bank Telescope übertroffen wurde), hat es die Forschung in vielfältiger Weise vorangetrieben. Ohne den Einsatz von Bernard Lovell wäre es vermutlich nicht gebaut worden.

Martin Rees (*1942)

Martin Rees wuchs in Shropshire auf, promovierte in Cambridge und hat dort die längste Zeit gearbeitet. Bei der Erforschung der Schwarzen Löcher hat er an vorderster Front mitgewirkt und darüber hinaus wesentlich zum Verständnis von Quasaren, Gammaburstern, der Galaxienentstehung und der kosmischen Hintergrundstrahlung beigetragen. Kaum ein Zweig der Astrophysik und Kosmologie blieb von ihm unbearbeitet.

Sein Hauptinteresse galt der Natur kompakter Objekte. So sagte er unter anderen (richtig) voraus, dass massereiche Schwarze Löcher in den Zentren der meisten Galaxien zu finden wären, einschließlich unserer Galaxis. Und er war einer der ersten, der eine Erklärung für die rätselhaften, äußerst energiereichen Explosionen vorlegte, die als Gammastrahlen-Burst beobachtet werden.

Für seinen Versuch, das Ende der dunklen Ära in der Frühgeschichte des Universums zu erklären, studierte er die Entstehung der ersten Sterngeneration sowie der Quasare und Galaxien, die dann weite Teile des Kosmos ionisierten. Und er sagte die Polarisation und andere spezielle Eigenschaften der kosmischen Hintergrundstrahlung voraus.

Zusätzlich ist Rees ein phantastischer Redner und Hörfunk-Autor und schreibt hervorragende populärwissenschaftliche Bücher wie kaum ein anderer. Er kann die schwierigsten Sachverhalte verständlich darstellen, und vor allem das kam ihm in seiner Funktion als Astronomer Royal von 1995 bis 2005 zugute. Er hat sich immer sehr für eine internationale Zusammenarbeit in der Wissenschaft eingesetzt, und als die britische Regierung das Royal Greenwich Observatorium auflösen wollte, das auf König Charles II. zurückgeht, hat Rees alles in seiner Macht Stehende getan, um den Plan zu verhindern. Leider ohne Erfolg, denn die Verwaltung hat sich schließlich durchgesetzt.

Zweifellos hat Rees einen gewaltigen Einfluss auf die Astronomie in England gehabt, nicht nur durch seine eigenen Anstrengungen, sondern auch durch das Fördern anderer Kollegen. Inzwischen sitzt er im britischen Oberhaus und ist Präsident der Royal Society.

▲ Martin Rees
Der damalige Astronomer Royal zusammen mit Patrick Moore 2002 bei der Eröffnung des South Downs Planetariums in Chichester.

Martin Ryle (1908–1984)

Martin Ryle, einer der führenden Radioastronomen des 20. Jahrhunderts, ist vor allem durch die Entwicklung revolutionärer Radioteleskope und deren Einsatz für die Messungen an den entferntesten damals bekannten Galaxien hervorgetreten. Er wurde in Brighton geboren, promovierte 1939 als Physiker an der Universität Oxford und war während des Zweiten Weltkrieges an der Entwicklung des Radarsystems beteiligt.

Nach dem Krieg ging er zum Cavendish Laboratorium in Cambridge, und in Cambridge blieb er bis zum Ende seines Berufslebens. Hier leitete er die Erstellung von Katalogen kosmischer Radioquellen. Der dritte Cambridge-Katalog (3C) aus dem Jahre 1959 mit 471 Quellen wird noch heute genutzt, und der vierte Katalog (4C) umfasste bereits rund 5000 Quellen. Zu den wichtigsten Entdeckungen aus dieser Zeit gehört der definitive Nachweis von Unterschieden zwischen der lokalen und weiter entfernten Regionen im Kosmos, die sich als erste wirkliche Beobachtungsstütze der von Ryle favorisierten Urknall-Theorie erwiesen.

1972 folgte Ryle Sir Richard Woolley im Amt des Astronomer Royal; er war der erste, der nicht mehr im Royal Greenwich Observatorium residierte, und man munkelt, dass dieser Bruch mit der Tradition indirekt zum Ende des RGO geführt habe – ein Verwaltungsakt, der nur als bürokratischer Vandalismus bezeichnet werden kann. Allerdings kann man Ryle keine Schuld daran geben. Nach seiner Ablösung 1982 widmete er seine Zeit sozialen und umweltpolitischen Fragen.

◀ Drahtfelder
Martin Ryle war die treibende Kraft hinter den Entwicklungen der Radioastronomie-Gruppe am Cavendish-Laboratorium in Cambridge. Zu den bedeutsamsten Beiträgen zur Forschung gehörten die Erstellung erster systematischer Kataloge von Radioquellen und die Entdeckung der Pulsare. Diese unerwartete Entdeckung gelang mit diesem unscheinbaren Teleskop, einem „Drahtgeflecht", das die Fläche von zweieinhalb Fußballfeldern bedeckt. Ryle und seine Kollege Anthony Hewish erhielten für Ihre Arbeiten 1974 den Nobelpreis für Physik – die eigentliche Entdeckerin der Pulsare, die damalige Studentin Jocelyn Bell, ging leer aus.

▶ Akkretionsscheibe um ein Schwarzes Loch
So sieht das Chandra-Röntgenteleskop der NASA die Materiescheibe um ein Schwarzes Loch. Die theoretischen Grundlagen zu ihrem Verständnis schuf Karl Schwarzschild.

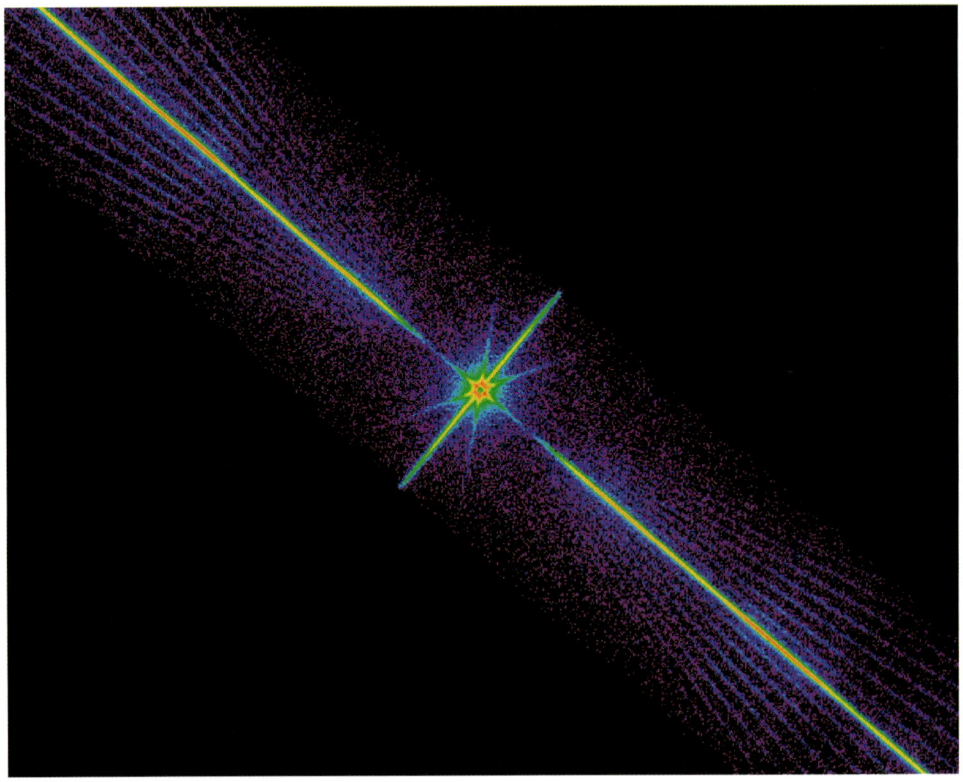

Karl Schwarzschild (1873–1916)
Schwarzschild wurde in Frankfurt geboren. Sein Vater war ein wohlhabender Geschäftsmann, und so verbrachte er eine angenehme und friedliche Jugend. Er interessierte sich schon früh für die Astronomie und konnte genügend Geld sparen, um sich ein kleines Teleskop zu kaufen. Seine beiden ersten Veröffentlichungen zur Theorie der Umlaufbewegung von Doppelsternen erschienen, als er gerade 17 Jahre alt war.

Er studierte zunächst an der Universität Straßburg und wechselte dann nach München, wo er auch promovierte. Er veröffentlichte einige bedeutende Arbeiten zur Stellarastronomie und erwies sich darüber hinaus als ausgezeichneter Vortragender. Es heißt, dass er es verstand, schwierige Dinge einfach klingen zu lassen. Zu Beginn des 20. Jahrhunderts ging er nach Göttingen, wo er Direktor der dortigen Sternwarte wurde, und übernahm 1911 die Leitung des Astrophysikalischen Observatoriums Potsdam – die wohl renommierteste Position, die ein Astronom in Deutschland erreichen konnte. Dort arbeitete er sehr erfolgreich, unter anderem auf dem Gebiet der Spektroskopie.

Dann brach der erste Weltkrieg aus, und Schwarzschild meldete sich freiwillig zum aktiven Einsatz. Anfangs leitete er eine Wetterbeobachtungsstation in Belgien, ging dann aber an die Ostfront nach Russland, wo er die Flugbahnen von Raketen berechnete. Trotz der anhaltenden Gefahren schrieb er dort zwei wichtige Artikel, einen zur Quantentheorie und einen zur allgemeinen Relativitätstheorie Albert Einsteins. Mit diesem zweiten Artikel legte er die erste vollständige Lösung der Einsteinschen Gravitationsgleichungen vor, die zu einem Verständnis der Geometrie der Raumzeit in der Umgebung großer Massen führte. Er sandte diesen Artikel an Einstein, und dessen Antwort ist bis heute erhalten: „Ich hatte nicht erwartet, dass Irgendjemand die exakte Lösung des Problems auf so einfache Weise darstellen könnte." Beide Artikel schufen die Grundlage für die späteren Untersuchungen Schwarzer Löcher.

Leider erhielt Schwarzschild keine Chance, diese seine Arbeiten fortzusetzen. Die rauen Bedingungen an der Ostfront trugen ihm eine schmerzvolle Hautkrankheit ein, für die es zu jener Zeit keine Heilungsmöglichkeiten gab. 1916 wurde er als Invalide aus der Armee entlassen, doch es half ihm nicht mehr – zwei Monate später starb er als Opfer eines der sinnlosen Kriege der Menschheit.

Er wurde nicht vergessen. 1960 ernannte ihn die Berliner Akademie der Wissenschaften offiziell zum größten deutschen Astronomen der Neuzeit. Eine große Sternwarte in Tautenburg bei Jena trägt seinen Namen, und der Ereignis-Horizont eines Schwarzes Loches wird auch als Schwarzschild-Radius bezeichnet. Sein Sohn Martin wurde ebenfalls ein anerkannter Astronom.

Harlow Shapley (1885–1972)

Harlow Shapley hat zahlreiche wichtige Beiträge zur Astronomie geleistet, wird aber vor allem als der Mann in Erinnerung bleiben, der die Größe der Galaxis gemessen und dabei gezeigt hat, dass die Sonne mit ihren Planeten keineswegs im Zentrum, sondern etwa auf halber Strecke zum äußeren Rand angesiedelt ist.

Shapley wurde in Nashville, Missouri, geboren. Sein Vater war Farmer, und seine frühe Ausbildung war eher lückenhaft. Als Sechszehnjähriger verließ er die Schule und ging als Zeitungsreporter nach Kansas. Er wollte Journalist werden, doch als er versuchte, sich an der Journalistenschule der Universität von Missouri einzuschreiben, erfuhr er, dass er mindestens ein Jahr warten müsse, ehe ein Studienplatz frei werde. So entschied er sich ersatzweise für einen Astronomiekurs – und wurde also eher zufällig Astronom.

Nach dem Diplom ging Shapley nach Princeton, wo Henry Norris Russell das Astronomie-Department leitete. Hier promovierte er und bewarb sich dann am Mount Wilson-Observatorium, wo er sieben Jahre blieb; dies waren vermutlich die fruchtbarsten Jahre seiner Karriere. Hier konzentrierte er sich auf die Untersuchung von Größe und Form der Galaxis. Er kannte die Positionen der kugelförmigen Sternhaufen am Himmel – die meisten stehen am Südhimmel –, und mit Hilfe der Cepheiden-Veränderlichen bestimmte er ihre Entfernungen. Weil sich die Kugelsternhaufen um die Galaxis herum gruppieren, konnte er daraus die Größe des galaktisches Systems ableiten. Sein Wert war zwar zu hoch gegriffen, weil er die Lichtabsorption durch die interstellare Materie noch unberücksichtigt ließ, aber er hat den entscheidenden Schritt zur Größenbestimmung der Galaxis getan.

In einem anderen Bereich der Astronomie irrte er allerdings, denn er war überzeugt davon, dass die Spiralnebel Teile unserer Galaxis und keine eigenständigen Systeme, gleichsam „Welteninseln“, waren. Dies führte zu der berühmten großen Debatte mit seinem Kollegen Heber D. Curtis. Sie endete schließlich mit einem ehrenwerten Vergleich: Shapley behielt mit seinen Vorstellungen zur Größe der Galaxis recht, Curtis dagegen mit seinen Ansichten über die Natur der Spiralnebel.

1920 verließ Shapley Mount Wilson und wurde Direktor des Harvard College Observatoriums, wo er bis zu seiner Pensionierung 1952 blieb. Er schrieb Fachbücher und populärwissenschaftliche Bücher und engagierte sich auch in der Administration.

Jakow Borisowitsch Seldowitsch (1914–1987)

Jakow Seldowitsch war das führende Mitglied der sowjetischen Schule für Astrophysik, die sich in den 1950er und 1960er Jahren entwickelte. Er wurde in Minsk geboren, der heutigen Hauptstadt Weißrusslands.

Als 17-Jähriger kam er an das Institut für chemische Physik der sowjetischen Akademie der Wissenschaften im damaligen Leningrad (dem heutigen St. Petersburg), wo er sich gleichsam autodidaktisch ausbildete. Irgendwie gelang es ihm, den Schergen Stalins zu entgehen, die so viele bedeutende Wissenschaftler umbrachten, und schließlich wurde er Professor an der Moskauer Staatsuniversität. Er schrieb wichtige Aufsätze über Stoßwellen und Gasdynamik und spielte eine bedeutende Rolle bei der Entwicklung der sowjetischen Atomwaffen.

In den 1950er Jahren wandte er sich ganz der Kernphysik und der Theorie der Elementarteilchen zu, und erst 1960 konzentrierte er sich mehr auf astrophysikalische und kosmologische Themen. Er wurde Leiter der Abteilung für relativistische Astrophysik am Sternberg Astronomischen Institut in Moskau. Er schrieb nun einige Artikel über die Dynamik der Neutronenemission während der Entstehung Schwarzer Löcher, zur Entstehung von Galaxien und Galaxienhaufen sowie über die großräumige Struktur des Universums.

Zusammen mit Raschid Sunjajew, der heute am Max-Planck-Institut für Astrophysik in Garching arbeitet, sagte er den heute nach beiden benannten Sunjajew-Seldowitsch-Effekt voraus, der den Nachweis von Galaxienhaufen erleichtert, zumal er im nahen und fernen Universum gleichermaßen wirksam ist. Mittlerweile werden einige Teleskope gebaut, die diesen – damals nur theoretisch abgeleiteten – Effekt nutzen sollen.

Seldowitschs vielleicht nachhaltigste Idee war die Erkenntnis, dass eine sehr massereiche Materiewolke nicht gleichmäßig kollabiert, sondern aufgrund von auftretenden Instabilitäten eine asymmetrische Form annimmt. Die resultierende „Pfannkuchen-Verteilung" wird bei Galaxienhaufen tatsächlich beobachtet und prägt möglicherweise auch die noch großräumigeren Strukturen des Universums.

Seldowitsch hat nicht nur bei der Suche nach einer Vereinigung von Teilchenphysik und Kosmologie Pionierarbeit geleistet, sondern auch bei den Versuchen, die Quantenmechanik mit der Gravitationstheorie zu verknüpfen. Darüber hinaus war er ein hervorragender Lehrer und der Leiter einer der führenden Forschergruppen auf den Gebieten Allgemeine Relativitätstheorie und Kosmologie. Er erhielt viele Ehrungen, einschließlich der Kurtschatow-Goldmedaille der Sowjetischen Akademie der Wissenschaften (1977), des Leninordens (1962 und 1971) und der Bruce Medaille (1983). Seldowitsch überlebte mehrere Systemwechsel im heutigen Russland, aber seine wissenschaftliche Karriere war mehr oder minder durchgängig. Er starb 1987 in Moskau.

Fritz Zwicky (1898–1974)
Zwicky, einer der scharfsinnigsten und außergewöhnlichsten Astronomen der Moderne, wurde in Bulgarien geboren, doch seine Eltern waren Schweizer, und er behielt Zeit seines Lebens die Schweizer Staatsbürgerschaft bei. Er promovierte an der Universität Zürich und emigrierte 1925 in die Vereinigten Staaten, um am California Institute of Technology zu arbeiten. Er blieb dort dauerhaft, wurde 1942 Professor für Astrophysik und hielt diesen Posten bis zu seiner Pensionierung 1968.

Zwickys erster bedeutenderer Beitrag zur Astronomie betraf die Lebensgeschichte sehr massereicher Sterne. Er erkannte, dass sie am Ende, wenn der Kernbrennstoff aufgebraucht war, in eine heftige Explosion münden musste, für die er den Begriff Supernova prägte. Er wusste, dass solche Supernovae in unserer Galaxis selten waren, doch er konnte abschätzen, dass wir alle 200 bis 400 Jahre mit einem solchen Ereignis rechnen mussten. Das bedeutet, dass die erste Supernova seit der Erfindung des Fernrohres allmählich „überfällig" ist (was aus der Sicht heutiger Astronomen mehr als frustrierend ist). Da vergleichbare Zahlen auch für andere Galaxien gelten, sollte man angesichts der großen Zahl bekannter Galaxien solche Supernovae zumindest aus der Entfernung beobachten können. Mit einem der größeren Teleskope auf Mount Wilson durfte er nach diesen fernen Sternexplosionen suchen und fand bis 1936 immerhin 36 – weit mehr, als die meisten erwartet hatten. Zusammen mit Walter Baade entwickelte er die Vorstellung, dass der Überrest des Sterns zu einer kleinen, extrem dichten Kugel aus Neutronen schrumpfen müsse. Auch diese Idee stieß zunächst auf große Skepsis, konnte mittlerweile aber längst bestätigt werden.

Zwicky untersuchte auch die Bewegung von Sternen und Galaxien und fand bald heraus, dass ein Galaxienhaufen sich über kurz oder lang auflösen müsse, wenn er nicht durch eine zusätzliche, unsichtbare Masse zusammengehalten werde. Dies war der erste Hinweis auf die Existenz dunkler Materie, die nach Ansicht heutiger Astronomen das Universum entscheidend prägt.

All dies war absolute Spitzenforschung, doch Zwicky war zugleich eine ungewöhnliche Persönlichkeit, und zu sagen, er sei jähzornig gewesen, ist eine eher milde Umschreibung seiner Eigenart. Jeder, der seine Ansichten nicht teilte, wurde sogleich zum Todfeind erklärt. Er war sehr stark und vollführte immer wieder Handstände im Speisesaal des Observatoriums, um sicherzustellen, dass alle von seiner Stärke beeindruckt waren. Er bezeichnete seine Kollegen als sphärische Bastarde – sphärisch, um deutlich zu machen, dass sie unabhängig von der jeweiligen Blickrichtung als Bastarde erschienen. Er war überzeugt davon, dass andere ihm seine Ideen stahlen, ohne ihn zu zitieren. Besonders giftig verhielt er sich gegenüber Edwin Hubble. Einmal ließ er den Kuppelspalt öffnen und gab seinem Nachtassistenten die Anweisung, mehrfach nach draußen zu schießen, um die Beobachtungsbedingungen zu verbessern (was natürlich nichts brachte). Seine Haltung gegenüber Walter Baade haben wir bereits beschrieben.

Als Zwicky in den Ruhestand ging, waren vermutlich nicht viele Kollegen traurig darüber. Trotzdem hat er herausragende Beiträge zur Astronomie geleistet, und davon profitierten die „sphärischen Bastarde", die nach ihm kamen.

▲ **Fritz Zwicky**

▶▶ **Galaxien ohne Ende**

Dieser Ausschnitt der sehr lang belichteten und entsprechend weit reichenden Aufnahme (Hubble-Ultra Deep Field) enthält Tausende weit entfernter Galaxien.

Die Zeitschiene des Universums

Zeit nach dem Big Bang (n. B.)	Ereignis	vor/in
0	Urknall	vor 13,7 Milliarden Jahren
10^{-35} bis 10^{-33} Sekunden	Inflationäre Phase	
10^{-33} Sekunden	Quarks und Antiquarks entstehen; sie vernichten sich gegenseitig und lassen einen kleinen Überschuss an Quarks zurück.	
10^{-5} Sekunden	Quarks verbinden sich zu Protonen und Neutronen	
10^{-3} Sekunden	Entstehung von Wasserstoff- und Heliumkernen	
1 bis 3 Minuten	Entstehung leichter Atomkerne bis zum Bor	
370 000 Jahre	Bildung vollständiger Atome, Freisetzung der kosmischen Hintergrundstrahlung: Das Universum wird durchsichtig	
200 Millionen Jahre	Entstehung der ersten Sterne, Reionisation	vor 13,5 Milliarden Jahren
3 Milliarden Jahre	Erste „fertige" Galaxien, Quasare und die ältesten Sterne entstehen	vor 10,4 Milliarden Jahren (?)
9,1 Milliarden Jahre	Entstehung des Sonnensystems	vor 4,6 Milliarden Jahren
9,9 Milliarden Jahre	Erste Fossilien bildeten sich	vor 3,8 Milliarden Jahren
13,4 Milliarden Jahre	Erste Reptilien	vor 320 Millionen Jahren
13,5 Milliarden Jahre	Amerika trennt sich von Afrika, erste Dinosaurier	vor 200 Millionen Jahren
13,64 Milliarden Jahre	Ende der Dinosaurier, Ausbreitung der Säugetiere	vor 65 Millionen Jahren
13,695 Milliarden Jahre	Primaten einschließlich der ersten Affen treten auf	vor 5 Millionen Jahren
13,6998 Milliarden Jahre	Homo sapiens	vor 195 000 Jahren
13,6999 Milliarden Jahre	Ende der letzten Eiszeit	vor 10 000 Jahren
13,7 Milliarden Jahre	heute	
14,7 Milliarden Jahre	Erde wird unbewohnbar	in 1 Milliarde Jahren
18,7 Milliarden Jahre	Sonne wird Roter Riese, Erde wird zerstört	in 5 Milliarden Jahren
23,7 Milliarden Jahre	Sonne wird zum Weißen Zwerg	in 10 Milliarden Jahren
10^{14} Jahre	Galaxien- und Sternentstehung kommt zum Erliegen	
10^{36} Jahre	Die Hälfte aller Protonen sind zerfallen	
10^{40} Jahre	Alle Protonen sind zerfallen, Schwarze Löcher dominieren das Universum	
10^{100} Jahre	Schwarze Löcher zerfallen	
10^{150} Jahre	Photonen-Ära: Das Universum erreicht niedrigsten Energiezustand (?)	

Glossar

Antimaterie Die moderne Teilchenphysik lehrt uns, dass es zu jedem Teilchen ein Antiteilchen mit entgegengesetzter elektrischer Ladung gibt. Sie werden unter dem Begriff Antimaterie zusammengefasst. Das Antiteilchen eines Elektrons ist ein Positron. Wenn Teilchen und Antiteilchen kollidieren, vernichten sie sich gegenseitig in einem Energieblitz. In der Frühphase des Universums muss es gleiche Mengen an Materie und Antimaterie gegeben haben, und bis heute ist nicht völlig klar, warum wir in einem Universum leben, das von einer der beiden Materie„sorten" dominiert wird.

Äquator Gedachte Kreislinie auf einer Kugel, die von beiden Polen gleich weit entfernt ist. Die Projektion des Erdäquators an den Himmel liefert den Himmelsäquator, der als Grundlage für die Positionsbestimmung dient, sonst aber keine ausgezeichnete physikalische Bedeutung hat.

Atom Die alten Griechen glaubten, dass die Materie in kleinste, unteilbare Bausteine zerlegt werden könne, die sie Atome nannten. Nach der modernen Vorstellung besteht ein Atom aus einem Kern mit positiv geladenen Protonen und neutralen Neutronen, der von negativ geladenen Elektronen umgeben ist. Protonen und Elektronen besitzen die gleiche, aber einander entgegengesetzte Ladung, so dass ein neutrales Atom gleich viele Protonen und Elektronen enthalten muss. Kohlenstoff enthält je zwölf dieser Teilchen, Wasserstoff dagegen nur je eins. Das „klassische" Atommodell sah die Elektronen auf planetenähnlichen Bahnen um den Kern, doch die Quantenphysik liefert uns ein weniger „klares" Bild.

Atomkern Der Kern eines Atoms besteht aus elektrisch positiv geladenen Protonen und neutralen Neutronen und vereint nahezu die gesamte Masse eines Atoms in sich. Unter den hohen Temperaturen und Drücken im Innern eines Sterns haben die Elektronen zu viel Energie, um von den Atomkernen eingefangen werden zu können – statt dessen verbinden sich die freien Atomkerne zu schwereren Elementen. Die Protonenzahl eines Atomkerns bestimmt seine Zugehörigkeit zu einem der chemischen Elemente: Wasserstoff enthält ein Proton, Helium zwei, Lithium drei, und so weiter.

Baryon Ein Baryon besteht aus Quarks; somit gehören unter anderem Quarks, Neutronen und Protonen dazu. Astronomen sprechen oft von baryonischer Materie im Gegensatz zu der rätselhaften, nicht-baryonischen Dunkelmaterie.
Die Galaxien jenseits der Milchstraße zeigen bis auf wenige Ausnahmen in der unmittelbaren Nachbarschaft eine Rotverschiebung, entfernen sich also alle von uns, und zwar umso schneller, je größer der Abstand bereits ist. Diese Entdeckung führte zu der Einsicht, dass das Universum expandiert.

Dimension Koordinate zur Festlegung einer Position. Im Alltagsleben kommen wir mit drei Dimensionen (Länge, Breite und Höhe) in Kombination mit der Zeit aus. Einige exotischere Theorien der Teilchenphysiker sprechen darüber hinaus von weiteren „verborgenen" Dimensionen, die ihre Existenz nur durch Experimente bei höchster Energie verraten.

Doppler-Effekt Veränderung der registrierten Wellenlänge oder Frequenz als Folge einer Bewegung zwischen „Sender" und „Empfänger". Am besten bekannt im akustischen Bereich, wenn sich das Alarmsignal eines heran brausenden Polizei- oder Krankenwagens höher als normal, nach dem Vorbeifahren dagegen tiefer anhört; im einen Fall werden die Schallwellen gestaucht, im anderen gedehnt, und zwar umso stärker, je größer die Geschwindigkeit ist. Der gleiche Effekt kann auch bei elektromagnetischer Strahlung beobachtet werden. Hier für die Dehnung der Wellenlänge zu einer Rotverschiebung, die Stauchung dagegen zu einer Blauverschiebung.

Dunkelmaterie Seit Mitte des 20. Jahrhunderts haben die Astronomen immer deutlicher erkannt, dass der größte Teil der Materie im Universum nicht aus gewöhnlichen Atomen und Molekülen besteht, sondern aus einer exotischen Materieform. Tatsächlich gehören mehr als 80 Prozent der Gesamtmasse des Universums der rätselhaften Dunkelmaterie an, die sich fast nur über die Schwerkraft bemerkbar macht. Die Teilchenphysiker bieten als Erklärung die so genannten WIMPs an, „schwach wechselwirkende massereiche Teilchen", doch konnte diese Vorhersage bislang durch keine Beobachtung und kein Experiment bestätigt werden. Obwohl also die Identität der Dunkelmaterie noch geklärt werden muss, lassen sich ihre Eigenschaften aus den Beobachtungen eingrenzen; danach scheint es sich um „kalte" Dunkelmaterie zu handeln, das heißt, um sich langsam bewegende massereiche Teilchen.

Elektromagnetische Strahlung Das sichtbare Licht ist nur ein kleiner Ausschnitt der elektromagnetischen Strahlung, die von der extrem energiereichen Gammastrahlung über die Röntgen- und Ultraviolettstrahlung, das sichtbare Licht, die Infrarot- und die Mikrowellenstrahlung bis hin zur Radiostrahlung reicht. Die elektrischen und magnetischen Komponenten dieser Strahlung breiten sich mit Lichtgeschwindigkeit aus (siehe Seite 44).

Elektron Massearmes Teilchen, das weniger als ein Tausendstel eines Protons wiegt und eine negative Ladung trägt. Anders als Protonen und Neutronen bestehen Elektronen nicht aus Quarks, sondern scheinen wirklich unteilbar und damit elementar oder fundamental zu sein.

Energie Der Energieerhaltungssatz (auch als erster Hauptsatz der Thermodynamik bezeichnet) ist eines der fundamentalsten physikalischen Gesetze. Er besagt, dass Energie weder geschaffen noch vernichtet, sondern nur umgeformt werden kann. Die berühmte Gleichung $E = mc^2$ zeigt, dass auch Masse nur eine spezielle Form der Energie ist. Die Kernreaktionen im Innern der Sterne funktionieren auf diese Weise, indem sie Masse in Energie umwandeln.

Galaxie Nach dem griechischen Wort für Milch wurde der Begriff zunächst für die Milchstraße verwendet, die sich als schimmerndes Band über den Himmel spannt. Nachdem deutlich wurde, dass diese „Milchstraße" in Wirklichkeit aus Abertausenden von Sternen bestand, wurde der Begriff zunehmend auch für andere Sternsysteme benutzt, die durch ihre Schwerkraft zusammen gehalten werden; unsere Milchstraße ist dann die Galaxis. Man unterscheidet zwischen Spiralgalaxien und elliptische Systemen, die von nahezu kugelförmiger Gestalt sind, aus alten Sternen bestehen und kaum noch über Gas- und Staubwolken zur Entstehung neuer Sterne verfügen. Dagegen enthalten Spiralgalaxien eine mehr oder minder flache Scheibe mit zwei oder mehrere Spiralarmen, die durch anhaltende Sternentstehung gekennzeichnet sind. Viele Jahre hindurch glaubte man, das elliptische Systeme durch die Verschmelzung von Spiralgalaxien entstehen, doch scheinen die Prozesse etwas komplexer zu sein.

Gammastrahlen-Ausbruch Die energiereichsten Explosionen im Kosmos, die zunächst von Satelliten zur Überwachung der Einhaltung von Atomwaffen-Teststoppabkommen entdeckt wurden. Zumindest ein Teil dieser Gammastrahlungs-Ausbrüche scheint mit extremen Supernova-Explosionen, so genannten Hypernovae, einherzugehen, während andere das Ergebnis einer Kollision von Schwarzen Löchern oder Neutronensternen sein könnten. Aufgrund ihrer extremen Leuchtkraft können sie selbst über große kosmische Distanzen beobachtet werden.

Gravitation Obwohl die Schwerkraft die schwächste der bekannten Fundamentalkräfte ist, wirkt allein sie über kosmische Distanzen. Die starke und die schwache Kernkraft sind nur über kleinste Entfernungen spürbar, und die elektromagnetische Kraft neutralisiert sich durch positive und negative Ladungen selbst weitgehend. Die Anziehungskraft zwischen zwei Massen nimmt mit den Massen zu, aber mit dem Quadrat der Entfernung ab. Reduziert man also den Abstand zweier Massen auf die Hälfte, so vervierfacht sich die gegenseitige Anziehung. Die erste Gravitationstheorie stammt von Isaac Newton; Albert Einstein hat sie im Zuge seiner allgemeinen Relativitätstheorie bis in extreme Bereiche erweitert.

Größenklasse Die traditionelle Maßeinheit für astronomische Objekte. Die Einteilung in Größenklassen erscheint Anfängern verwirrend, weil kleinere Werte einer größeren Helligkeit entsprechen – ähnlich wie bei den Schulnoten. Von einem Stern erster Größe empfangen wir 100-mal soviel Licht wie von einem Stern sechster Größe, den man an einem dunklen Ort in mondscheinloser Nacht noch mit bloßem Auge erkennen kann. Neben diesen scheinbaren Helligkeiten kennen die Astronomen auch noch die absoluten Helligkeiten, die auch in Größenklassen angegeben werden, aber etwas über die Leuchtkraft der Sterne aussagen – es sind die Helligkeiten, die die einzelnen Objekte in einer Entfernung von 10 Parsec oder 32,6 Lichtjahren hätten.

Inflation Eine Erweiterung der Urknalltheorie geht davon aus, dass das Universum sich sehr bald nach dem Urknall für kurze Zeit mit einer extremen Geschwindigkeit ausgedehnt hat. Zwar lässt sich diese inflationäre Phase bislang weder beweisen noch erklären, doch böte sie eine elegante Erklärung für manche aus der Beobachtung ableitbaren Schwierigkeiten der einfachen Urknalltheorie.

Ionisation Energiereiche Photonen können Elektronen aus dem Atomverbund herauslösen und so die Atome ionisieren. In der energiereichen Frühphase des Universums besaßen die Elektronen zu viel Energie, um von den Atomkernen eingefangen werden zu können, und das ganze Universum war ionisiert. Im Zuge der Expansion kühlte sich das Universum weit genug ab, dass die Elektronen eingefangen werden und mit den Atomkernen neutrale Atome bilden konnten. Nach der Entstehung der ersten Sterne wurden die Elektronen durch deren Ultraviolettstrahlung erneut freigesetzt, und die Phase der erneuten Ionisation (Reionisation) setzte ein.

Komet Ein eisreicher Himmelskörper, der auch als „schmutziger Schneeball" beschrieben werden kann. Die Kometen sind in den Außenbezirken des Sonnensystems entstanden, und die meisten halten sich noch heute in der Oortschen Wolke auf, von wo sie gelegentlich – etwa durch die Passage eines Nachbarsterns – ins innere Sonnensystem abgelenkt werden. Bei der Annäherung an die Sonne verdampft das Eis, und der typische Kometenschweif entsteht, der stets von der Sonne weg gerichtet ist. Kometen können von der großen Planeten „eingefangen" werden und kehren dann als periodische Kometen immer wieder, wie erstmals bei dem berühmten Komet Halley bemerkt wurde. In den letzten Jahren erregten die Kometen Hyakutake, Hale-Bopp und McNaught große Aufmerksamkeit, ebenso wie Shoemaker-Levy 9, der 1994 in den Jupiter stürzte.

Ladung Elektrische Ladung ist eine Eigenschaft der Materie, die unter anderem bei Quarks, Protonen und Elektronen beobachtet wird. Entgegengesetzte Ladungen ziehen sich an, so dass die negativen Elektronen an den positiven Atomkern gebunden werden und gemeinsam ein neutrales Atom ergeben.

Leuchtkraft Die Leuchtkraft einer Lichtquelle entspricht der Menge der abgegebenen Strahlung, bezeichnet also die wahre Helligkeit (gegenüber der scheinbaren Helligkeit, die bei uns ankommt und gemessen wird). Die Sonne erscheint uns allein aufgrund ihrer Nähe als hellstes Objekt am Himmel, während viele andere Sterne eine wesentlich höhere Leuchtkraft als unser Durchschnittsstern besitzen.

Lichtjahr Die Strecke, die das Licht in einem Jahr zurücklegt, rund 9,5 Billionen Kilometer. Die Sonne ist 8,3 Lichtminuten entfernt – ihr Licht braucht bis zu uns 8,3 Minuten –, und bis zum nächsten Stern sind es etwa 4,3 Lichtjahre. Die Sonne ist etwa 26 000 Lichtjahre vom Zentrum der Galaxis entfernt, die ihrerseits einen Durchmesser von rund 100 000 Lichtjahren besitzt. Objekte in einer Entfernung von 13 Milliarden Lichtjahren sehen wir heute so, wie sie kurz nach dem Urknall ausgesehen haben.

Masse Es gibt zwei wissenschaftliche Definitionen für die Masse. Die eine nimmt Bezug auf das Beharrungsvermögen eines Körpers, den Widerstand, den er einer beschleunigenden Kraft entgegensetzt: Ein Fußball lässt sich einfacher anschieben als ein Auto. Neben dieser „trägen" Masse kennt man noch die „schwere" Masse, die sich aus der Anziehungskraft eines Körpers ergibt: Massereichere Körper haben eines größere Anziehungskraft. Beide Massen scheinen identisch zu sein, so dass es reicht, mit einer Definition zu arbeiten. Allerdings wird Masse oft mit Gewicht verwechselt, das in Wirklichkeit nur ein Maß für die wirksame Schwerkraft ist. Hätte Neil Armstrong sich auf der Mondoberfläche gewogen, so hätte er trotz unveränderter Masse ein deutlich geringeres Gewicht festgestellt.

Meteor Eine Sternschnuppe oder Meteor blitzt auf, wenn ein sandkorngroßes Teilchen mit hoher Geschwindigkeit in die Erdatmosphäre eintaucht und verglüht: Die frei werdende Reibungshitze bringt das umgebende Gas zum Leuchten, und dieser Leuchtkanal wird als Sternschnuppe „erlebt". Viele dieser Staubteilchen stammen von Kometen. Diese verlieren auf ihrem Weg um die Sonne ständig Staub, der sich entlang der Kometenbahn verteilt. Wenn die Erdbahn eine solche staubbesetzte Kometenbahn kreuzt, sehen wir einen Meteorstrom, der jedes Jahr zur gleichen Zeit beobachtet werden kann. Verlängert man die Leuchtspuren der Meteore eines solchen Stromes zurück, so scheinen sie alle von einem bestimmten Punkt am Himmel zu kommen, dem so genannten Radianten. Zwei Meteorströme sind sehr bekannt: Die Perseiden, die alljährlich um den 12. August aus dem Sternbild Perseus zu kommen scheinen, und die Leoniden (aus dem Sternbild Löwe), die Mitte November auftreten und etwa alle 33 Jahre besonders ergiebig sind.

Meteorit Ein größerer Körper, meist aus dem Asteroidengürtel, der den Sturz durch die Erdatmosphäre überdauert hat und auf der Erdoberfläche aufgeschlagen ist. Erstaunlicherweise gibt es keine Berichte über Personenschäden durch Meteoriten, wiewohl manche Autos in der Vergangenheit ziemlich heftig getroffen wurden. Während die meisten Bahnen sich in den Asteroidengürtel zurückverfolgen lassen, stammen einige vermutlich vom Mond oder vom Mars. Der berühmteste Marsmeteorit, ALH84001, enthält Strukturen, die den Fossilien bestimmter irdischer Bakterien täuschend ähnlich erscheinen, aber wesentlich kleiner sind. Sie können durch irdische „Verunreinigung" entstanden sein, sind aber vielleicht auch der bislang deutlichste Hinweis auf eine mögliche frühere Existenz einfacher Lebensformen auf dem Mars. Die meisten Meteoriten werden heute in der Antarktis gefunden, wo sie sich besonders gut vom weißen Untergrund abheben.

Milchstraße Ein schimmerndes Band lichtschwacher Sterne, das sich über den irdischen Himmel spannt und neben zahlreichen leuchtenden Gasnebeln und Sternhaufen auch viele Dunkelwolken enthält. Sie ist das „Erscheinungsbild" unserer Galaxis, das von unserem Standort innerhalb der Galaxis – rund 26 000 Lichtjahre vom Zentrum entfernt und fast genau in der galaktischen Ebene – geprägt wird.

Nebel Vom lateinischen Wort für Dunst, Nebel oder Wolke abgeleitet bezeichnet der Begriff in der Astronomie jede sichtbare Konzentration von Gas und Staub. Das bekannteste Beispiel aus unserer Umgebung ist der Orion-Nebel, der als Sternentstehungsregion gilt. Die neu entstandenen Sterne können das umgebende Gas entweder zum eigenen Leuchten anregen „Emissionsnebel"), oder die Gas- und Staubwolken werfen das auftreffende Licht der Sterne lediglich zurück („Reflexionsnebel"). Alternde Sterne können einen Teil ihrer Hülle abstoßen und die anschließend mit der energiereichen Ultraviolettstrahlung der freigelegten tieferen Sternschichten zum Leuchten anregen – dann beobachten wir einen planetarischen Nebel, der allerdings mit Planeten nichts zu tun hat; der Name verweist vielmehr nur auf das in kleinen Teleskopen manchmal planetenähnliche Aussehen dieser Nebel. Dunkelnebel verraten ihre Existenz dadurch, dass sie das Licht dahinterliegender Sterne verschlucken; einer der bekanntesten Dunkelnebel ist im Sternbild Kreuz des Südens zu finden und trägt den bezeichnenden Namen Kohlensack.

Neutrino Kleines, nahezu masseloses Teilchen, das unter anderem als Nebenprodukt bei der Kernfusion im Innern der Sterne entsteht. Viele Jahre hindurch wurde das Neutrino für masselos gehalten, doch ist inzwischen sicher, dass sie eine geringe Masse besitzen (wenngleich sie auch nicht ausreicht, um als Erklärung für die Dunkelmaterie herhalten zu können). Die – wenn auch kleine – Neutrinomasse löste dann auch gleich das so genannte Neutrinoproblem der Sonne, das sich aus einer viel zu geringen Nachweisrate an Neutrinos von der Sonne ergab. Aufgrund der winzigen Masse können die Neutrinos, die in drei Sorten vorkommen, auf dem Weg zwischen Sonne und Erde ihre „Zugehörigkeit" wechseln: Mit den ersten Neutrinodetektoren hatte man nur die masseärmste Neutrinosorte nachweisen und zählen können. Die Zahl der Neutrinosorten lässt sich aus der Urknalltheorie ableiten und stellt damit einen zusätzlichen Beweis dafür dar, dass das Universum seinen Anfang in einem heißen und dichten Feuerball nahm.

Neutron Neutronen gehören mit den Protonen zu den Bausteinen des Atomkerns und bestehen wie diese aus drei Quarks. Sie besitzen etwa die gleiche Masse wie Protonen, tragen aber keine elektrische Ladung. Unter den extremen Bedingungen einer Supernova-Explosion können Protonen und Elektronen sich zu Neutronen verbinden und so einen extrem dichten und massereichen Neutronenstern im Zentrum des explodierenden Sterns bilden. Die Obergrenze der Masse für Neutronensterne wird bei etwa acht Sonnenmassen vermutet – darüber hinaus dürfte der Kollaps zu einem Schwarzen Loch unvermeidlich sein.

Ökosphäre Der Bereich in der Umgebung eines Sterns, in dem flüssiges Wasser auf einem Planeten möglich und damit eine wichtige Voraussetzung für Leben geschaffen ist. In unserem Sonnensystem liegt nur die Erde innerhalb der Ökosphäre – die Venus ist zu nahe an der Sonne, und Mars ist zu weit von ihr entfernt. Die Suche nach erdähnlichen Exoplaneten ist noch nicht sehr erfolgreich gewesen, aber zumindest ein jupiterähnlicher Planet konnte in der Ökosphäre seines Sterns nachgewiesen werden. Wenn er einen genügend großen Mond besitzt, könnte dort flüssiges Wasser existieren, das vielleicht die Entwicklung von Leben begünstigt hat.

Parsec Astronomische Entfernungseinheit (entsprechend 3,26 Lichtjahre); aus einem Parsec Entfernung erscheint der Halbmesser der Erdbahn unter einem Winkel von einer Bogensekunde.

Planckzeit In der Quantenphysik ist dies die kürzestmögliche Zeiteinheit; sie entspricht etwa $0{,}5 \cdot 10^{-43}$ Sekunden. Selbst wenn eine Uhr noch kürzere Zeitsprünge messen könnte, würde die Quantenphysik deren Anzeige so verwischen, dass ein exaktes Ablesen unmöglich wäre.

Positron Als Antiteilchen des Elektrons hat es die gleiche Masse wie dieses, aber positive elektrische Ladung. Trifft es auf ein Elektron, so zerstrahlen beide zu purer Energie.

Proton Ein positiv geladenes Teilchen, das aus drei Quarks besteht; Protonen bilden zusammen mit Neutronen den Atomkern.

Pulsar Ein rasch rotierender Neutronenstern, der im Zuge einer Supernova entstanden ist, sendet zwei eng gebündelte Strahlungskegel aus den Bereichen seiner beiden magnetischen Pole aus. Wenn der Stern rotiert, streifen diese Strahlungskegel ähnliche wie Disco-Beamer über den Himmel, und wenn sie dabei auf die Erde treffen, registrieren wir rasch aufeinander folgende Strahlungspulse, die so regelmäßig ankommen, dass die erste Quelle dieser Art vor der Veröffentlichung unter dem Deckmantel LGM-1 geführt wurde – für little green men, kleine grüne Männchen. Mittlerweile kennt man auch einen Doppelpulsar, mit dessen Hilfe man die Voraussagen der Allgemeinen Relativitätstheorie überprüfen kann.

Quant Die fundamentale Erkenntnis der Quantenphysik war die Tatsache, das ein Teilchen nicht eine beliebige Energiemenge tragen kann, sondern nur Vielfache einer kleinsten Energieeinheit. Diese Energiepakete werden als Quanten bezeichnet. Im alltäglichen Leben spielt die Quantentheorie keine große Rolle, weil ein einzelnes Quant eine sehr kleine Energieeinheit ist. Auf der atomaren und molekularen Ebene sieht die Sache dagegen ganz anders aus.

Quark Möglicherweise fundamentale Teilchen, aus denen Protonen, Neutronen und andere, exotischere Baryonen zusammengesetzt sind. Man kennt sechs verschiedene Quark-Typen, die als „up-", „down-", „strange-", „charm-", „top-" und „bottom-Quark" bezeichnet werden (wobei die beiden als „truth-" und „beauty-Quark" sicher besser dazu gepasst hätten, doch sind Versuche einer Umbenennung kläglich gescheitert). Quarks werden untereinander durch die starke Kernkraft angezogen, und zwar umso stärker, je größer ihr gegenseitiger Abstand ist, so dass keine einzelnen, „freien" Quarks existieren können.

Quasar Die ursprüngliche Bezeichnung galt quasistellaren (sternähnlichen) Radioquellen, die nur aufgrund ihrer großen Entfernung punktförmig erschienen. Nach jahrzehntelangen Untersuchungen weiß man heute, dass sich dahinter extrem massereiche Schwarze Löcher in den Zentren von Galaxien verbergen, die große Mengen an Materie (Gas und Staub) aus ihrer Umgebung verschlucken. Dieses Material wird auf seiner spiralförmigen Absturzbahn stark erhitzt und strahlt entsprechend sehr hell, so dass wir Quasare über sehr große Entfernungen – und damit in weit zurück liegenden Zeiten – beobachten können. Da sie in großen Entfernungen weit häufiger sind als in unserer Umgebung, wurde unlängst die Vermutung geäußert, dass alle Galaxien eine mehr oder minder aktive Quasarphase durchlebt haben und erst zu „normalen" Galaxien wurden, als das „nachrutschende Material" für das Schwarze Loch aufgebraucht war.

Rotverschiebung Die Verschiebung spektraler Einzelheiten zum langwelligen, roten Ende des Spektrums hin, meist als Folge der Expansion des Kosmos und des damit verbundenen Doppler-Effekts. Die Astronomen benutzen die Rotverschiebung heute auch als eine Zeitkoordinate: der heutige Tag entspricht der Rotverschiebung 0, und die Rotverschiebung wird umso größer, je weiter wir in den Raum zurück blicken. Die entfernteste Quelle, die bislang (Frühjahr 2007) beobachtet wurde, hat eine Rotverschiebung von 6,4, was einem Zeitpunkt von 870 Millionen Jahren nach dem Urknall entspricht oder einer Entfernung von rund 12,9 Milliarden Lichtjahren.

Schwache Kernkraft Die Kraft, die bestimmte Formen des radioaktiven Zerfalls steuert.

Schwarzer Körper Ein idealer Absorber und Sender von Strahlung; Sterne können als nahezu schwarze Körper angesehen werden. Jeder Körper sendet Strahlung aus, und die Strahlung eines Schwarzen Körpers hängt allein von seiner Temperatur ab. Trägt man die Intensität gegen die Wellenlänge oder Frequenz der Strahlung auf, erhält man die typische „Buckelkurve" (siehe Seite 58), deren Gipfelpunkt sich mit zunehmender Temperatur zu kürzeren Wellenlängen (höheren Frequenzen) verschiebt. Früher konnte man diesen Zusammenhang bei einem Schmied beobachten, wenn er das Eisen im Feuer „bis zur Weißglut" erwärmte, um es dann mit ein paar Hammerschlägen in die passende Form zu bringen.

Schwarzes Loch Ein Körper, dessen Schwerefeld stark genug ist, um selbst Licht zurückzuhalten; seine maximale Größe wird durch den so genannten Schwarzschild-Radius bestimmt. Lange Zeit hindurch hielt man Schwarze Löcher für interessante Grenzbereiche der Theorie, doch gibt es mittlerweile starke Hinweise auf ihre reale Existenz. Möglicherweise enthalten die meisten Galaxienzentren extrem massereiche Schwarze Löcher.

Spektrum Elektromagnetische Strahlung, die durch ein Glasprisma oder ein feines Gitter strömt, wird in ihre einzelnen Wellenlängen zerlegt. Das bekannteste Beispiel dafür ist der Regenbogen. Ein solches Spektrum enthält viele Informationen über die Strahlungsquelle (sowie über den Raum zwischen ihr und dem Beobachter). So verrät die wechselnde Intensität in Abhängigkeit von der Wellenlänge Angaben zur Temperatur, während die bekannten dunklen (oder hellen) Spektrallinien als Fingerabdrücke der vorhandenen chemischen Elemente gelesen werden können und deren Breiten Details unter anderem über die Bewegungsverhältnisse oder den Druck der leuchtenden Gase verraten.

Starke Kernkraft Die Kraft, die Quarks untereinander zu größeren Teilchen (unter anderem zu Protonen und Neutronen) verbindet; sie nimmt mit wachsendem Abstand zu.

Steady-State-Theorie Eine inzwischen weitgehend aufgegebene Alternative zur Urknalltheorie, die von einer kontinuierlichen Schöpfung ausging, um die Dichteabnahme aufgrund der Expansion zu kompensieren und so ein Universum mit konstanten Zustandsdaten zu gewährleisten.

Sternbild Eine Gruppe am Himmel benachbarter Sterne, die ein erkennbares Muster bildet; dabei können die Sterne eines Sternbilds sehr verschieden weit von uns entfernt sein – sie gehören also nicht wirklich „zusammen". 1930 wurden die Grenzen der 88 anerkannten Sternbilder durch die Internationale Astronomische Union verbindlich festgelegt. Das flächenmäßig größte Sternbild ist Hydra, die Wasserschlange, das kleinste Crux, das Kreuz des Südens. Die vielleicht bekannteste Himmelsfigur, der Große Wagen, ist dagegen kein eigenes Sternbild, sondern Teil des Großen Bären. Obwohl sich das Aussehen der Sternbild selbst über Generationen hinweg kaum verändert, bewegen sich die Sterne doch untereinander und lassen die Figuren im Laufe von Jahrzehntausenden allmählich verschwinden.

Supernova Wenn ein massereicher Stern seinen Kernbrennstoff im Innern aufgebraucht hat, stürzt er wie ein Kartenhaus in sich zusammen. Der wachsende Druck im Zentrum führt zur Entstehung einer superdichten Sternleiche (Neutronenstern oder Schwarzes Loch), während die nachstürzenden äußeren Schichten abprallen und in einer gewaltigen Explosion, der eigentlichen Supernova, davon getrieben werden. Ein solches Ereignis kann vorübergehend eine ganze Galaxie überstrahlen. Eine Ausnahme bilden die so genannten Typ-Ia-Supernovae, die in Doppelsternsystemen auftreten können. Hier kann ein bereits zum Weißen Zwerg geschrumpfter Sternrest Materie von seinem sich zu einem Roten Riesen aufblähenden Partner zu sich herüber ziehen und so immer mehr Masse aufsammeln, bis schließlich die Chandrasekhar-Grenze überschritten wird und der Weiße Zwerg kollabieren muss. Auch dieser finale Kollaps geht mit einer mächtigen Explosion einher, die den Weißen Zwergstern offenbar völlig zerfetzt. Innerhalb unserer Milchstraße wurde seit 1604 keine Supernova mehr beobachtet – das nächst gelegene Ereignis dieser Art war die Supernova 1987A in der Großen Magellanschen Wolke.

Wärme Die wissenschaftliche Definition der Temperatur unterscheidet sich stark von der im Alltag gebräuchlichen Form. Die Temperatur eines Gases ist umso höher, je rascher sich die Atome und Moleküle bewegen. Wärme wird dagegen als Maß für die Menge der vorhandenen thermischen Energie benutzt. Die Temperatur einer Wunderkerze ist viel höher als die eines rotglühenden Feuerhakens, aber weil er deutlich mehr Masse enthält, ist seine Wärmemenge wesentlich größer; entsprechend kann man eine Wunderkerze gefahrlos anfassen, einen glühenden Feuerhaken dagegen nicht.

Wellenlänge Der Abstand zwischen zwei Wellenbergen einer Welle. Blaues Licht hat eine Wellenlänge von rund 400 Nanometer (10^{-9} Meter), rote Lichtwellen sind etwa doppelt so lang.

Wurmloch Eine (bislang) rein theoretische Struktur der Raumzeit, die weit entfernte Regionen des Universums durch einen „Kurzschluss" miteinander verbinden könnte. Es wurde spekuliert, dass Schwarze Löcher das eine Ende eines solchen Wurmloches markieren und das dort verschluckte Material durch ein „Weißen Loch" wieder in die normale Raumzeit austritt. Solche Weißen Löcher sind aber bislang nicht beobachtet worden (eine Zeitlang hatte man sie als mögliche Erklärung für die Quasare ins Feld geführt).

Register

(Fett gedruckte Seitenzahlen verweisen auf Abbildungen)

Zum Weiterlesen

Keller, H.-U.: **Kosmos Himmelsjahr**: Das beliebteste Jahrbuch für Hobby-Astronomen
Feitzinger, J. V.: **Galaxien und Kosmologie**: Der Bauplan unseres Universums
Garlick, M.: **Der große Atlas des Universums**: Große Enzyklopädie plus CD-ROM
Hahn, H.-M.: **Was tut sich am Himmel**: Das Pocketjahrbuch für Einsteiger
Hahn, H.-M.: **Unser Sonnensystem**: Sonne und Planeten im Fokus der Forschung
Herrmann, D.B.: **Die Milchstraße**: Sterne, Nebel und Sternsysteme der Milchstraße
Keller, H.-U.: **Wörterbuch der Astronomie**: Das Lexikon für Einsteiger
Keller, H.-U.: **Kompendium der Astronomie**: Umfassendes Grund- und Nachschlagewerk zugleich
Schittenhelm, K.-M.: **Sterne finden ganz einfach**: Die schönsten Sternbilder für Einsteiger
Seip, S.: **Astrofotografie Digital**: Den Sternenhimmel selbst fotografieren
Vogel, M.: **Welcher Stern ist das?**: Praktischer Sternführer für die Jackentasche
Hahn, H.-M., Weiland, G.: **Drehbare Kosmos-Sternkarte**: Den Sternenhimmel zu jeder Zeit im Griff
Hahn, H.-M., Weiland, G.: **Drehbare Mini-Sternkarte**: Praktische drehbare Sternkarte für die Jackentasche
Hahn, H.-M., Weiland, G.: **Sternkarte für Einsteiger**: Zum Auffinden der wichtigsten Sternbilder
Hahn, H.-M., Weiland, G.: **Nachtleuchtende Sternkarte für Einsteiger**: Auch für Kinder geeignet

Bildnachweis

Canopus Publishing Ltd. hat sich bemüht, die Bildquellen korrekt anzugeben. Im Falle eines Fehlers bittet der Verlag um Nachricht.

Vorwort
S. 4–5: ESA, NASA, Davide de Martin und Edward W. Olszewski; S. 8: Gordon Garradd; S. 10: Patrick Moore; S. 12–13 Richard Gray.

Einführung
S. 13: European Southern Observatory; S. 14–15: Nik Szymanek; S. 16: NASA; S. 17: NASA; S. 18: H J P Arnold; S. 19: Courtesy NASA/JPL-Caltech; S. 20: European Southern Observatory; S. 21: NASA; S. 22: James Symonds

Kapitel 1
S. 24–5: Brian Smallwood; S. 27: Greg Parker, Noel Carboni, New Forest Observatory; S. 28: M.C. Eschers "Cubic Space Division" © 2006 The M.C. Escher Company-Holland. All rights reserved; S. 29: European Southern Observatory; S. 30–1: James Symonds; S. 32: Nanoscale Science Laboratory, Cambridge; S. 34: Courtesy of Brookhaven National Laboratory; S. 35: G. T. Jones, Birmingham University / Fermi National Accelerator Laboratory; S. 36: W. Purcell (NWU) et al., OSSE, Compton Observatory, NASA; S. 37: James Symonds; S. 38: R. Williams (STScI), das HDF-S Team, und NASA; S. 39: James Symonds; S. 40: James Symonds; S. 41: Brian May.

Kapitel 2
S. 42–3: Brian Smallwood; S. 44: James Symonds; S. 45: NASA/WMAP Science Team; S. 46: NASA/GSFC/JPL-Caltech; S. 47: K Lanzetta (SUNY Stony Brook) und NASA; S. 48: NASA; S. 49: Royal Astronomical Society; S. 50: NSF; S. 51: Kamioka Observatory, ICRR (Institute for Cosmic Ray Research), The University of Tokyo; S. 52: BOOMERANG Collaboration; S. 53: Max-Planck-Institut für Astrophysik; S. 54: 2dFGRS Team; S. 55: James Symonds; S. 56: James Symonds; S. 57: SOHO; S. 58 (oben): James Symonds; S. 60–61: Courtesy NASA/JPL-Caltech; S. 62: NASA; S. 63: Dr. Christopher Burrows, ESA/STScI und NASA; S. 64: Anglo-Australian Observatory / David Malin Images; S. 65: European Southern Observatory; S. 66: Gamma-Ray Astronomy Team / NASA; S. 67: NASA und das Hubble Heritage Team (STScI/AURA); S. 68: NASA/ESA/R. Sankrit und W. Blair (Johns Hopkins University); S. 69: James Symonds.

Kapitel 3
S. 70–1: Brian Smallwood; S. 72: NRAO/AUI; S. 73: NASA, ESA, und S. Beckwith (STScI) und das HUDF-Team; S. 74: E. J. Schreier (STScI), HST, und NASA; S. 75: COBE/DIRBE/Richard Sword; S. 76 (oben): Axel Mellinger; S. 76 (unten): Patrick Moore; S. 77 (oben): H. McCallon, G. Kopan/2MASS; S. 77 (unten): James Symonds; S. 78: NASA und das Hubble Heritage Team (STScI/AURA); S. 79 (oben): Todd Boroson/NOAO/AURA/NSF; S. 79 (unten links): GALEX, NASA; S. 79 (unten rechst): Jason Ware / www.galaxyphoto.com; S. 80: das Hubble Heritage Team (AURA/STScI/NASA); S. 81: Mark Westmoquette (University College London), Jay Gallagher (University of Wisconsin-Madison), Linda Smith (University College London), WIYN//NSF, NASA/ESA; S. 82: James Symonds; S. 83: Röntgenbild: NASA/CXC/CfA/M.Markevitch et al.; optisches Bild: NASA/STScI; Magellan/U. Arizona/D. Clowe et al.; Dunkelmaterie: NASA/STScI; ESO WFI; Magellan/U. Arizona/D. Clowe et al.; S. 84: NASA/CXC/M. Weiss; S. 85 NASA/CXC/M. Weiss; S. 86: James Symonds; S. 87: © Bettmann/CORBIS; S. 88: NRAO/AUI; S. 89: NASA, Andrew Fruchter und das ERO Team [Sylvia Baggett (STScI), Richard Hook (ST-ECF), Zoltan Levay (STScI)] (STScI).

Kapitel 4
S. 90–1: Brian Smallwood; S. 92: European Southern Observatory; S. 93: NASA und das Hubble Heritage Team (AURA/STScI); S. 94: NASA und das Hubble Heritage Team (STScI/AURA); S. 95: NASA, ESA, STScI, J. Hester und S. Scowen (Arizona State University); S. 97: James Symonds; S. 98: IRAS; S. 99: European Southern Observatory; S. 100 (oben): James Symonds; S. 100 (unten): courtesy NASA/JPL-Caltech; S. 101 (top): NASA; S. 101 (unten): courtesy NASA/JPL-Caltech; S. 102: NASA; S. 103 (oben): ESA/DLR/FU Berlin (G. Neukum); S. 103 (unten): NASA und das Hubble Heritage Team (STScI/AURA); S. 104 (links): Courtesy NASA/JPL-Caltech; S. 104 (rechts): Ian Sharpe; S. 105 (links): Courtesy NASA/JPL-Caltech; S. 105 (rechts): Courtesy NASA/JPL-Caltech; S. 106 (oben): Sebastian Deiries / ESO; S. 106 (unten): Thomas Balstrup und Lars T. Mikkelsen; S. 107 (oben): NASA/JPL/Space Science Institute; S. 107 (unten): Kate Shemilt; S. 109: Greg Parker, Noel Carboni, New Forest Observatory.

Kapitel 5
S. 110–11: Brian Smallwood; S. 112: James Symonds; S. 113: Pete Lawrence; S. 116: OAR/National Undersea Research Program (NURP); NOAA; S. 117: National Oceanic and Atmospheric Administration; S. 118: Brian May; S. 119: Virgil L. Sharpton, University of Alaska, Fairbanks; S. 120–1 (oben): ESA; S. 121 (unten): NASA/JPL-Caltech; S. 122 (oben): Patrick Moore; S. 122 (unten): Patrick Moore; S. 123: NASA/JPL/Univ. of Arizona; S. 124: NRAO/AUI; S. 125: Anthony Holloway; S. 126: NASA/JPL-Caltech; S. 127: NASA

Kapitel 6
S. 128–129: Brian Smallwood; S. 130 (unten links): Brian Smallwood; S. 130 (unten rechts): Patrick Moore/Brian May; S. 131 (oben): Landsat Pathfinder Project; S. 131 (unten): www.asiafoto.com; S. 132 (oben): Phil James (Univ. Toledo), Todd Clancy (Space Science Inst., Boulder, CO), Steve Lee (Univ. Colorado), und NASA; S. 132 (unten): NASA; S. 134: NASA/JPL/Space Science Institute; S. 135 (oben): A. Dupree (CfA), R. Gilliland (STScI), FOC, HST, NASA; S. 135 (unten): James Symonds; S. 136: ESA & Garrelt Mellema (Leiden University, Niederlande); S. 137: das Hubble Heritage Team (AURA/STScI/NASA); S. 138 (oben): Bruce Balick (University of Washington), Vincent Icke (Leiden University, Niederlande), Garrelt Mellema (Stockholm University), und NASA; S. 138 (unten): NASA/ESA & Valentin Bujarrabal (Observatorio Astronomico Nacional, Spanien); S. 139 (oben): NASA; ESA; Hans Van Winckel (Catholic University of Leuven, Belgien); und Martin Cohen (University of California, Berkeley); S. 139 (unten): Andrew Fruchter (STScI) et al., WFPC2, HST, NASA; S. 139 (oben) NASA; S. 140 (unten): NASA/SAO/CXC; S. 142: NASA/CXC/SSC/J. Keohane et al.; S. 143: J. M. Cordes & S. Chatterjee; S. 144: Image courtesy of NRAO/AUI und HST/STScI; S. 145: Brad Whitmore (STScI) und NASA; S. 146–7: NASA, H. Ford (JHU), G. Illingworth (UCSC/LO), M. Clampin (STScI), G. Hartig (STScI), das ACS Science Team, und ESA.

Kapitel 7
S. 148–149: Brian Smallwood; S. 151: ESO; S. 152: Werner Benger; S. 153: Canada-France-Hawaii Telescope/J.-C. Cuillandre/Coelum; S. 155: Brian Smallwood.

Nachwort
S. 156: NASA

Praktische Astronomie
S. 158: Pete Lawrence; S. 159: Kate Shemilt; S. 160: John Fletcher; S. 161: Jamie Cooper; S. 162: Ian Sharpe; S. 163 (oben): Damian Peach; S. 163 (unten): Brian May; S. 164: Jamie Cooper; S. 165: Damian Peach; S. 166 (oben): Ian Sharpe; S. 166 (unten): Patrick Moore; S. 167: Brian May; S. 168–72: alle Sternkarten stammen von James Symonds; S. 174–5: © Instituto de Astrofisica de Canarias.

Biographien
S. 176: ANTU/UT1 + FORS1; S. 177: Patrick Moore; S. 178: H. Bond (STScI), R. Ciardullo (PSU), WFPC2, HST, NASA; S.179: NASA & ESA; S. 180: California Institute of Technology; S.181: Patrick Moore; S. 183: Subaru Telescope, NAOJ; S. 184: Patrick Moore; S. 185 (oben): Patrick Moore; S. 186: NASA/CfA/J. McClintock & M.Garcia; S. 189: Floyd Clark, California Institute of Technology; S. 190–1: NASA, ESA, S. Beckwith (STScI) und das HUDF Team.